トコトンやさしい

電気設備の本

日刊工業新聞社

はじめに

電気設備ほど人の身近にありながら、一般の人に存在をあまり意識されていないものはないと思います。しかし、通常は関心が薄いものでありながら、一度不具合が生じると一般の人から大きな不満が出て、施設を管理する人が痛烈な批判を浴びるという性質を持っています。しかも、個人の感性によって設備への評価が揺れ動くという特性も持っており、ある人には快適な状態が別の人には不快に感じられ、それが不満となって管理者が非難される場合も少なくありません。そのため、電気設備に携わる人が難しい対応を迫られる場面に遭遇する例は多くあります。また、電気設備は大学の教育課程ではあまり扱われない分野であるため、工業系の学生でも電気設備を専門とする人は少なく、就職した企業で電気設備を扱う部署に配属されて、初めて電気設備の技術的な問題に触れるという人が多いのも事実です。さらに、電気設備の定義も明確ではないため、その業務に携わっている人自身が、電気設備関連の技術者であるという認識を持っていない場合もあります。

しかしながら、電気設備が人の生活する空間を支えているというのは紛れもない事実ですし、社会の安全・安心を支えるために、夜間や遠隔地などの無人空間を含めた多くの場所で人知れず働いています。それだけではなく、電気設備は人が健康で快適な生活を維持するためには欠かせない設備となっています。このように、電気設備は生活に密着した場所に広く散在して、快適空間の創造や社会の安全確保に寄与する仕事をしている、縁の下の力持ち的な存在です。また、個別の電気設備は個々の目的で設置されますが、最近では、それらを統合した運用が求められるようになっています。そのため、個別の設備を結びつける神経系統としてのネットワークも強化されてきています。快適性という点では、それを計測する感覚器官が不可欠ですが、そういった部分を担っているのがセンサになります。電気設備ではセンサがいたるところに設置されており、それらから得られる情報を生かしながら電気設備は稼動しています。このように、電気設備は点となる機器やセンサ、面としての施設空間、そしてそれらを結びつけるケーブル類によって構成されています。このような点、面、線のどこかに欠陥が発生すると、完全なシステムとしては機能しなくなりますし、1箇所の設定ミスや故障が全体の欠陥になってしまうという怖さも秘めています。

なお、電気設備を扱う技術者には、計画や設計を担当する技術者だけではなく、それを現場で一般の人に意識されない状態で使ってもらうために設置する施工技術者、さらには、長期間適切に運転できるようにする維持管理の技術者がいて、初めて広く公衆が満足できる設備となります。そのため、多くの技術者が電気設備をとおして快適性や安全性に貢献していることを知ってもらえればと思います。本著だけでは電気設備のすべては説明できませんが、主要なものについて、その目的を実現するための機能、安全を確保するための工夫などをできるだけ平易に説明したいと考えております。その結果、電気設備が皆さんの身近で活躍しているという事実を知ってもらい、地球にかかる負担をできるだけ少なくしながら快適な空間を作り上げていくために、皆さんが何をしなければならないかを考えてもらえればと思います。

なお、本著は、電気設備はどういった点を考慮して計画されているのか、また、どのような問題点があり、それをどんな工夫で解決しているのかを知ってもらえるような内容としております。そういった目的から、一般の人やこれから電気設備に携わる可能性のある若い方に、電気設備の種類や機能を知ってもらうための書籍である点を補足させていただきます。

2014年9月

福田　遵

トコトンやさしい

電気設備の本

目次

目次 CONTENTS

第1章 電気設備のための基礎知識

第2章 エネルギーを安定化させる手法

第3章 電気設備の動脈を形成する

第4章 施設環境を創出する設備

第5章 施設における神経系統を司る

第6章 危険や障害を回避する対策

第7章 長期に安全と快適を維持する考え方

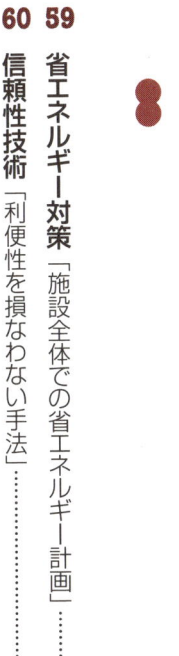

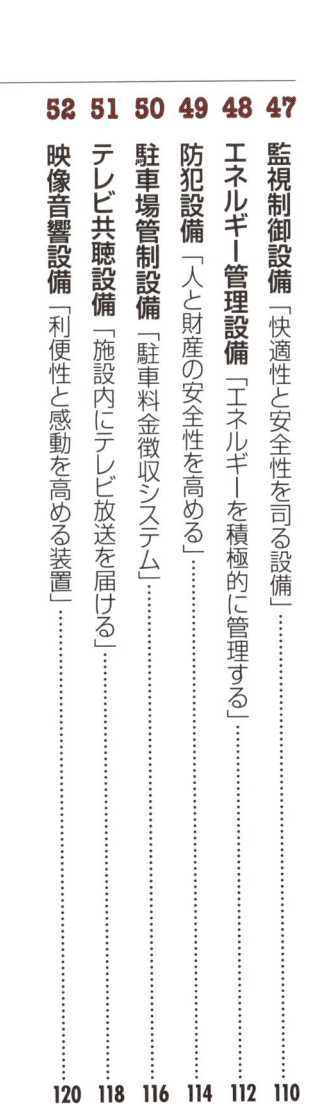

第1章

電気設備のための基礎知識

1 電気設備の定義と種類

人の生活に直結した設備

電気設備は、工場や事務所などを含めた施設や個人住宅等に設置され、電気で駆動する設備すべてを指します。その中には、個々の機器や設備をつないで電力や情報を伝える電線類までを含んでいます。

主な電気設備としては、受変電設備や配電設備、照明設備、動力設備といった強電関係の設備がありますが、それに加えて、火災報知設備や通信設備、防犯設備、構内情報通信設備などの弱電設備までが含まれます。このように、電気設備は私たちの生活に欠かせないものであり、これまで電気設備技術の進化とともに、生活も豊かになってきたといえます。

現代社会においては、電気設備は快適性の実現や安全性の確保の面で欠かせないものとなっています。また、電気設備は人が存在している空間は当然ながら、人が常時滞在していない場所においても、人知れず働く設備です。このため、電気設備は世の中に広く散在するという特徴を持っており、それを取り扱う技術者にとっては、管理面でやっかいな特性を持っているのも事実です。しかも、その不具合が大きな問題に発展する危険性は高くなっています。

電気設備が取扱う設備項目の種類やその範囲は非常に広いために、そのすべてを示すのは不可能ですが、電気設備の業務範囲をできるだけ列挙してみると、左頁のような電気設備項目一覧(例)が挙げられます。もちろん、計画するそれぞれの施設の目的によって、必要とされる設備や機器が違ってきますし、そこに求められる品質やグレードも変わってきます。左頁に示した内容は、電設技術者が対象とする通常の施設において使用される可能性がある設備を広く集めたもので、その内容をより理解しやすいように、その設備に含まれる主要機器や補助機器を例として示してみたものです。これですべてというわけではありませんが、それぞれの設備の目的や機能を理解するための一助となると思います。

要点BOX

- ●電気設備技術の進化とともに生活も豊かになってきた
- ●電気設備の種類は多岐にわたる

電気設備項目一覧（例）

設備項目	主要機器および補助機器例
受変電設備	配電盤、遮断器、変圧器、継電器、ヒューズ、開閉器、断路器、コンデンサ、高圧カットアウト、電磁接触器、直流リアクトル
自家用発電設備	原動機（ディーゼル、ガスタービンなど）、発電機、コジェネレーション設備、燃料電池、太陽電池、風力発電
配電設備	配電盤、幹線ケーブル、分電盤、ケーブルラック、バスダクト、ケーブルトレンチ、管路、電柱、金属ダクト
動力設備	制御盤、ポンプ、コンプレッサ、エレベータ、冷凍機、ブロア、ミキサ、電気加熱器、コンベア、クレーン、動力ケーブル、集塵機、製造装置、加工装置、空調機器
電灯設備	照明器具、コンセント、分電盤、調光器、照明制御盤、スイッチ、照明配線、センサ、ネオン装置、ライティングダクト、航空障害灯
特殊設備	医療機器、精密機器、研究機器、水中照明
接地設備	接地極、接地線、等電位ボンディング、接地端子箱
避雷設備	避雷針、避雷導線、接地極、アレスター
火災報知設備 消防設備	自動火災報知設備、受信機、発信機、熱感知器、煙感知器、ガス感知器、中継器、非常ベル、インターホン設備、非常用照明、誘導灯、消火設備、非常用コンセント、防火戸、防炎ダンパ
監視制御設備	中央監視盤、制御盤、センサ、操作盤、表示盤、カメラ設備、遠隔監視装置、BEMS、信号設備、案内盤
通信設備	MDF、構内交換機、電話機、ファックス、端子盤、携帯電話用アンテナ、漏洩同軸ケーブル、衛星通信設備
構内情報通信設備	構内情報通信網（LAN）、光ファイバ、サーバー、ハブ、ルータ、テレビ会議システム、インターホン設備、ナースコール
無停電電源設備	電池、直流電源装置、UPS（無停電電源装置）、充電器
防犯設備	浸入検知器、電気錠、カードリーダ、認証器、監視カメラ、入退場ゲート、センサ、警報ブザー、鍵管理ボックス
テレビ共同受信設備	共同受信アンテナ、増幅器、分配器、混合器、コンバータ、分岐器、ケーブル、CATV、映像機器
放送設備	放送設備、増幅器、スピーカー設備、マイク、音響装置
表示装置・電気時計	案内表示盤、信号灯、在室灯、順番待ち表示、呼出表示、広告塔、親時計、子時計
駐車場管制設備	管制装置、精算機、発券機、ゲート、ループコイル、表示灯、センサ、機械式駐車装置、車番認識装置、DSRC、監視カメラ
仮設設備	小型発電機、分電盤、仮設照明、電気溶接機

2 電気設備が活躍する場

すべての社会空間で必要な設備

電気設備はすべての社会・生活空間で必要とされていますが、施設の用途によって必要とされる設備の種類や重要度が高い設備項目が違います。一般的に、電気設備は、計画する施設の用途によって、次の三つに分類されます。

建築電気設備は、事務所ビルや住宅など、主に不特定多数の人が日々利用する建築物に導入されますので、照明や空調などの人間の快適さを追及する設備と、コミュニケーションをスムーズにするための情報通信関連設備の充実が強く求められます。

工場電気設備は、製造物を生産するための動力設備の比率が高いために、製造工程における安全設備や、電力の安定供給と省エネルギーを考慮した設備設計を強く求められます。工場内には従業員が設計業務などをする事務所も含まれますので、そういった場所では建築電気設備と同じ機能が求められます。

施設電気設備には、道路照明や信号設備、鉄道軌道の電気設備、トンネルの照明や換気装置など、直線的に延びたエリアに設置する電気設備が多くあります。また、野球場やサッカーコート、公園、余暇施設、空港滑走路といった広域なエリアを持つ施設などに設置される設備もありますし、上下水道などのあまり目に触れない施設に設置されるものもあります。そのため、施設電気設備は、それぞれで求められる設備項目と性能レベルが大きく変わってきます。

なお、電気設備は導入当初に適切に計画していれば、以後は永久に活用できるというものではありません。計画・設計の段階で適切に計画されたとしても、使う製品を製作する会社の要求仕様によって調整が必要となります。また、施工の段階で建築構造などの影響から計画は変更されます。さらに、運用の段階でも利用者の意向で修正が加えられますし、運用の方法も工夫しなければなりませんので、すべての段階で電気設備の技術者が必要となります。

要点BOX

●建築電気設備、工場電気設備、施設電気設備がある
●電気設備はニーズに合わせた修正が必要

電気設備の大分類

電気設備の分類	主要項目	施設例
建築電気設備	公衆が利用する建築物にかかわる電気設備で、電力関連設備や情報通信設備、防災設備、建築物内環境関連設備などに関する事項	オフィスビル、病院、学校、図書館、ショッピングセンター、ホテル、駅舎、空港ビル、住宅、集合住宅、劇場、研修所、情報センター、コールセンター、展示場、博物館、美術館など
工場電気設備	エネルギー産業、素材産業、製品機器製造にかかわる電気設備で、電力関連設備や情報通信設備、動力設備、物流搬送設備などに関する事項	石油製油所、液化天然ガス施設、化学工場、自動車工場、半導体工場、電気機器製造工場、精密機器工場、製鉄所、製罐工場、紙・パルプ工場、研究所、流通センターなど
施設電気設備	道路、トンネル、スタジアム、空港施設などにかかわる電気設備で、電力関連設備や照明設備、音響設備、安全設備などに関する事項	道路、鉄道、トンネル、運動施設、スタジアム、港湾施設、上水道施設、下水処理施設、余暇施設、空港滑走路、ゴミ処理施設など

電気設備の技術者が参画する場面

業務の段階	主な業務内容
計画・設計	施設の目的確認、要求仕様の確認、インフラ調査、現場確認、必要設備のレベル確認、予算作成、発注仕様書作成、基本設計図作成、入札招聘先選定、機器・工事引合い、入札見積書査定、コスト交渉、発注、詳細設計図作成、電力会社との協議、確認申請、保守計画案策定など
製作	工程計画、品質管理、変更管理、コスト管理、工場試験、輸送計画、工事予備品計画、付属品確認、取扱説明書作成、消耗品計画など
施工	インフラ確認、詳細設計図確認、工法選定、予算作成、工程管理、コスト管理、現場調整、品質管理、施工計画作成、変更管理、近隣対策、揚重計画、安全管理、取合い確認、竣工引渡し、残工事、竣工図作成など
維持・管理	保守計画、補修計画、運転管理、危機管理、改造計画、設定調整、省エネルギー計画策定、安全管理、予防保全、保全予防、環境計画策定、廃棄物管理、消耗品管理など

3 電気設備の目的

安全で快適な社会の実現

電気設備の最大の目的が、人の生活環境における安全や安心の確保および快適性の追及になります。しかし、それだけには留まらず、ハンディキャップを持つ人などでも平等に生活できる社会を形成するためにも、大きな力となっています。このように、電気設備はユニバーサル社会を形成するためには欠かせない要素となっている点は間違いありません。さらに、技術や商品を開発する研究現場の環境整備や、開発後の生産施設の運営や維持の面でも、設備は大きな貢献をしています。最近では、情報化社会がさらに進展していますが、情報機器が正しく働くための環境や仕組みつくりの面でも、電気設備が大きな貢献をしているのも事実です。これまで、電気設備技術の進歩によって社会構造が根本的に変革していますし、新たなビジネス環境の創出も行われてきました。

個人の生活においても、電気設備は家庭内で快適な空間や生活環境を維持するためには欠かせませんし、コミュニティを維持するためにも大きな力となっています。特に、照明などの進歩は、人間の生活時間を大きく変えましたし、空調設備は季節差をなくす役割を果たしました。また、子供たちの教育環境においても電気設備が大きな貢献をしていますし、人の知的好奇心を満足させるための施設環境の整備においても、大きな効果をもたらしています。

これからは、環境形社会がより一層求められていくと考えられますが、社会環境の改善や省エネルギー社会の実現においても、電気設備は大きな要素となっているのは間違いありません。それと同時に、健康の増進や超高齢社会を健全に維持していくために、電気設備は今後も高度化が求められていくと考えます。さらに、美術資産の長期的な保存においても、電気設備は繊細な制御性を生かして、さらなる高度化を求められると考えられます。そういった点で、電気設備は今後も進化していかなければなりません。

要点BOX

- ●ユニバーサル社会の実現に不可欠
- ●省エネルギー社会の大きな要素
- ●電気設備はさらに高度化していく

電気設備機能一覧(例)

設備項目	求められる機能
受変電設備	安全性、経済性、信頼性、運用性、保守性
自家用発電設備	省エネルギー、信頼性、安全性
配電設備	保守性、環境調和、経済性
動力設備	安全性、可能性、能力拡大、ユニバーサルデザイン実現、効率性、快適性、生産性、環境維持、経済性、進歩性
電灯設備	快適性、安全性、利便性、24時間化
特殊設備	健康維持、モビリティ、進歩性、知的好奇心の満足
接地設備	安全性、安定性、信頼性
避雷設備	安全性、安定性、災害防止
火災報知設備 消防設備	安全性、リスク対策、速報性、人命尊重、被害抑制、消火活動補助、災害対策、誘導指示
監視制御設備	安全性、快適性、信頼性、社会性、環境改善、省エネルギー、利便性
通信設備	国際性、コミュニケーション、利便性、社会性、速達性、即時性
構内情報通信設備	社会性、情報利便性、知的満足、生命維持、ビジネス環境創造、安全性、効率性、コミュニティ形成、同報性、速報性
無停電電源設備	信頼性、情報社会維持、電力安定化
防犯設備	安全性、社会秩序維持
テレビ共同受信設備	利便性、情報社会形成、平等性、知識拡大、コミュニティ形成、知的好奇心の満足、視野拡大、国際性
放送設備	快適性、安全性、利便性、即時性、速達性
駐車場管制設備	効率性、安全性、利便性、快適性

4 電気設備に必要な知識

技術知識以外の知識を備える

電気設備とは、そういった名称の設備があるわけではなく、電気で動作する装置やシステムを組み合わせて、安全性や快適性を持つ空間を創造する仕組み全体をいいます。そのため、世の中で使われる電気製品や情報機器を含めて、施設で使われる多くの機器の特性や仕様を知っていなければなりません。もちろん、その知識を一人の力で獲得できるわけではありませんので、集団で力を発揮できるための組織つくりとコミュニケーション力が求められます。このような電気設備を取り扱う技術者を総称して電設技術者と呼びますが、その中には、一つの機器やシステムを取り扱う技術者だけではなく、それらを組み合わせた仕組みを計画する技術者、現場で施工する技術者、長い期間にわたって維持管理する技術者などがいます。そういった点で、設計―施工―維持管理という時間を超えたコミュニケーションも必要となりますので、図面や仕様書を読み解く力も電設技術者には必要とされます。さらに、電気設備を設置する対象は、建築物や橋梁、トンネルなどの建築分野や土木分野の技術者が専門とする世界であったりしますので、違った分野の技術者とのコミュニケーション力も必要とされます。なお、電気設備は人の身近に設置される設備であるため、人の安全を確保するために制定されている法律の制限がかかってくるものが多くあります。ですから、法律の内容を知らなければ設計はできません。また、人の感性面からの評価が結果を左右するため、感性的な指標も知らなければなりません。さらに、ビジネスや生活に必要な施設の多くはビジネス上での原価となりますので、経済性についての見識や消費エネルギーに対する認識がなければ、施主に喜ばれる施設の実現は難しくなります。

　このように、電設技術者には特定の技術分野にとらわれず、法律から経済を含めた広い範囲の知識と感性が求められています。

要点BOX

- ●電設技術者には広い知識が必要
- ●電設技術者にはコミュニケーション力が必要
- ●電設技術者には経済感覚が必要

電設技術者に必要な知識

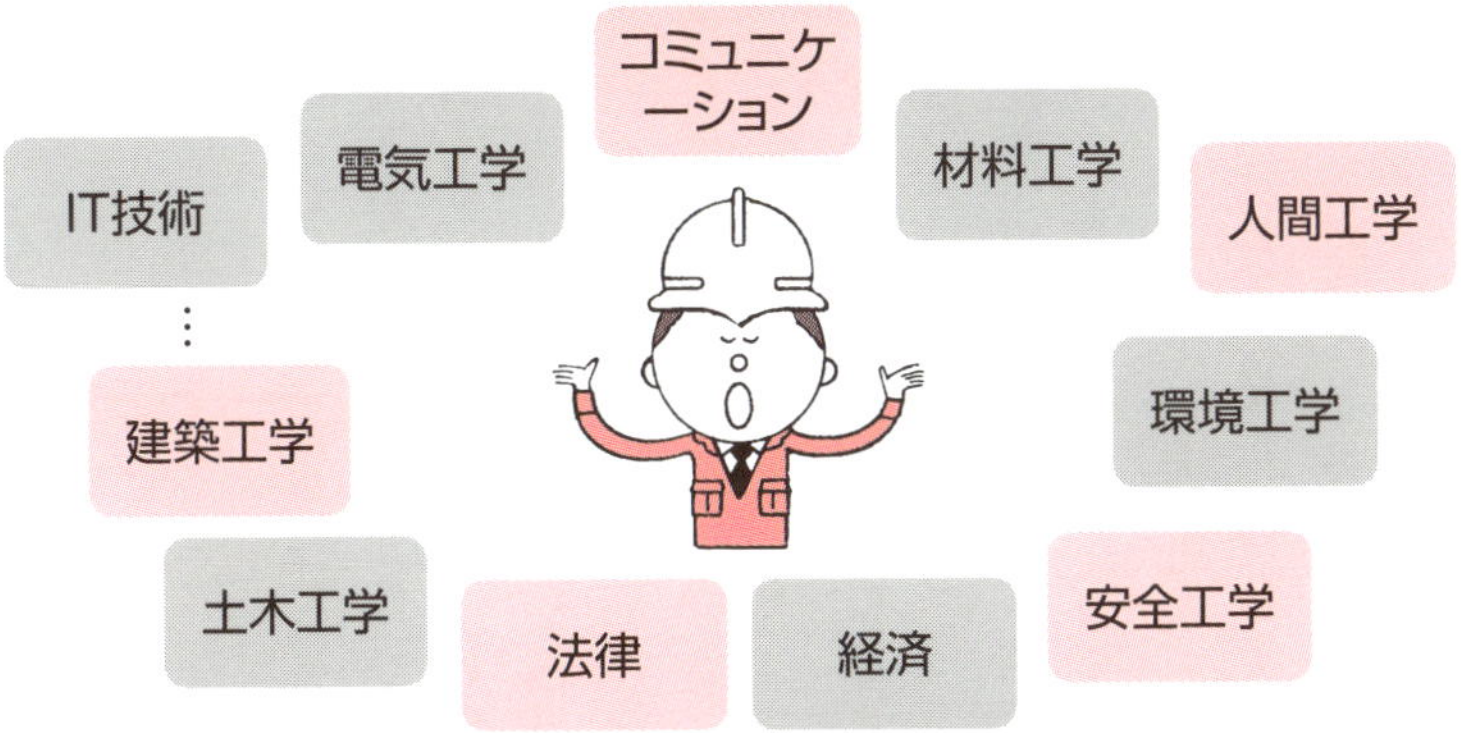

必要知識・技術	知識・技術例
法令知識	電気事業法、建設業法、電波法、建築基準法、消防法、廃棄物処理法、省エネルギー法、各種規格･基準など
電力関連技術	発電技術、原動機原理、燃費、騒音対策、電力貯蔵技術、電気化学技術、送電技術、高電圧工学、絶縁技術、冗長化理論、変圧技術、パワーエレクトロニクス技術、受電方式、配電方式、幹線方式、保護協調方式、配置計画知識など
動力技術	電気方式、電動機原理、電気加熱原理、搬送技術、加工技術、冷却技術、空調技術、ロボット工学、安全工学など
照明技術	測光技術、発光理論、視覚原理、照明計算、色の知識など
情報技術	コンピュータハードウェア、記憶装置技術、電磁波技術、光通信工学、アンテナ工学、移動体通信技術、電波工学、変調方式、トラヒック理論、符号化理論、伝送工学、通信網技術、インターネット技術など
計測・制御技術	センサ知識、計測器知識、制御理論、電子回路、パルス回路、デジタル回路など
防災・障害・安全対策	雷害対策、電磁波対策、高調波対策、地震工学、防爆対策、信頼性工学、防火対策技術、接地技術、防水対策技術、静電気対策など
音響	音響工学、放送技術、感性工学など
材料知識	導電材料、絶縁材料、高分子材料、金属材料、超電導材料、半導体材料、塗料、液晶材料、セラミック材料、磁性材料など
一般知識	単位、技術者倫理、建築構造、建築工法、人間工学、工程管理、コスト管理、維持管理技術、保全技術、品質管理、施工監理、設計管理、環境保全技術、安全管理など

5 電気の種類

さまざまな電気を賢く使う

電気設備を動作させる電気には直流と交流があります。交流と直流の大きな違いは、交流が定期的に0点を通過するのに対して、直流は0点を通過することがありません。交流は変圧が容易であるため広く用いられていますが、最近では直流駆動の情報機器の活用が増えているため、直流の重要性が高まっています。

交流の場合には、周期的に電流の向きが変わりますが、その形状は正弦波（サインカーブ）で表します。電流が1秒間に流れる向きを変える回数を周波数といいHzで表しますが、東日本では50Hz、西日本では60Hzが使われています。また、交流には単相交流と三相交流があります。単相交流は正弦波形状をした電流が流れる回路で、一般の家庭や事務所の執務エリアの電源として供給されています。通常は、100Vまたは200Vの電源としては単相交流が使われています。一方、三相交流とは、周波数が同じ三つの単相交流が120度ずつ位相がずれて流れている交流です。これによって、同じ電線でも大きなエネルギーを送電することができます。そのため、三相交流は工場等の動力負荷やビルの空調負荷など、消費電力が大きな負荷を動作させるために使われています。

交流の場合には、大きさを表すいくつかの値があります。その瞬間の値を表す瞬時値を正弦波の式で表す場合には、最大値に正弦波を掛けた式となります。これとは別に、実効値という値があります。実効値は、瞬時値の二乗平均の平方根という定義になりますが、わかりやすく説明すると、同じ抵抗に直流を流して発熱した熱量と同じになる交流の値といえます。一般的には、この実効値を使うことが多くなります。

電気設備では強電設備と弱電設備という表現も使います。弱電設備とは、60V以下の電圧で使用される電話設備やインターホン、放送設備などを指し、それ以外が強電設備になります。

要点BOX

- 三相交流は周波数が同じ三つの単相交流が流れている
- 実効値は瞬時値の二乗平均の平方根になる

直流

直流

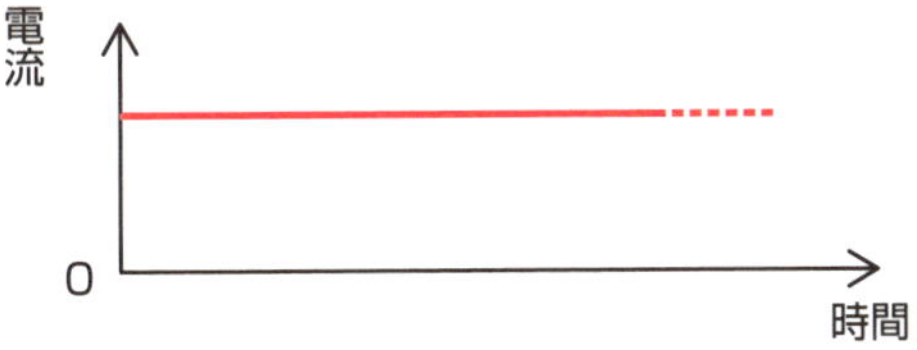

交流

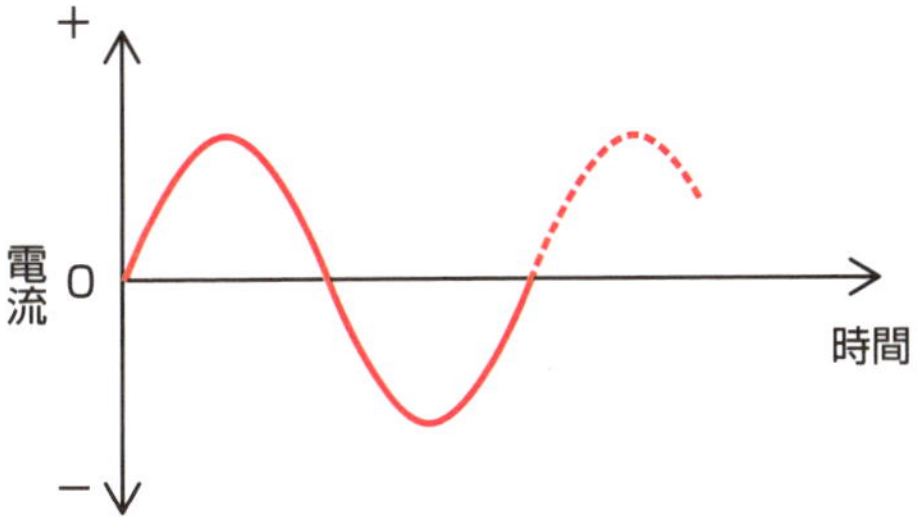

東日本50Hz(50回 /秒)

西日本60Hz(60回 /秒)

三相交流

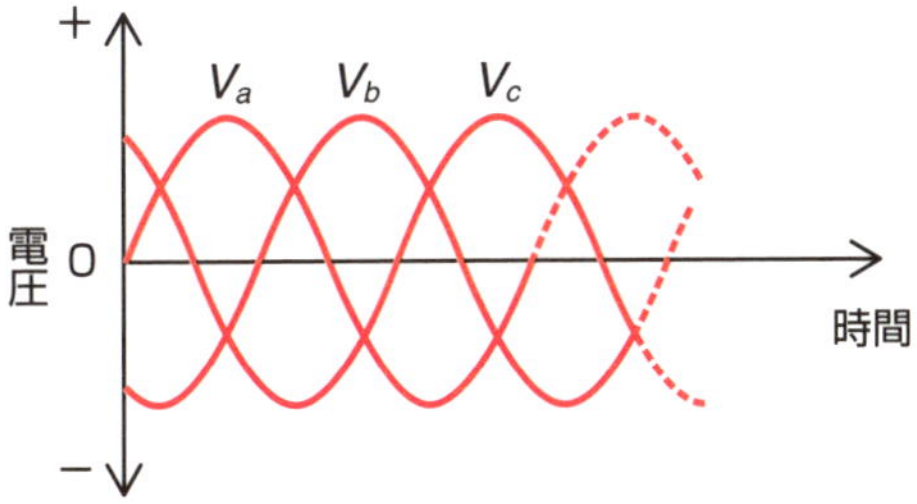

最大値と実効値

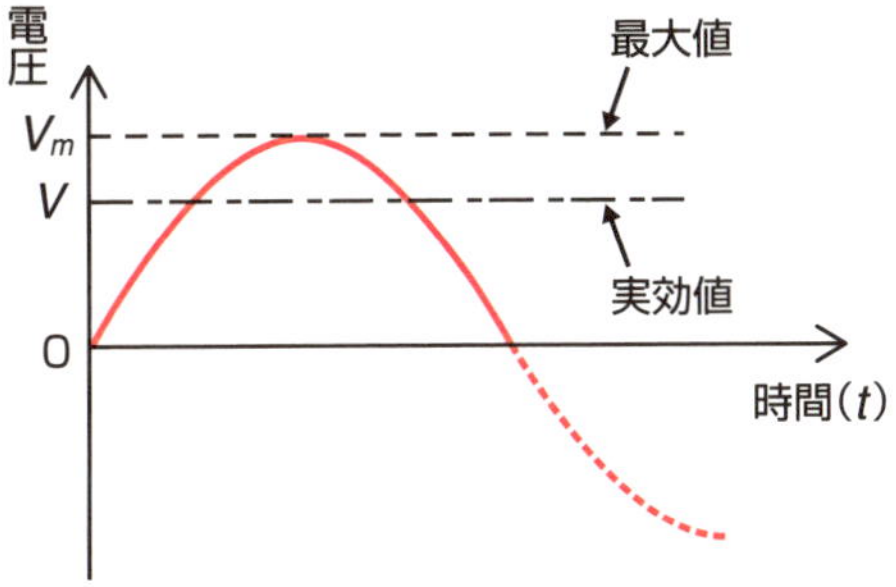

交流電圧の式

$E = V_m \sin 2\pi ft$

E：瞬時値　f：周波数

V_m：最大値　t：時間

実効値(V) $= \dfrac{V_m}{\sqrt{2}}$

6 電気負荷の特性

負荷の特性を認識して計画する

　電気負荷はさまざまな特性を持っています。照明などの静止負荷の場合には、電圧と電流の位相が一致していますので、力率が１００％に近くなります。一方、動的負荷の場合には、電圧と電流の間に位相差がありますので、その差が大きくなると力率が下がり無効電力が大きくなります。その結果、電力損失が増えますので、力率の改善が必要となります。

　また、電気負荷には連続的に運転する負荷と、不連続で間欠的に運転する負荷があります。連続的に運転する負荷は、運転中における累積の電力消費量が大きくなりますので、できるだけエネルギー効率の良い運転ができる機器を採用する必要があります。その逆に、間欠的に動作する負荷も多く利用されています。水を高所のタンクに揚げるポンプは、規定の水量になると運転が停止しますし、モータ駆動のバルブ装置はバルブの開閉時にのみ動作します。しかも、動作方向は開時と閉時で逆になります。

　モータ負荷の場合には、始動制御をしないと、始動するときに大きな電流を消費します。これを始動電流と呼び、通常運転時の6倍程度の電流を必要とします。そういった負荷が、停電が復旧した際に一斉に始動してしまうと、施設全体では大きな電流が必要となり、受電容量を超えてしまう危険性があります。そういった負荷が多いプラントなどでは、順次に始動させるように、負荷のグループ化を図るなどの設計が必要となります。また、大電力を必要とする大型モータを利用する工場においては、1台のモータの始動電流だけでも大きなものとなりますので、始動電流値を抑える始動方式を採用する必要があります。

　金属融解などの施設において電気加熱装置を用いる場合には、加熱原理によっては、装置からフリッカや騒音、高調波などが発生しますので、それが工場内の負荷や電力システムに影響を及ぼさないように対策を講じる必要があります。

要点BOX

●負荷には静止負荷と動的負荷がある

●モータの始動時には通常よりも大きな始動電流が発生する

力率

静止負荷の力率

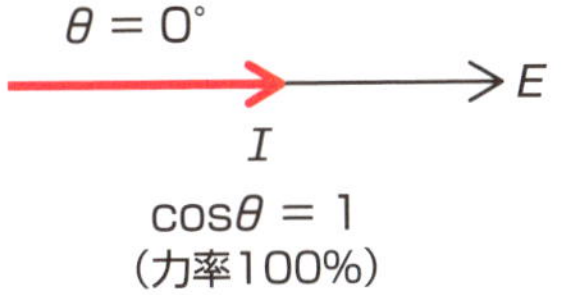

動的負荷の力率

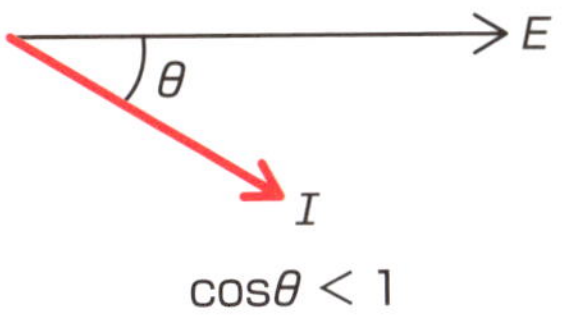

交流電力

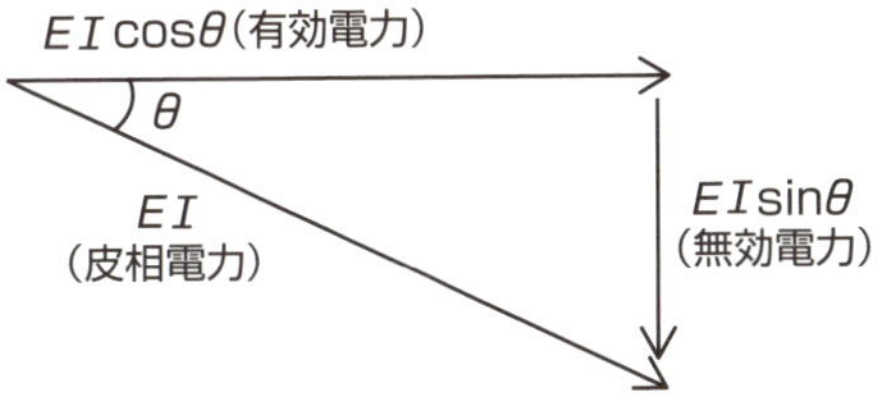

力率改善

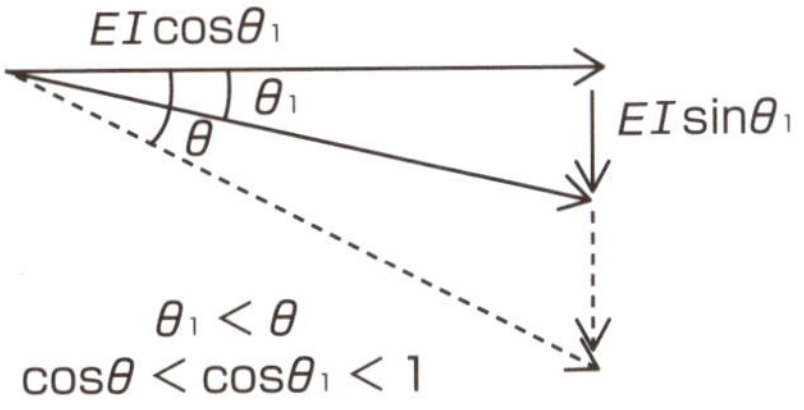

電力消費の違い(15kWモータの例)

連続運転負荷

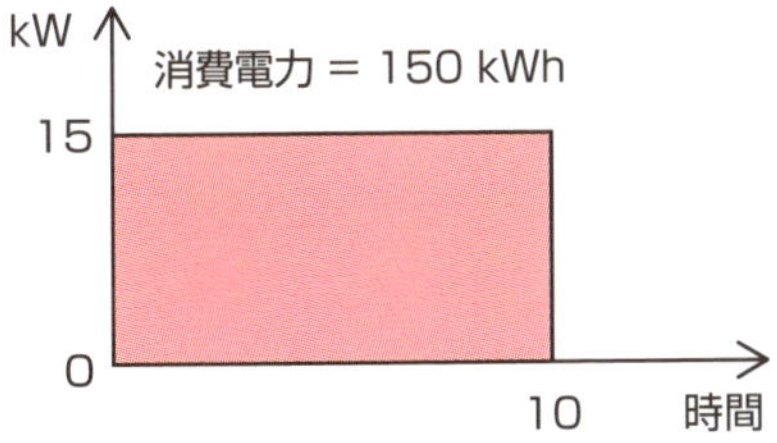

間欠運転負荷

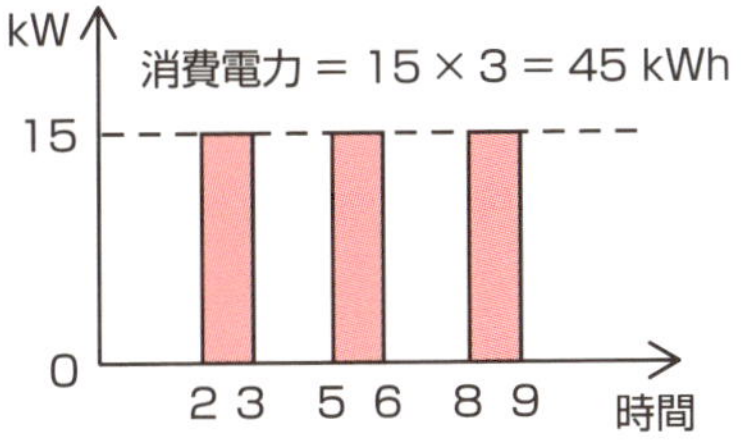

モータ始動時電流変化

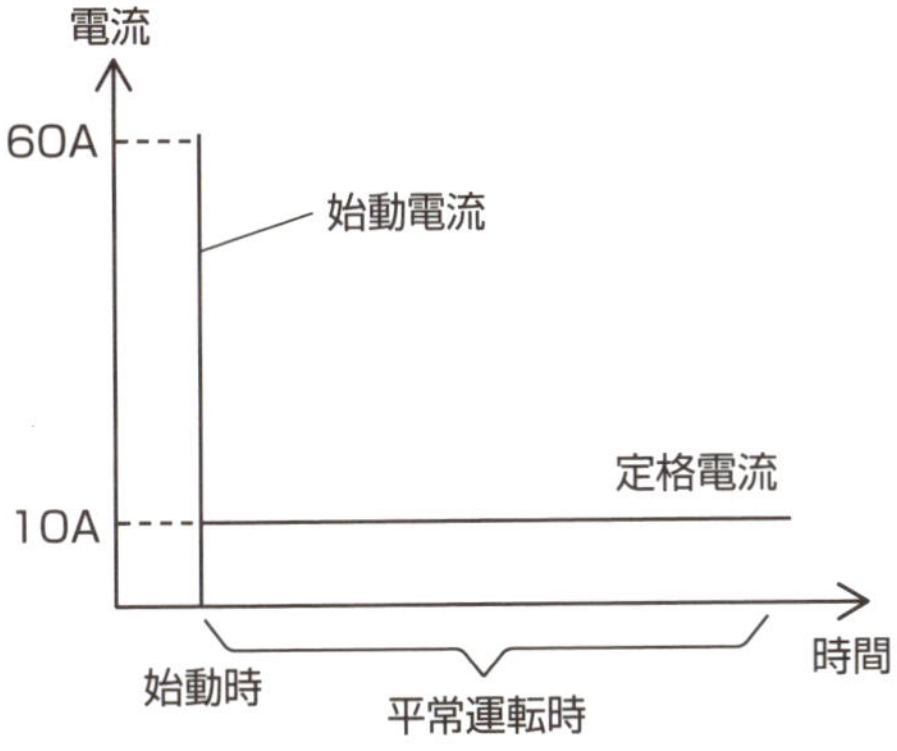

7 センサ技術

電気設備の最大の目的として、人の生活環境や社会活動における安全や安心の確保および快適性を追及する点があります。その実現のためには、危険性の認識や安全性の確認のためのチェック機能が必要となります。また、快適性を判断する基準は人の感性になりますので、人の五感と同様な感知機能が電気設備で用いられる機器やシステムには求められます。その機能を担う技術として、センサが電気設備には広く用いられています。電気設備で利用されているセンサとしては、①力学センサ、②温度センサ、③電磁気センサ、④光学センサ、⑤化学センサ、⑥バイオセンサなどがあります。そういったセンサに利用されている技術として、物理現象、化学現象、バイオ技術などさまざまなものがあります。また、センサには感知する対象に接して作動する接触形と、離れた場所から対象物の状況を判断する非接触形があります。

こういったセンサには、直接的に安全や快適を作り出す操作に使われるものだけではなく、電気設備に用いられる機器自体が故障することなく働き続けるために使われているものもあります。さらに、火災報知システムなどのように、人命にかかわる感知機能を担っているセンサの場合には、単独のセンサに判断を委ねるのではなく、多重化やフェールセイフの考え方を適用するなどの方法によって計画が行われています。また、一つのセンサが単独で作用する機器や装置だけでなく、複数のセンサからの信号を処理して、総合的な判断をするためのシステム構築も必要となります。最近では、多くのセンサをネットワーク化することによって、高度な判断や情報収集をするセンサネットワークの考え方も広がっていますので、さらに安全性や快適性、利便性の追求のためにセンサが活用される社会となってきています。このように、センサは電気設備において重要な役割を果たす要素技術となっている点を忘れてはなりません。

要点BOX

●センサは人間の五感と同様の機能を担う
●センサネットワークの考え方が広がっている

センサ技術

センサの種類	内容	用いられる原理
力学センサ	変位や角度などの状態を検出するもの、速度や加速度のように運動量を検出するもの、圧力やトルクといった力学量を求めるものなどがある。	圧電効果、ピエゾ効果、コリオリの力、ドップラー効果、圧力抵抗変化、静電容量変化、電気抵抗変化など
温度センサ	非常に多くの場所で使われているセンサで、サーミスタ、熱電対、pn接合半導体などが使われる。	熱膨張、電気伝導度、ゼーベック効果など
電磁気センサ	電圧、電流、磁界などの検出や測定をする場合に使われる。	電気ひずみ効果、ファラデー効果、磁気ひずみ効果、ジョセフソン効果、ホール効果、磁気抵抗効果、表皮効果など
光学センサ	可視光だけではなく、赤外線や紫外線までの測定を行う。CCD（電荷結合素子）も用いられる。	光電効果、焦電効果、導電率変化、ヘテロダイン検波など
化学センサ	におい、触覚、ガス濃度や湿度測定、イオン濃度、味覚機能などを検知するセンサがある。	分子吸着、イオン感応膜、酵素作用など
バイオセンサ	自然界に生息する生物体やその一部をセンサとして利用する。	酵素センサ、微生物センサ、DNAセンサ、免疫センサなど

電気設備に使われるセンサ例

設備名	機能	センサの種類
自動火災報知設備	熱感知器	温度センサ、力学センサ
	煙感知器	光学センサ、化学センサ
	炎感知器	光学センサ
入退出管理装置	磁気カード	電磁気センサ
	ICカード	電磁気センサ
	バイオメトリック	光学センサ
照明	照度計	光学センサ
	人感センサ	力学センサ、光学センサ
空調機	温度調節器	温度センサ
	湿度調節器	化学センサ
エレベータ	地震センサ	力学センサ
配電盤設備	電流計、電圧計	電磁気センサ
変電設備	温度計	温度センサ
駐車場管制	車検知	磁気センサ、光学センサ、力学センサ
	人検知	光学センサ、力学センサ

Column

経験と継続教育が必要な電設技術者

電気設備を扱う際にいつも問題になるのが、電気設備の動力源となる電気が目に見えない存在であるという点です。電気が動力源として使われているときだけではなく、電波や電気信号として機能している際にも、その動きは目には見えませんし、最近問題となっている障害の一つである高調波として悪さをしている際も見えません。また、電気設備を原因として発生する問題のなかには、いくつかの条件が揃ったときにはじめて起こる問題も少なくありませんので、問題の再現確認をするために長い時間と労力を要する場面が結構あります。場合によっては、最後まで再現しないものもあり、見えない電気によって動作する電気設備では、不具合の原因究明に苦慮するケースが多いのも特徴といえます。

また、電気設備を計画する際には、自然環境を設計条件として捉えておかないと、思わぬ手戻りやり直しをさせられてしまうのも特徴の一つになります。特に屋外に設置される電気設備については、自然環境の影響を大きく受けますので、それを緩和するための補助設備の検討や、耐候性の高い材料や機器を選定しなければ、短時間に機器の性能が落ちたり、機能不全に陥ったりします。そういった配慮が欠如した際には、引渡しをした施設に再び補修工事で出向くことになり、所属企業にコスト的な負担をかけるだけではなく、顧客からの信用を失墜させる恐れがあります。そのため、電設技術者には経験知が求められます。

もう一点の電設技術の難しさは、その基盤となる電気技術分野が、強電分野から弱電分野にまたがっており、その中でも通信技術や電子技術を用いる分野では、個々の技術が高度化するスピードが非常に速いという点です。また、素材技術分野の開発も最近では激しくなっていますので、使用する資材の変化についていくのも大変です。

さらに、電設技術者は、電気分野の専門家の一人ではありますが、関係する技術者には建築や土木など違った分野の人たちが多くいますので、異分野の人たちが使う専門用語も理解できなくてはなりません。そういった点で、勉強することが非常に多くあります。しかも、新たに設計・施工・管理する施設の場合には、新たな専門用語が出てきますので、いくつになっても勉強しなければならないという宿命を持っています。

第2章

エネルギーを安定化させる手法

8 受電方式

施設電力の信頼性を決める受電方式

受電方式によって、電力の信頼性は大きく違ってきます。現在、一般的に用いられている高圧受電方式をいくつか説明します。

(1) 1回線受電方式

1回線受電方式は、一箇所の変電所から送電される1回線の送電線から受電する方式で、最も簡単で経済的な方式ですが、信頼性は最も低くなります。

(2) 予備線方式

予備線方式は、一箇所または二箇所の変電所から2回線を受電する方式で、一方を常用として用い、もう一方を予備とします。通常の運用においては実質的に1回線の受電となりますが、常用回線のトラブル時には予備回線に切り換えて受電できます。

(3) 平行2回線方式

平行2回線方式は、同時に2回線から受電を行い、それぞれの回線から負荷に供給を行う方式です。一方の回線がトラブルで給電できなくなった場合には、もう一方の回線で施設内の全負荷に電力供給を行えるように計画されているため、無停電で給電を受けることができます。

(4) ループ方式

ループ方式は、複数の需要家を環状の（ループ）回線によってつなぎ、2方向からの給電が可能となるように計画された方式で、需要家側からみると2回線受電となります。ループ方式には、ループ開閉器を常時閉路しておく常時閉路ループ方式と、通常は開路しておいて故障時等に自動閉路する常時開路ループ方式があります。

(5) スポットネットワーク方式

スポットネットワーク方式は、2回線以上、通常は3回線の配電線からT分岐で電力を構内に引き込み、ネットワークプロテクターを介して並列接続する受電方式です。都市部のオフィスビルなどのうち、高信頼性を求められる施設に用いられます。

要点BOX

- 回線が多くなると信頼性が高くなる
- スポットネットワーク方式は高信頼性を求められる施設に用いられる

受電方式

1回線受電方式

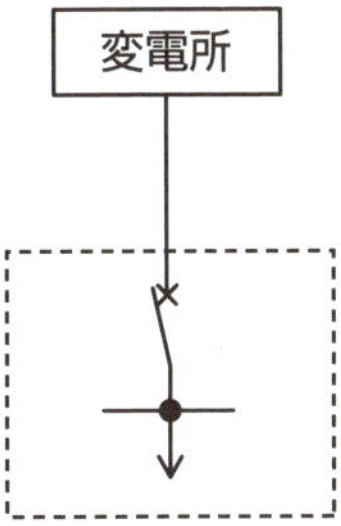

予備線方式

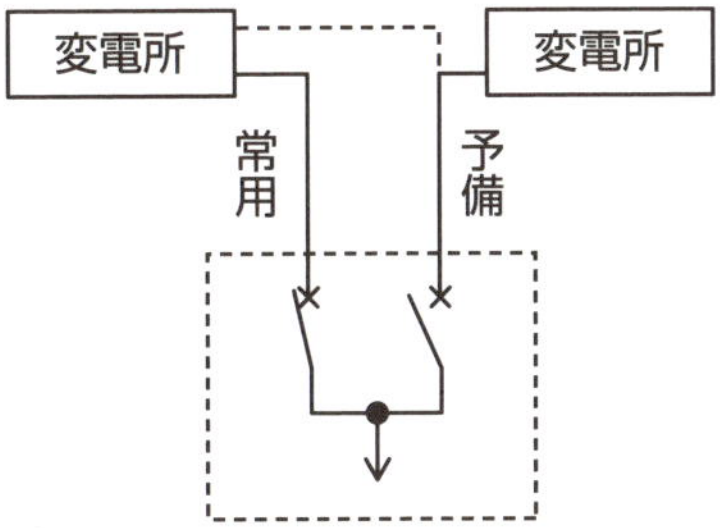

平行2回線方式

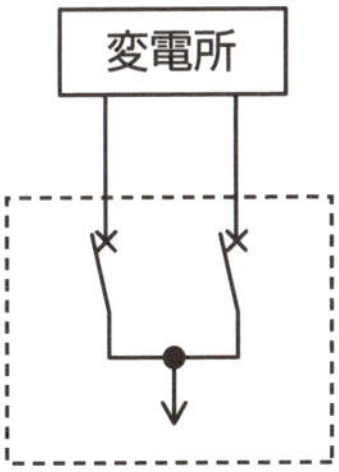

ループ方式

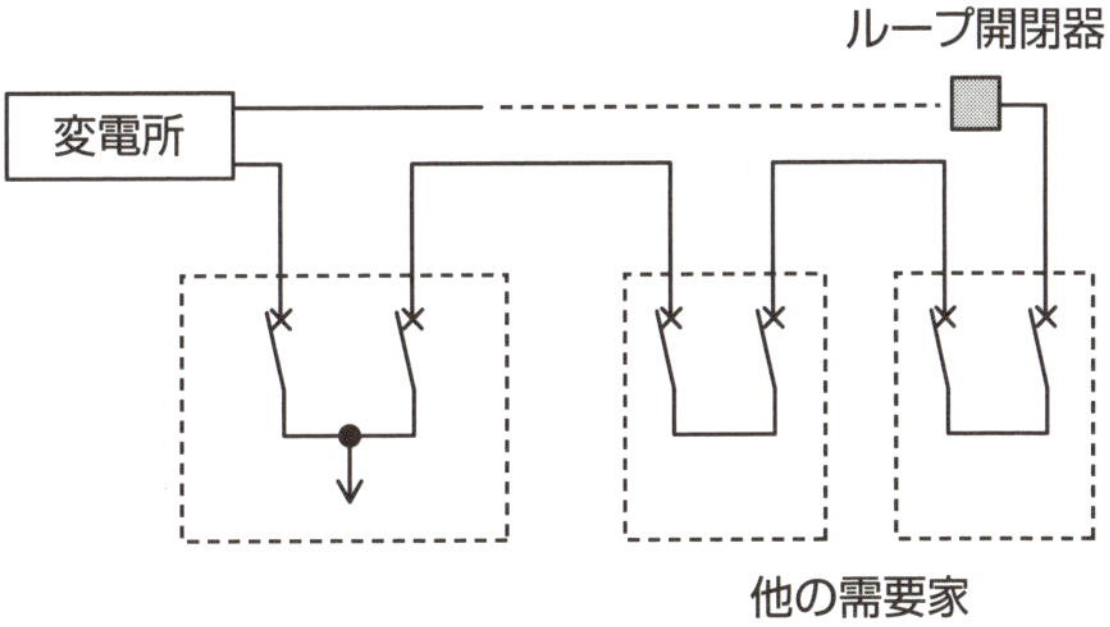

スポットネットワーク方式

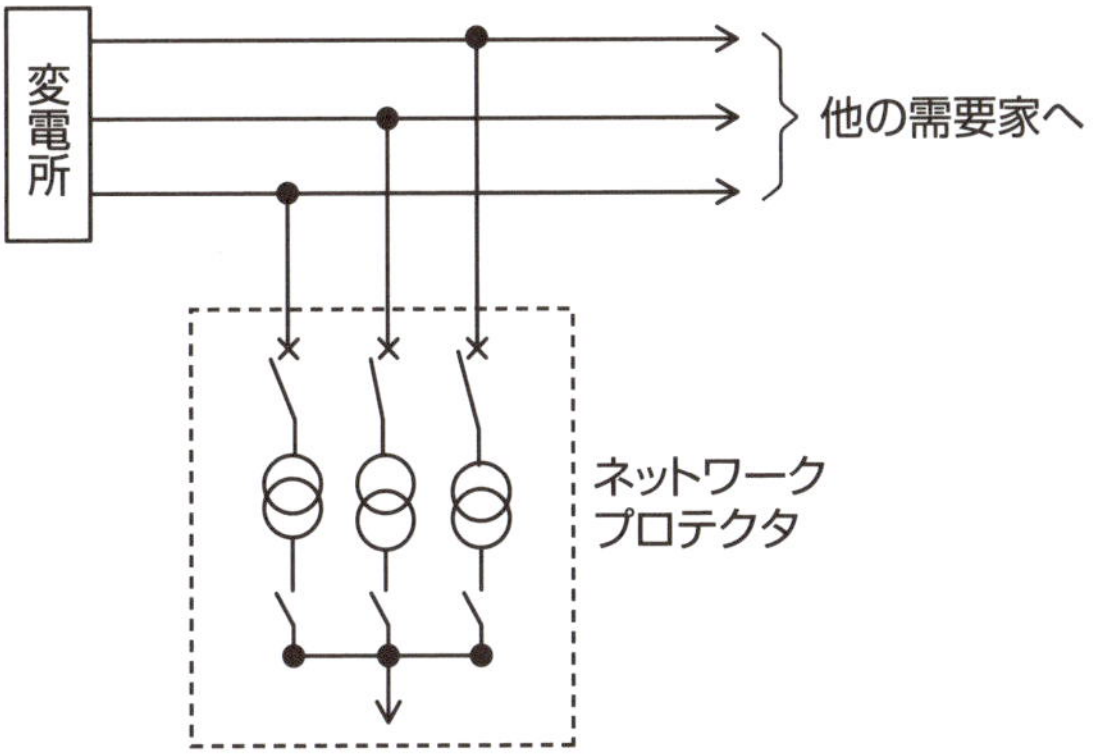

9 最大需要電力

電力料金計算の基本量

最近では、電気料金に再生可能エネルギー発電促進賦課金が加えられるようになっていますが、基本的には、電気料金は基本料金と電力量料金の和で算出されます。そのうち基本料金は、契約電力に料金単価を掛けたものに、力率割引または割増を掛けた式で定められます。一方、電力量料金は、使用電力量に料金単価と燃料費調整額を掛けた式で計算されます。

契約メニューは、契約電力量によって特別高圧、高圧、低圧に分かれますが、高圧の需要家は５００kWを境に大口と小口に分かれます。また、家庭などの低圧の需要家は、ブレーカの大きさによって、アンペア数単位で区分されます。大口の高圧契約の場合には、契約電力を電力会社との協議によって決定しますが、小口の高圧契約の場合には、実量料金制度がとられています。実量料金制度とは、最大需要電力で契約電力を決める制度です。具体的には、契約電力を、現在の月を含めて過去12ヶ月の中で発生した最大需用電力（デマンド）を基準として決めます。その理由は、電力会社が準備する発電設備は、需要家全体の最大需用電力を超えるように準備しなければならないからです。それが大きいと多くの発電設備の建設が必要となり、電力会社の固定費が増えるからです。

なお、デマンドとは、記録用計量器で測定した30分単位の平均電力を計量して、そのうちの最大のものをいいます。ですから、瞬時の電力が大きくなっても、30分単位の平均電力がデマンドを超えなければ問題はありません。逆に、一度でも30分の間にデマンド値を超えた場合が発生すると、それから1年間は、その値の契約電力が適用されますので、1年を通してみると電気料金が大幅にアップします。多くの需要家の最大需要電力は夏季の昼間に発生しますので、その期間のデマンドを抑えられれば、1年間の電気料金を安くできます。そのためデマンド制御を行う仕組みが活用されています。

要点BOX

- ●電気料金＝基本料金＋電力量料金
- ●デマンドとは30分単位の平均電力の最大値である

電力料金計算

電気料金		
基本料金	＋	電力量料金
契約電力 × 料金単価 × 力率（割引・割増）		使用電力量 × 料金単価 × 燃料費調整額

契約メニュー

区分		受電電圧	契約電力量	契約形態
特別高圧		20,000V以上	2,000kW以上	電力会社との協議
高圧	大口	6,000V	500kW以上2,000kW未満	電力会社との協議
	小口	6,000V	50kW以上500kW未満	実量料金制度
低圧		200／100V	50kW未満	ブレーカ別契約など

30分平均需量電力

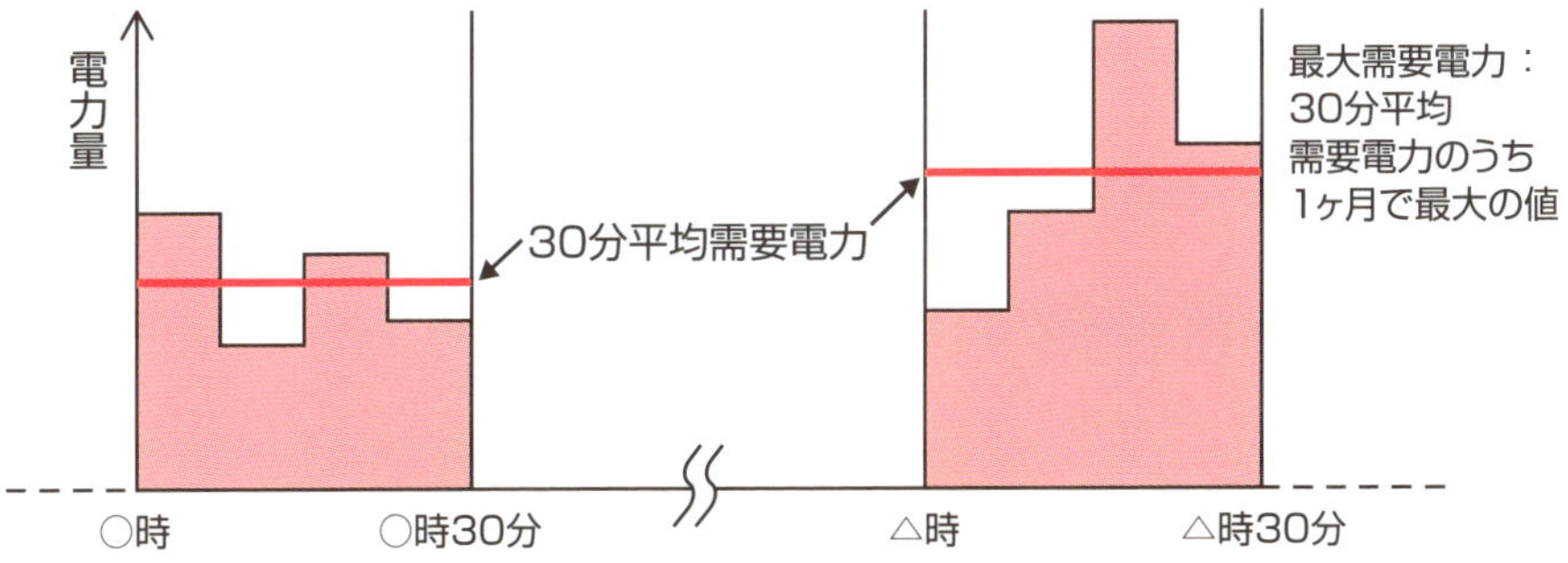

実量料金制度

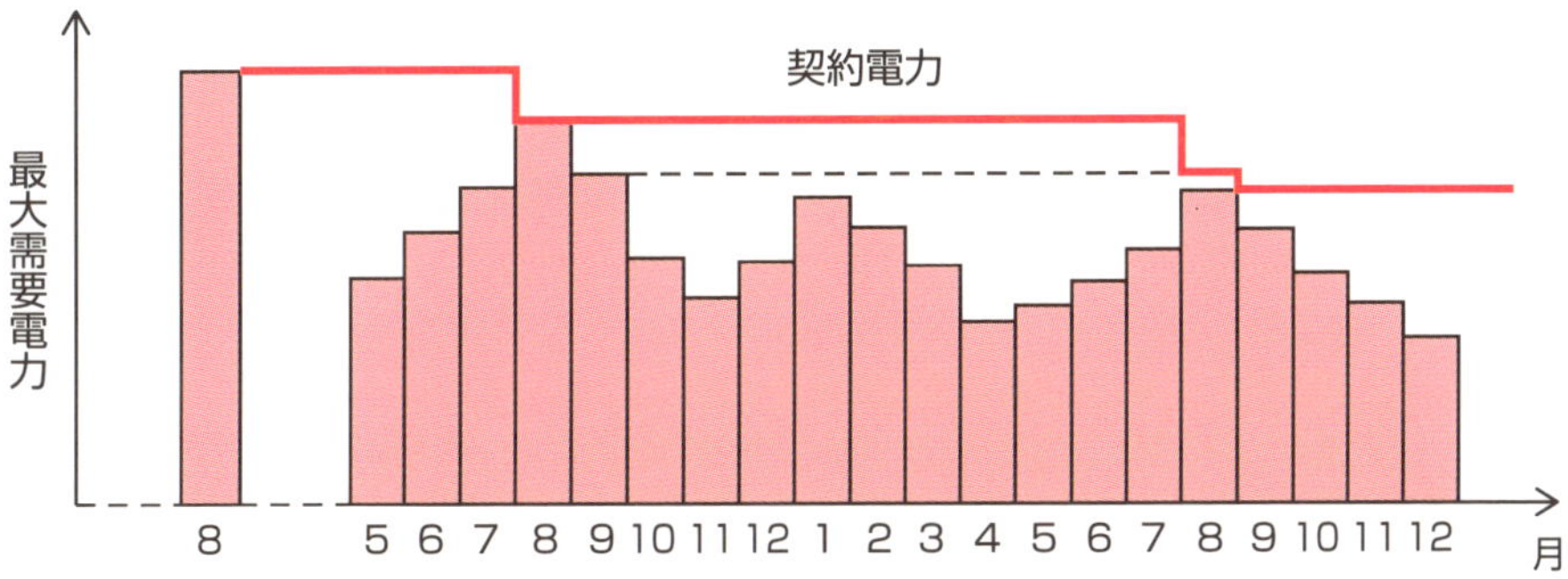

10 力率改善

電気料金の低減策

　前項で示したとおり、基本料金は、契約電力に料金単価と力率割引または割増を掛けた値になります。力率割引(割増)率は、左頁の式で決まります。ですから、力率が100%であれば、0・85倍となり基本料金が割引されますが、力率が85%の場合には、1倍となり、割引されないことになります。もしも力率が75%の場合には、1・1倍となって基本料金は割増されます。力率は、6項の「電気負荷の特性」で説明したとおり、無効電力の量によって決まります。無効電力は、変圧器や電動機などのコイルを使った負荷を接続すると発生します。発生の原理はレンツの法則で説明できます。レンツの法則は、『誘導を起す電流または磁石が被誘導電流に及ぼす電気力学的作用は常に運動を阻止するように働く。』というものです。具体的に示すと、電圧が上昇する場合には、誘導電圧が発生するため電流の増加は電圧の増加より遅れます。これによって、電圧と電流の位相のずれが生じますが、そのずれが大きくなると力率の悪化となります。その結果、仕事に貢献しない無効電力が増加するのです。無効電力を抑制する方法として、無効電流をコンデンサに流れる進み電流によって相殺する進相コンデンサの設置があります。電気設備の力率改善は95～100%を目標に行われます。進相コンデンサを設置する場所はいくつか考えられますが、効果が高いのは負荷に近い場所に設置する方法です。力率の悪い大容量の負荷がある場合には、それに直結する場所に設置しますが、特にそういった特殊負荷がない場合には、母線にコンデンサを設置します。

　なお、力率の状況は運転する負荷の量によって変わってきます。休日などで使用している負荷が少ないときには無効電力も少なくなりますので、同じ進相コンデンサを接続していると力率が進み過ぎて、電力損失の増大や系統電圧の上昇などの弊害が生じますので、自動力率調整装置を設置する必要があります。

要点BOX
- ●力率によって電気料金が変わる
- ●力率改善には進相コンデンサを用いる
- ●負荷量に合わせた自動力率調整装置を設ける

力率割引（割増）率の計算

$$力率割引（割増）率 = \frac{185 - 力率(\%)}{100}$$

レンツの法則

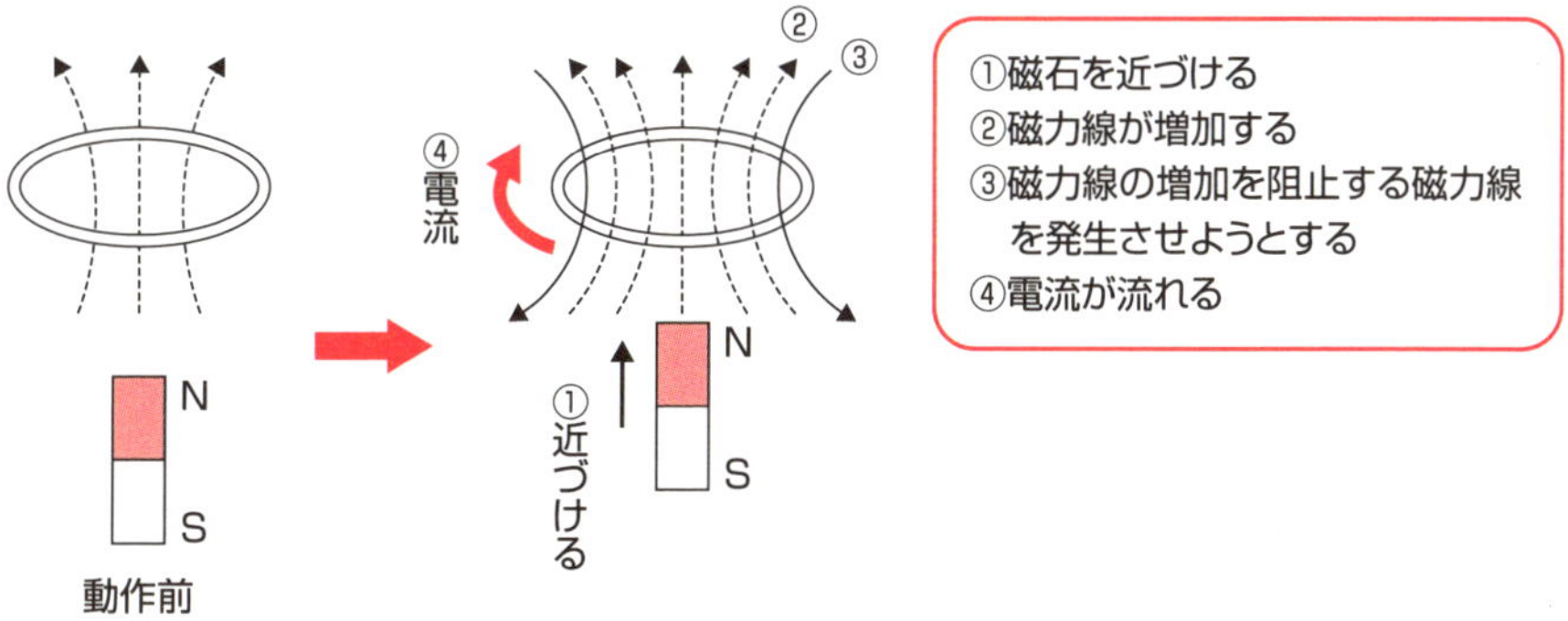

電圧と電流の位相差

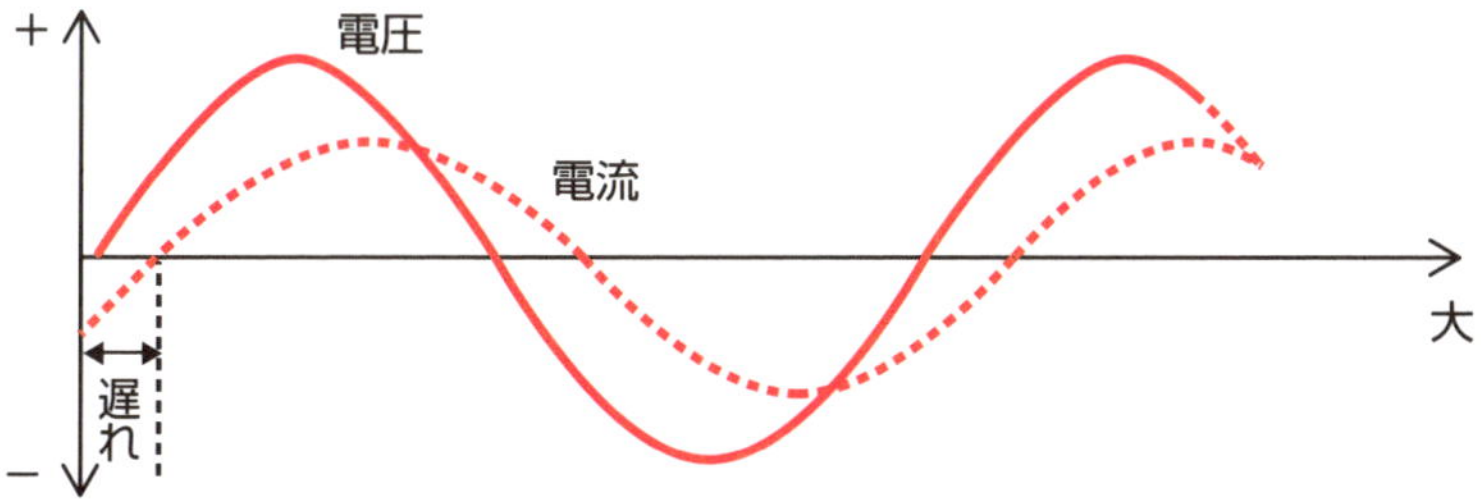

進相コンデンサの設置例

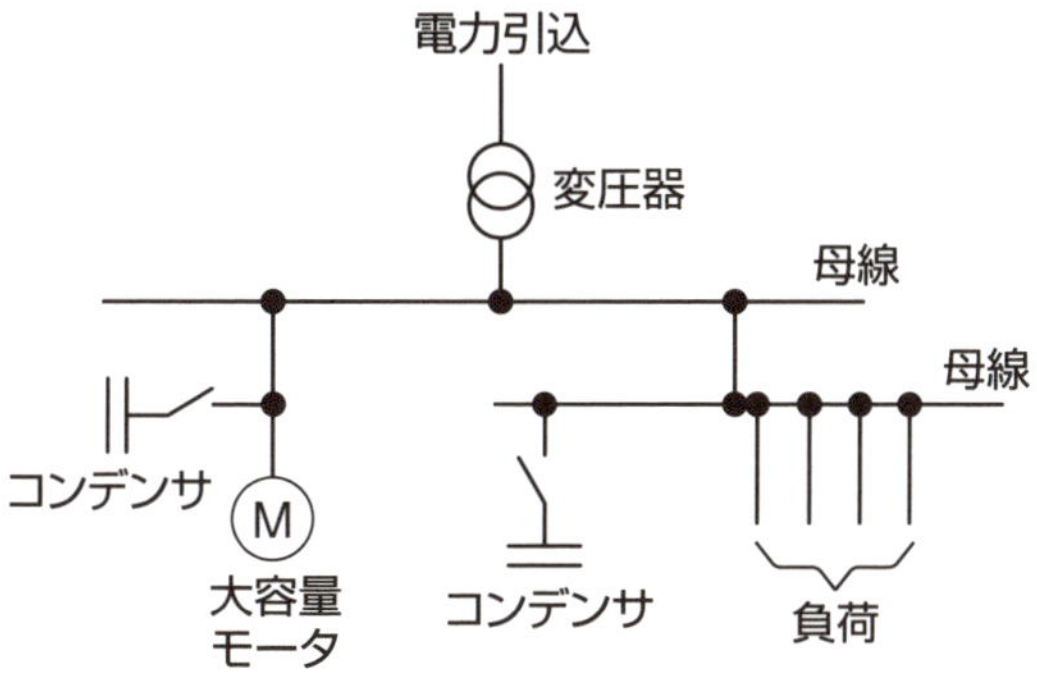

11 発電設備

常用として発電機を使う

大型の事務所ビルや工場などでは、施設内に発電設備が設けられます。これまでの自家用発電設備は、消防法などで定められた法的負荷(防災負荷)や、建物の機能を最低限確保する保安負荷をまかなうための、非常用電源としての計画が主に実施されてきました。データセンターなどの重要なデータを扱っている施設においては、停電時に備えて大きな負荷をまかなうための大容量の発電設備を設けるようになっています。そういった大型の発電機を、非常時のみの運転として、通常時に遊ばせておくのは投資対効果の面で問題がありますので、常時利用する分散型電源として用いるケースが増えてきています。

自家用発電設備の原動機としては、ディーゼル機関、ガス機関、ガスタービンがこれまで用いられてきました。原動機の選定に当たっては、必要と想定される電源容量だけではなく、設置する場所の状況やその地域の特性を考慮しなければなりません。特に利用する燃料については、その入手の難易度や輸送ルートなども考慮して検討されなければなりません。また、設置できる施設内の場所の検討も重要となります。特に騒音を発生する可能性がある原動機については、近隣に影響を及ぼさないように計画する必要があります。さらに、水害や地震などの天災に対する備えとして、設置位置の検討が必要となります。冷却水が必要かどうかも重要な条件となりますし、排気ガスによる影響も考慮する必要があります。

これらの特徴を理解して原動機の選定をしなければなりませんが、その際に重要となるのは、経済性の面での検討です。経済性としては、発電設備の新設に関わる費用だけではなく、エネルギー効率や保守の難易度を考慮したランニングコストと、電力会社の電気料金との比較になります。経済性を高めるには、エネルギー効率が高められるコジェネレーションとしての計画の検討も必要です。

要点BOX

- ●発電設備を備える施設は多い
- ●原動機の種類によって特性がある
- ●導入には経済性の検討が重要となる

自家用発電設備に用いられる原動機の比較

項目	ディーゼル機関	ガス機関	ガスタービン
最大出力	10,000kW程度	5,000kW程度	10,000kW程度
燃料	軽油、A重油、灯油	都市ガス13A、LPG	灯油、軽油、A重油、都市ガス13A
発電効率	32〜40%	25〜35%	20〜30%
部分負荷効率	最も良い	良い	最も悪い
始動時間	短い	短い	長い
振動	大(対策が必要)	大(対策が必要)	小
瞬時負荷投入率	低い	低い	高い
排ガス	すす等が発生	比較的クリーン	比較的クリーン
NOx	多い	多い	少ない
構造	簡単	簡単	複雑
冷却水	必要	必要	不要
保守費	安い	安い	高い

発電機の設備と検討項目

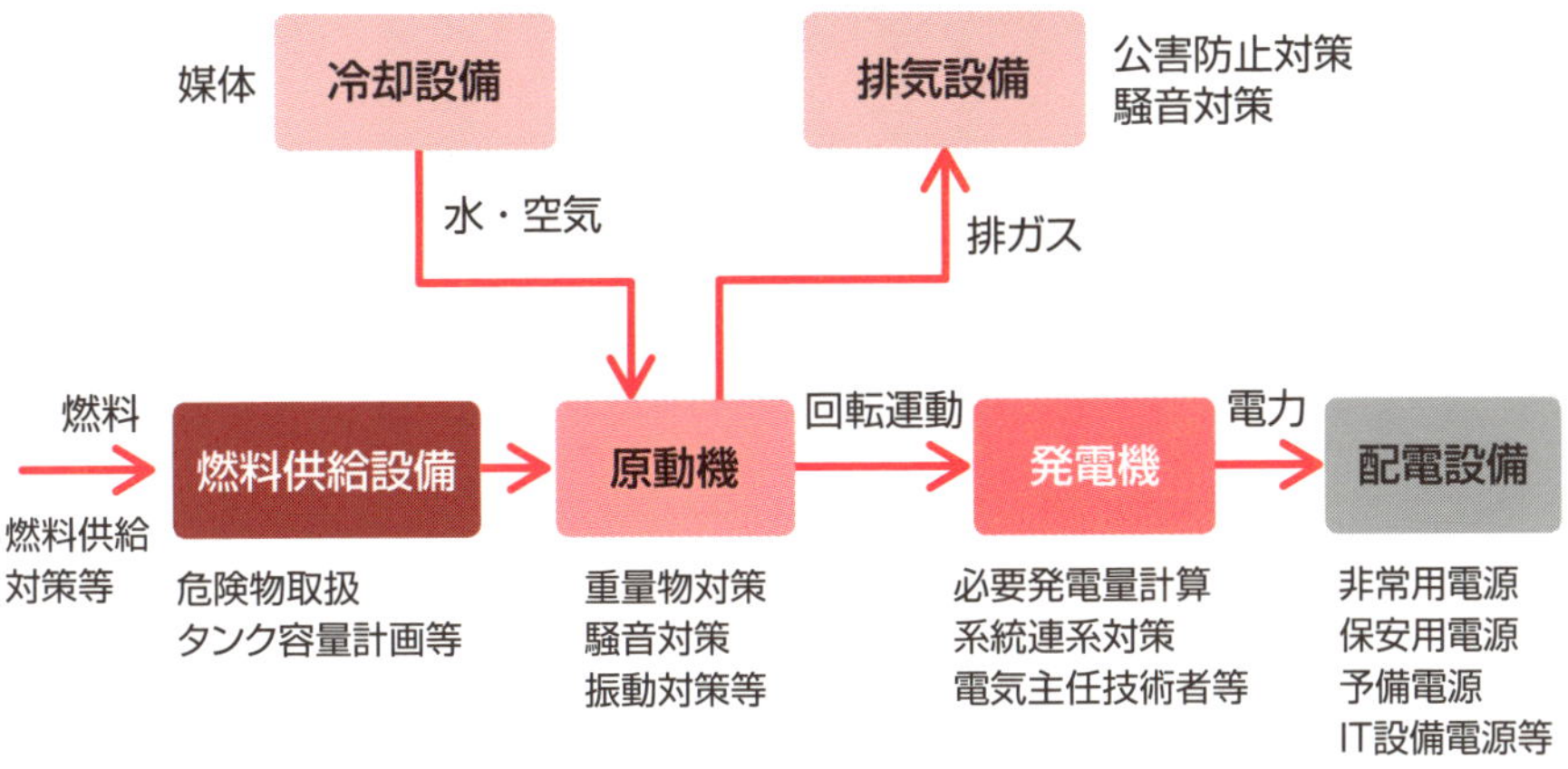

12 コジェネレーション

施設内に発電機を設ける例は多くありますが、その発電機を常用として活用する例が増えています。発電機で発電した電力だけを利用する場合には、どうしても熱が損失として失われてしまう結果になり、熱効率が低くなってしまいます。しかし、損失となる熱を効果的に利用できれば、総合効率は大きく改善します。それを実現する方法として、コジェネレーションがあります。コジェネレーションは「熱電併給発電」と呼ばれており、発電時に発生する熱を熱負荷へ供給して、これまで捨てていた熱を利用することによって全体のエネルギー効率を上げる手法です。しかも、電力や熱の需要場所での発電になりますので、送電時に発生する損失もなくせるため、その分も含めて効率が上がります。ただし、コジェネレーションは熱の需要がある程度想定される施設には用いることができますが、そうではない施設では利用が難しい設備です。そういった状況から、一定地域内に存在する複数の需要家の電気負荷と熱負荷（蒸気や冷水の供給）を対象とした地域コジェネレーションという考え方もあります。地域コジェネレーションの場合には、全体負荷が大きくなるため、大規模で効率が高いシステムの計画も可能となります。

コジェネレーションでは、電気と熱が同時に発生しますが、その比率は採用するシステムによって決まります。一方、使う側には必要な電気と熱の比率があります。それが自然に一致することはありませんので、コジェネレーションの運用方式としては、電力負荷に合わせてシステムを運用し、足りない熱はボイラーで補充するという電主熱従運用と、その逆に熱需要に合わせてシステムを運用し、足りない電力を電力会社からの供給でまかなうという熱主電従運用があります。一般的には電主熱従運用が多く用いられており、ホテルや病院などの熱需要が多い施設において利用されています。

要点BOX

●熱と電気の両方を活用する発電
●小規模コジェネレーションが注目されている

コジェネレーション例(ガスタービン発電)

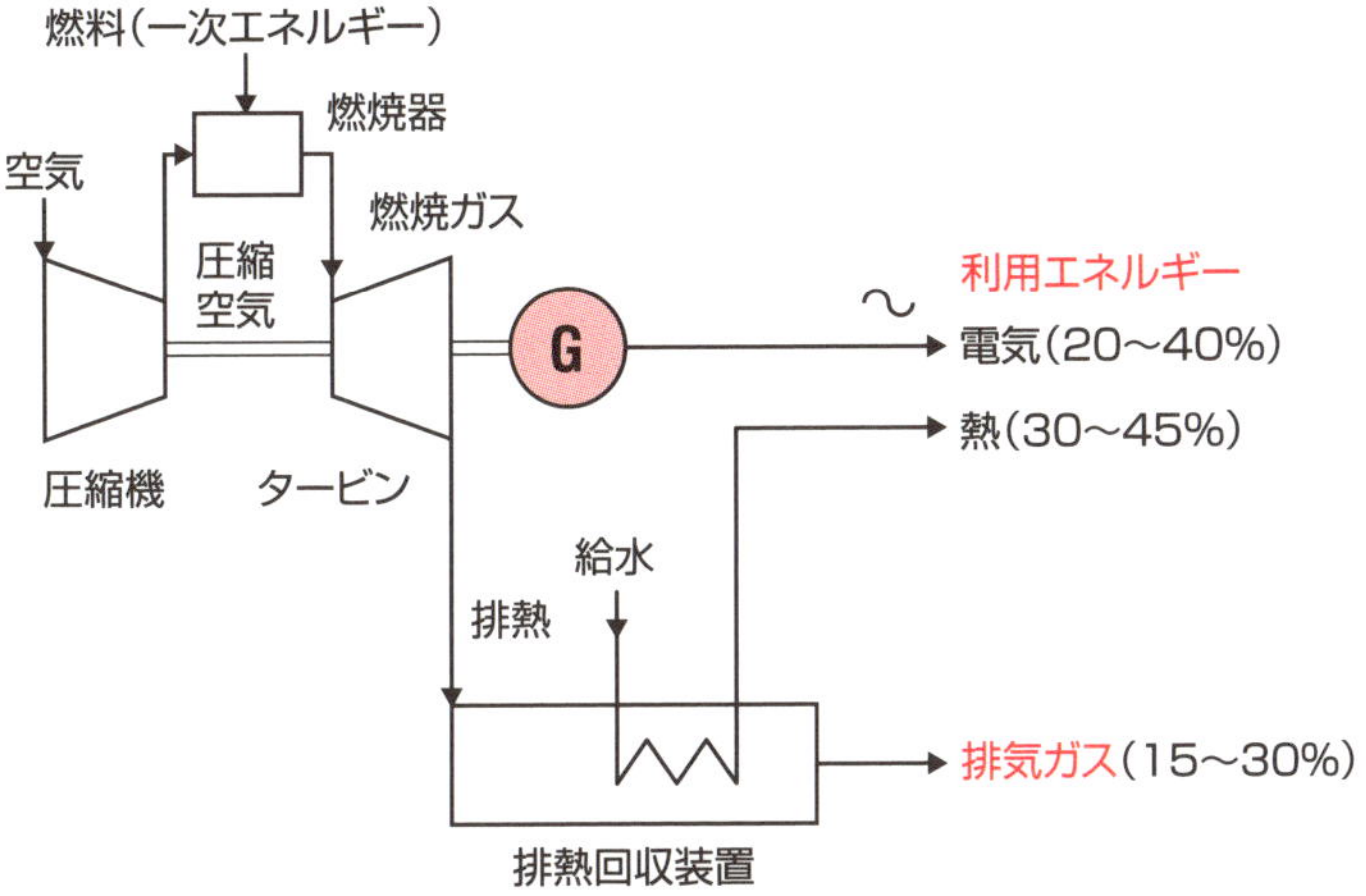

原動機別の総合効率

項目	ディーゼル機関	ガス機関	ガスタービン	マイクロガスタービン
発電効率	32〜40%	25〜35%	20〜30%	22〜30%
総合効率	60〜75%	65〜80%	70〜80%	70〜85%

地域コジェネレーション(例)

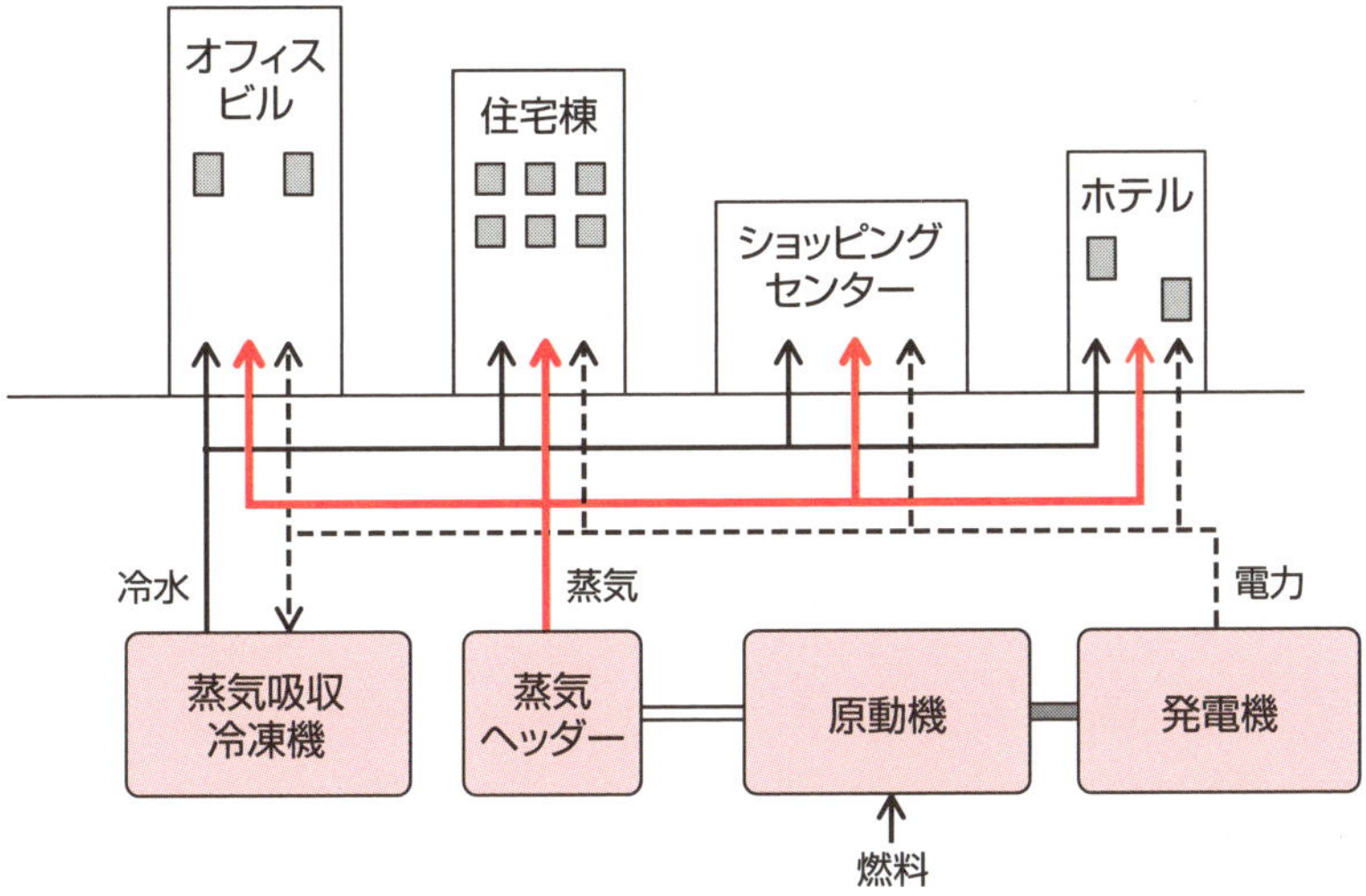

13 燃料電池

クリーンな分散型発電設備

燃料電池の基本原理は、水の電気分解と逆の反応プロセスを用いたものですので、燃料電池は燃焼を経ない化学的反応によって直接発電する装置です。具体的には、水素と酸素を電極に送って反応させることによって、電気と水を発生させます。酸素は大気中に約20％の比率で存在していますので、人為的に供給しなければならないのは水素だけになります。燃料となる水素は、現在のところ、天然ガス、石油、メタノールなどから作り出していますが、太陽光発電の電力で水を分解して水素を製造すれば、太陽光発電の不安定さを補って、燃料電池で安定的な発電が行えます。しかも、燃料電池で発電している際には熱を発生しますので、それを熱源として施設内で利用すると、コジェネレーションとしてエネルギー効率をさらに高めることができます。このように、燃料電池は低騒音で高効率、しかもコンパクトな電源設備ですので、分散型電源システムとして適しています。

燃料電池には、りん酸形燃料電池、固体高分子形燃料電池、溶融炭酸塩形燃料電池、固体酸化物形燃料電池があります。住宅用の燃料電池に使われているのは、固体高分子形燃料電池と固体酸化物形燃料電池になります。

最近では、家庭用燃料電池ユニットがガス会社などから発売されています。この場合には、燃料として都市ガスを使いますので、既存のインフラ設備がそのまま使えます。また、爆発の危険性がある水素を輸送して供給する必要もありませんので、安全性の面でも有効な方法となります。さらに、家庭などの分散電源として利用する場合には、負荷側の電気と熱の需要量がコジェネレーションで発生する電気と熱の比率といつも一致することはありません。そのアンバランスを、天然ガスを燃料電池の燃料として使うだけではなく、不足する熱量を天然ガスの燃焼で補うなどの対応ができます。

要点BOX

- ●燃料電池はコンパクトな分散型電源
- ●燃料として都市ガスが使える
- ●家庭用燃料電池の利用が進められている

水の電気分解と燃料電池の原理

水の電気分解

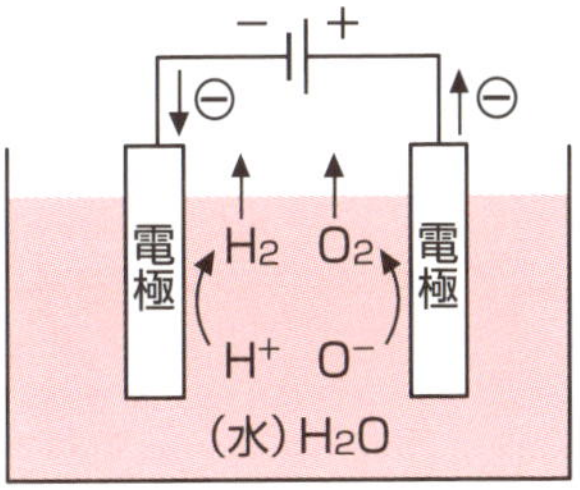

燃料電池

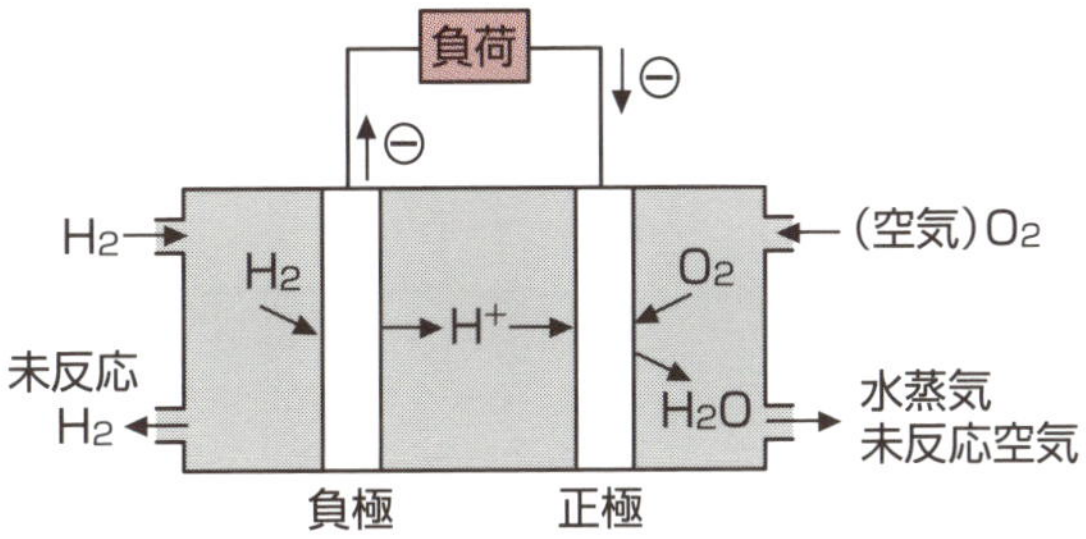

燃料電池の種類と特徴

	りん酸形燃料電池(PAFC)	固体高分子形燃料電池(PEFC)	溶融炭酸塩形燃料電池(MCFC)	固体酸化物形燃料電池(SOFC)
電解質	りん酸水溶液	高分子イオン交換膜	炭酸塩(Li_2CO_3、K_2CO_3、Na_2CO_3)	セラミックス($ZrO_2(Y_2O_3)$)
作動温度	160〜210℃	〜80℃	600〜650℃	700〜1,000℃
燃料	天然ガス、メタノール	水素、天然ガス、メタノール	天然ガス、メタノール、石炭ガス化ガス	天然ガス、メタノール、石炭ガス化ガス
発電効率	35〜45%	35〜45%	45〜60%	45〜60%
特徴	起動時間が短い	小型・軽量で、起動性が高い	小型で発電効率が高い	小出力でも発電効率が高い

家庭用燃料電池の使用例

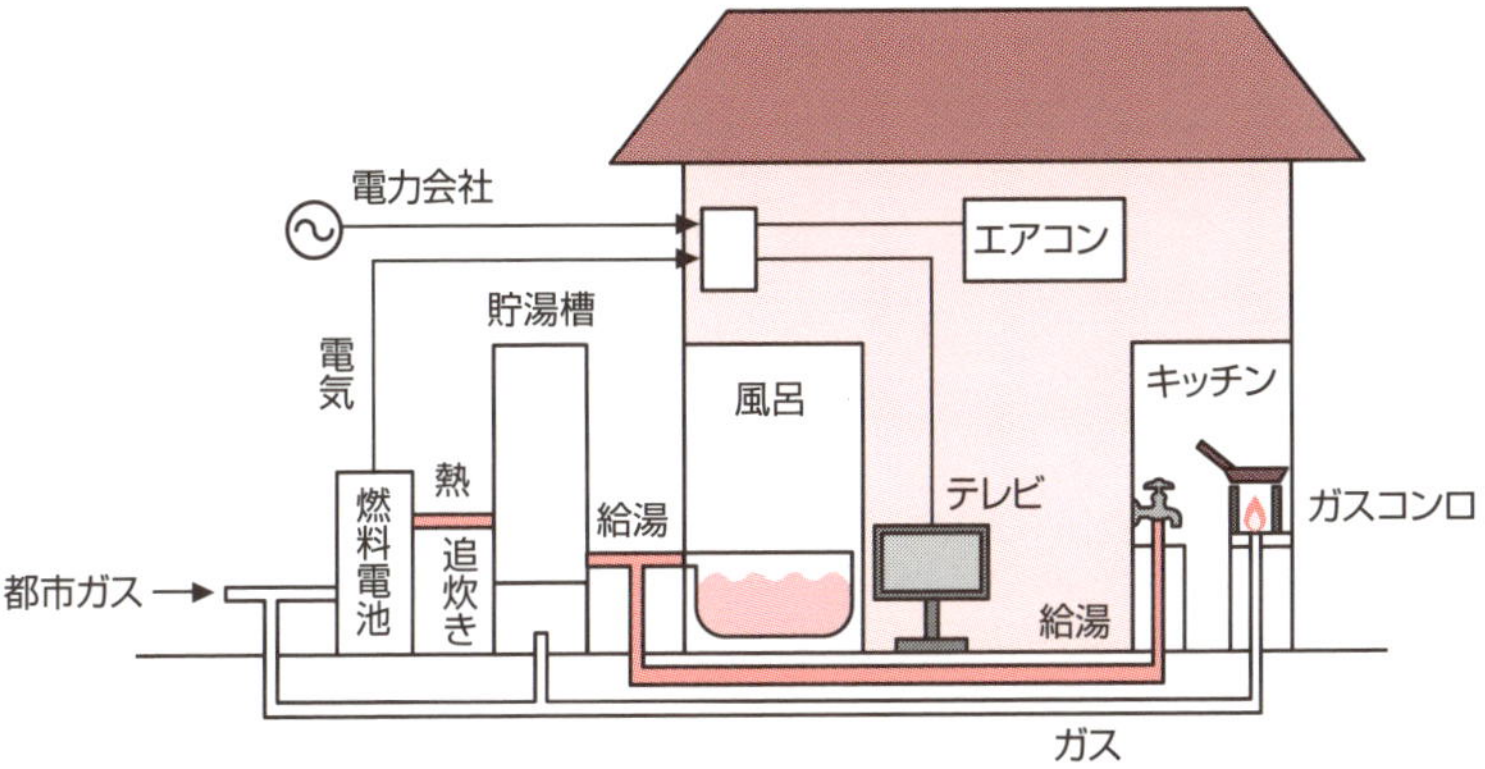

14 自然エネルギー活用

持続可能な社会を目指して

施設において自然エネルギーを活用すると、電力会社から購入する電力の削減が図れますので、経済的となります。最近では、再生可能エネルギーによって発電した電力を売電できますので、そういった手法も積極的に検討されるようになってきています。

(1) 再生可能エネルギー発電

施設において活用できる再生可能エネルギーとしては、太陽電池や小規模な風力発電装置で発電した電力があります。それらによって得られた電気を施設の一部に活用するだけではなく、電力会社に売電する方法も広がっています。

(2) 外光利用による省エネルギー

オフィス等で業務に必要な照明の照度は750ルックス程度になります。一方、太陽光は日陰でも1万ルックス程度ありますので、照明光源としても有効です。そのため、窓ぎわの照明を消灯するなどの方法で、省エネルギー化を図ることができます。

(3) 太陽熱利用による省エネルギー

太陽は非常に大きな熱量を持っています。そのため、太陽熱を集めて利用する方法が住宅やビルで用いられています。住宅で用いられる方式としては、太陽熱によって温水を発生させる方式と、パッシブソーラーという方式があります。ビルにおいては、窓や壁面内部の熱を集めて蓄熱する方法なども用いられるようになっています。

(4) 断熱効果による省エネルギー

施設で電力消費量が多い設備として空調がありますが、空調の熱負荷となるものとして、外気温度の進入があり、それを遮ることで省エネルギーに効果があります。具体的には、窓ガラスの二重化による熱の進入防止や、壁面内部の断熱材の断熱性能を高める方法などがあります。また、最近では屋上からの熱の進入を少なくする屋上緑化も注目を集めています。

要点BOX

- ●自然エネルギー発電で省エネルギー化する
- ●自然の熱や光を活用して省エネルギー化する
- ●外気温の侵入を遮断する

施設敷地内で活用できる風車

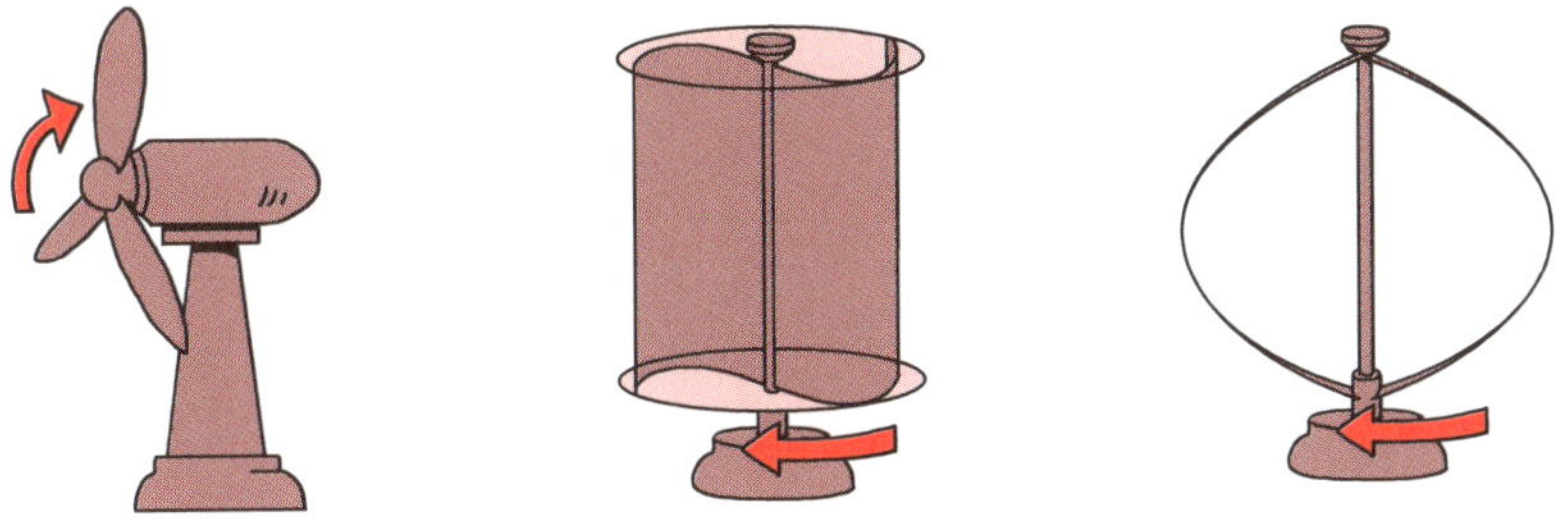

プロペラ形風車　　サボニウス形風車　　ダリウス形風車

外光利用による調光

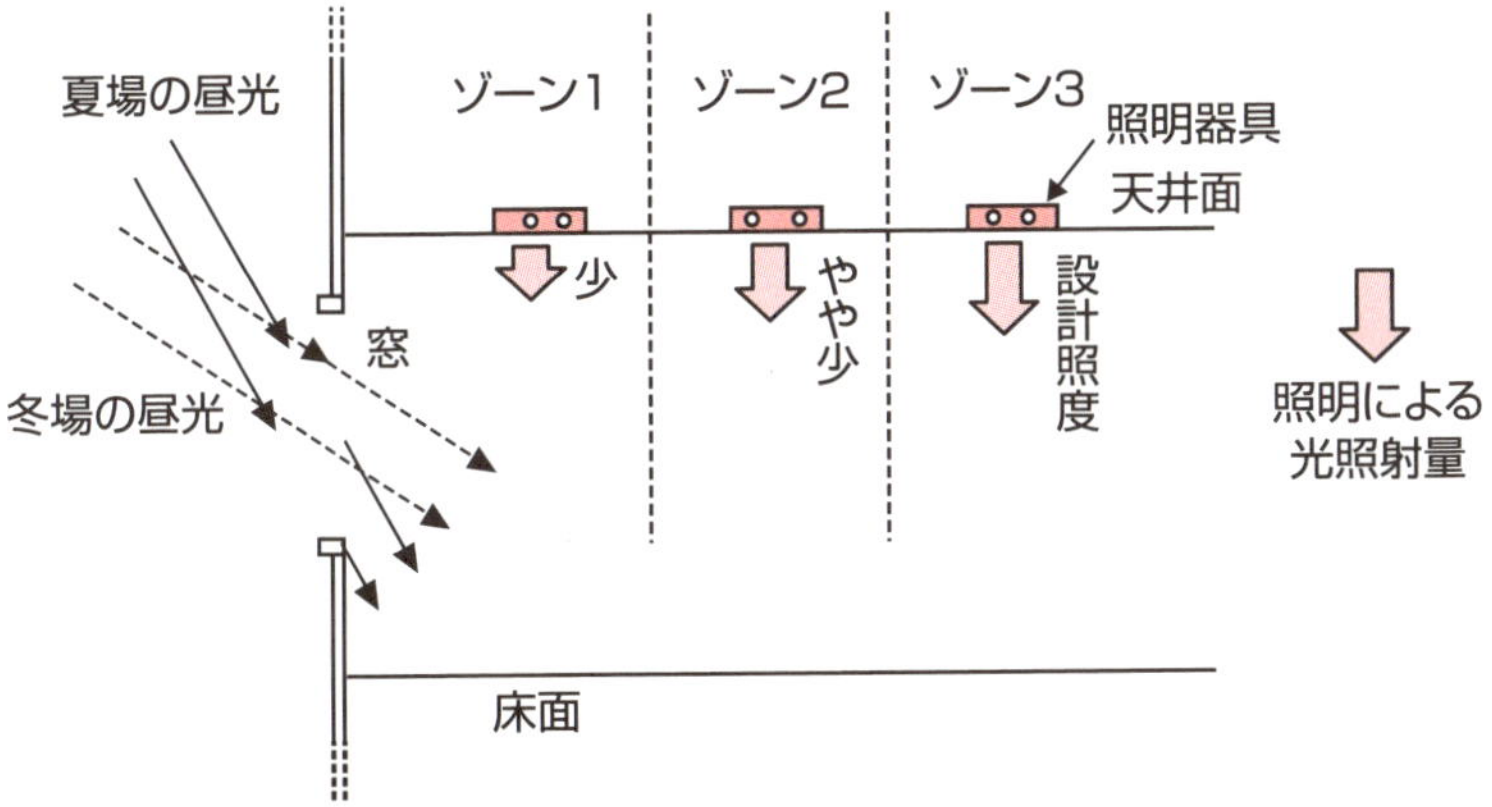

日射負荷の低減効果例

方法	ガラスのみ	ガラス+遮光フィルム	ガラス+遮光フィルム+ブラインド
侵入熱量	97%	41%	22%

屋上緑化の効果例（夏季期間）

	通常屋根	屋上緑化
屋根表面温度	66℃	46℃
室内温度26℃設定時の温度差	40℃	20℃
単位時間当たりの熱通過率（kJ／m^2・K）	約14	約6

15 開閉装置

電気の流れを制御する

受電した電力を施設の電気設備に適切に配電したり、電力事故時に回路を開放したりするために用いられるのが開閉装置になります。また、モータなどの負荷の動作制御や漏電時における感電保護のためにも用いられます。開閉器には、機能の違いよって次に示すような機器があります。

(1) 遮断器

遮断器は、正常時における電路の開閉を行って、電力の供給を制御すると同時に、短絡や地絡などの故障時に故障電流を速やかに遮断する能力を備えています。そのため、定格電流、定格電圧、定格短時間電流、定格遮断時間、定格投入電流などが規格で定められています。遮断器はその種類により、油遮断器、空気遮断器、磁気遮断器、真空遮断器、ガス遮断器、気中遮断器、配線用遮断器などがあります。

(2) 電力用ヒューズ

電力用ヒューズは、過負荷電流や短絡電流が流れた際に、自らが溶断して電路を自動的に遮断します。事故の検知を行う継電器と遮断装置の両方の能力をもっており、短絡除去時間が遮断器よりも速いのが特長となります。ただし、繰り返しの使用はできませんので、動作した場合には新しいものと交換しなければなりません。

(3) 電磁接触器

電磁接触器は、回路を通電状態で開閉するための装置です。モータなどへの電源の投入や停止などに用いられますが、その場合には過負荷継電器を組み合わせた電磁開閉器として用いられます

(4) 漏電遮断器

漏電遮断器は、電路の地絡事故時に発生する零相電流を検出して地絡が発生している回路を速やかに遮断する装置です。人が接触する可能性のある水回りに用いられる器具には、感電保護用として動作時間が0・1秒以内の高速動作のものが用いられます。

要点BOX

- ●遮断器は故障電流を速やかに遮断する
- ●電磁接触器はモータ回路に用いられる
- ●漏電遮断器は感電保護用としても用いられる

開閉装置のしくみ

遮断器バルブの構造例

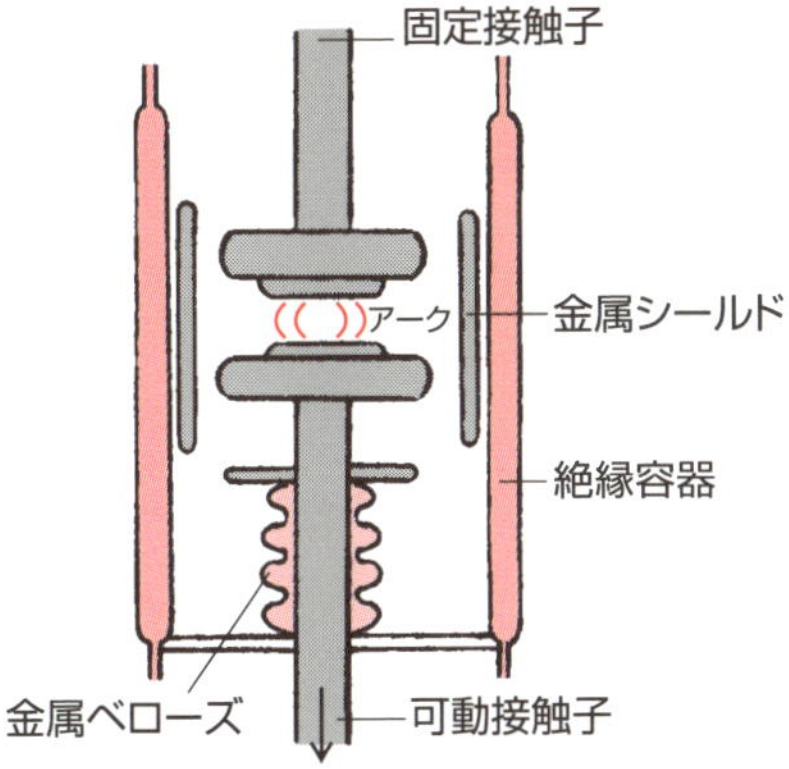

電力用ヒューズの構造例

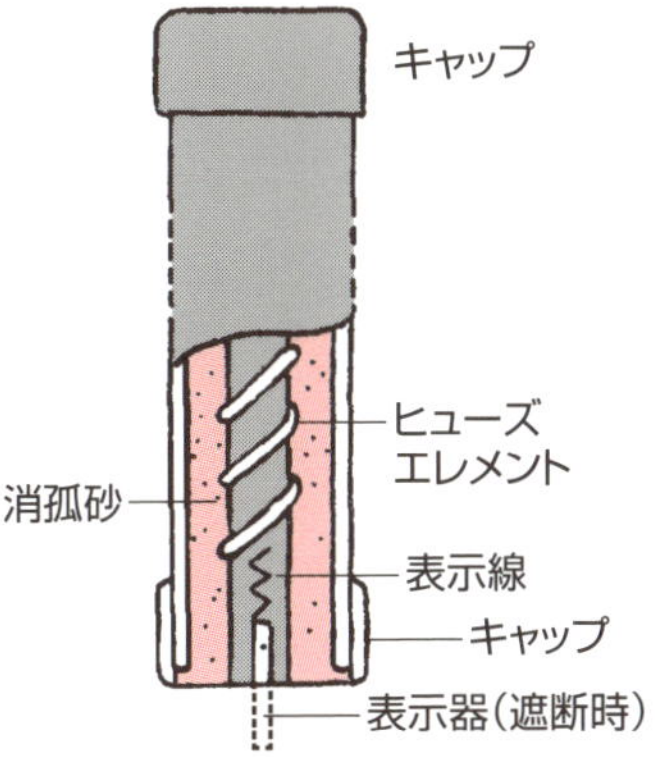

電磁接触器の動作

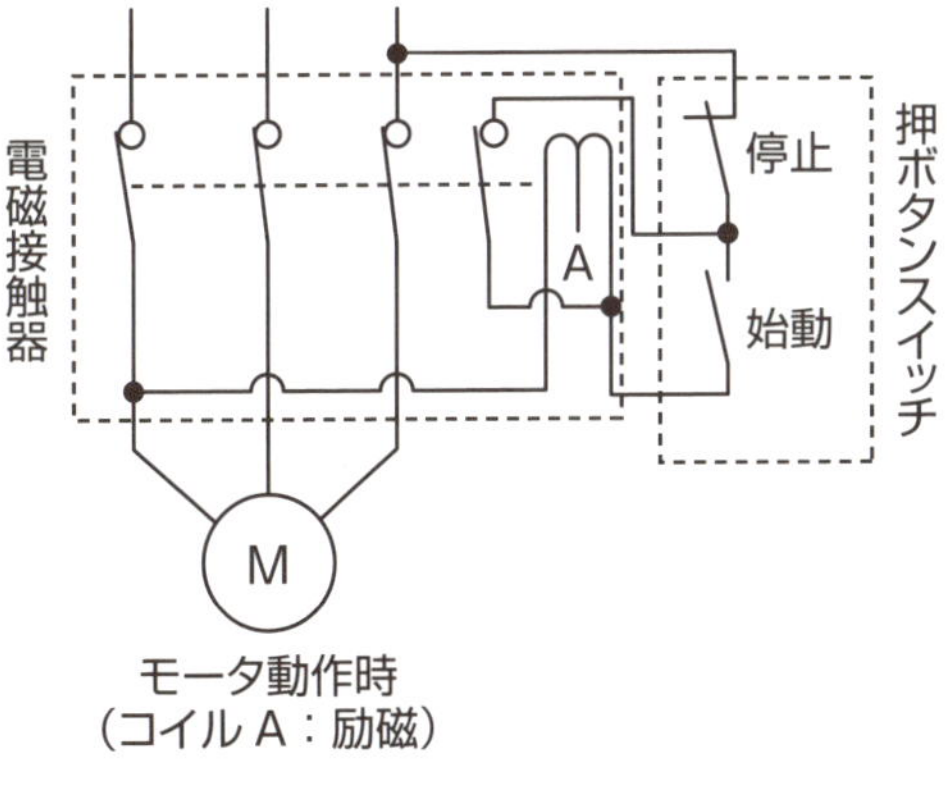

漏電遮断器の動作

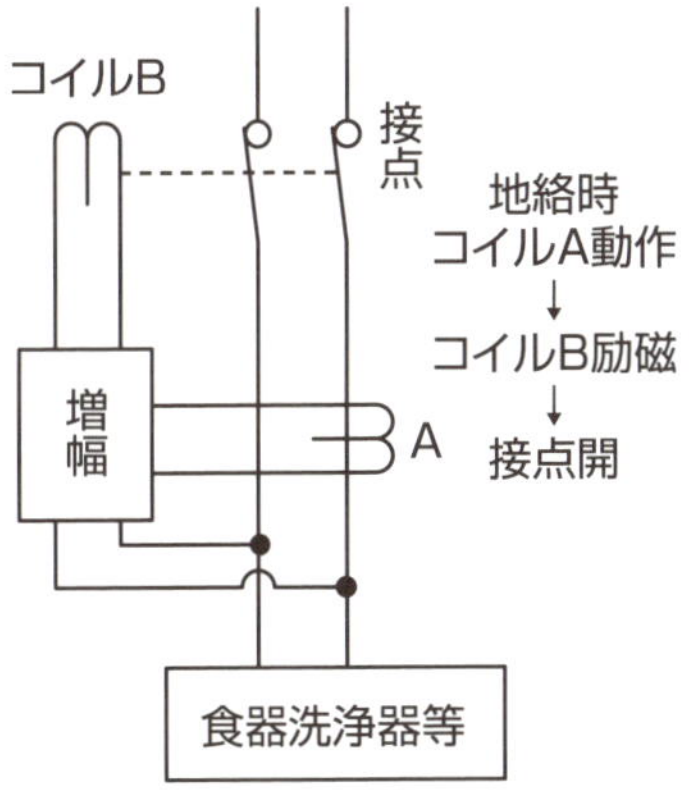

開閉装置の種類と機能

種類	機能	用途
遮断器	負荷電流／過電流／短絡電流を開閉できる	回路保護用開閉器
電力用ヒューズ	過電流や短絡電流の遮断ができる 動作後はヒューズの交換が必要	負荷開閉器との組合せで利用
電磁接触器	負荷電流／過負荷電流の開放ができる	モータなどの起動・停止
漏電遮断器	地絡時に自動で電路を遮断する	感電保護、漏電火災保護

16 計器用変成器

電路の状態を見える化する手法

大規模な施設においては、高圧受電や特別高圧受電をして、施設内部の電気室において使用電圧に変圧して配電します。高圧の受電設備や配電設備では、事故時の迅速な対応が求められます。配電設備を安全に運用し、電気故障が発生した場合に適切に遮断するなどの安全動作を行わせるためには、電路の状況を的確に把握する必要があります。しかし、高電圧の電路の状態を直接計測するのは危険が伴います。そういった理由から、電路の状況を取扱いやすい電圧値や電流値に換算して計測する方法が採られています。その際に用いられるのが計器用変成器で、広く用いられている変成器には次のような種類があります。

(1) 変流器(CT)

変流器は一次側電流によって誘起された鉄心内の磁束によって二次側電流を発生させる変成器です。変流器の場合には、二次側を開放したりヒューズを設けたりしてはいけません。二次側が開放されると計器に大きな電圧がかかり、変流器に接続された機器の絶縁が破壊される危険性があるからです。

(2) 計器用変圧器(VT)

計器用変圧器は、変圧器と同じ原理を用いており、一次側を高電圧として、巻線数比に比例した二次側電圧を得る変成器です。一般的に二次側電圧は110Vとします。計器用変圧器の二次側を短絡すると大電流が流れてしまい、巻線の焼損や過熱という問題が発生しますので、注意しなければなりません。

(3) 零相変流器(ZCT)

零相変流器は、地絡事故が起きた際に地絡電流を検出するための変流器です。丸い鉄心内に絶縁された一次側の三相回路導体を貫通させた構造になっていますので、電圧に関係なく使用できます。通常では、三相回路は平衡していますので、二次側には電流は発生していませんが、短絡事故の際には平衡が損なわれ、二次側に電流が発生します。

要点BOX

- ●計器用変成器は扱いやすい値に換算する
- ●計器用変圧器は変圧器と同じ原理を用いている

計器用変成器のしくみ

変流器の形状例

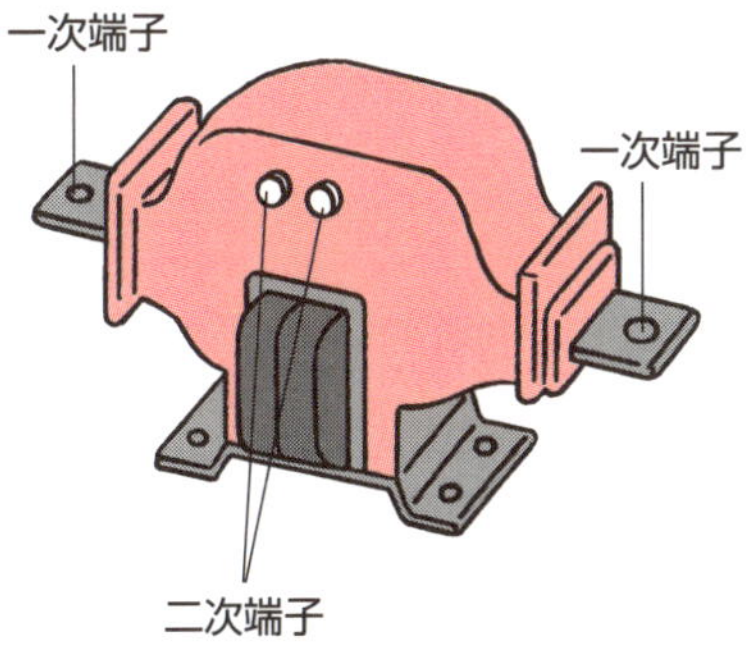

変流器の原理

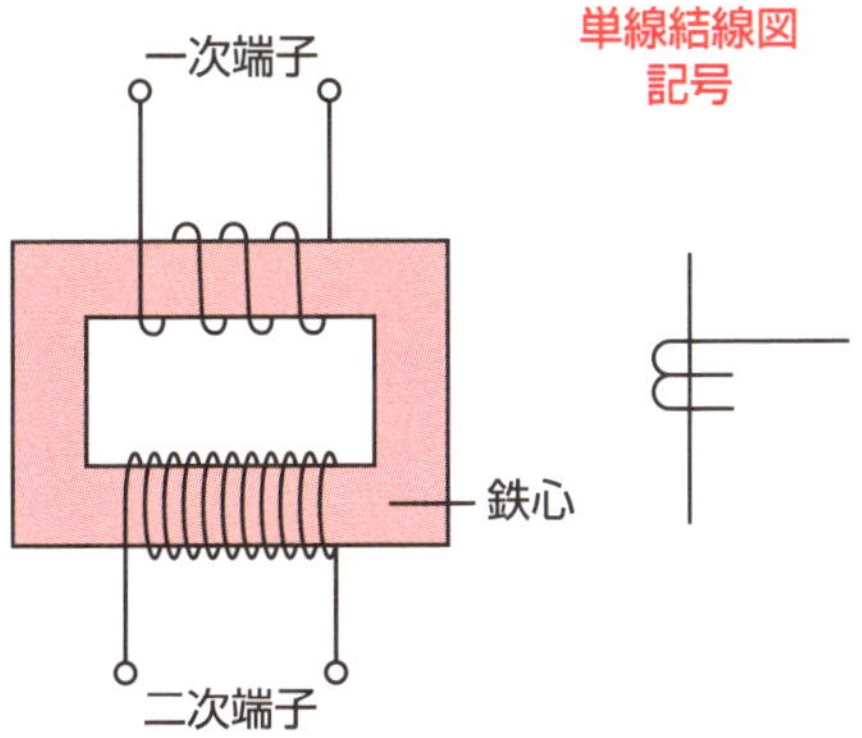

計器用変圧器の形状例

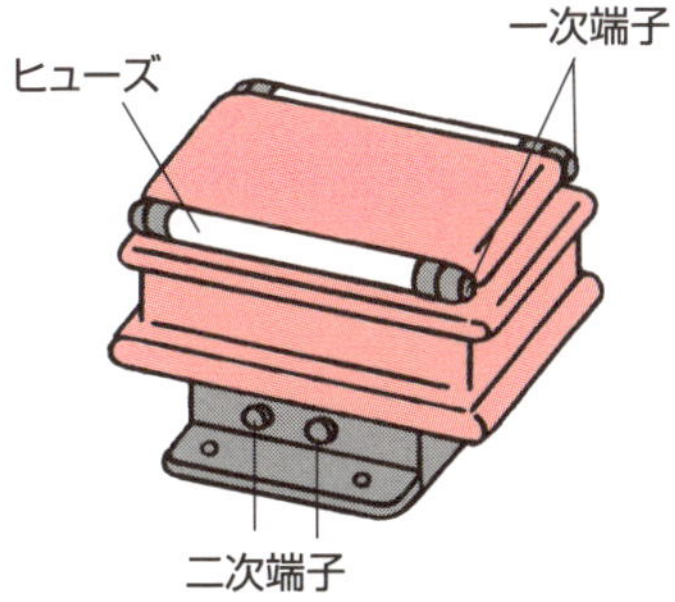

計器用変圧器の原理

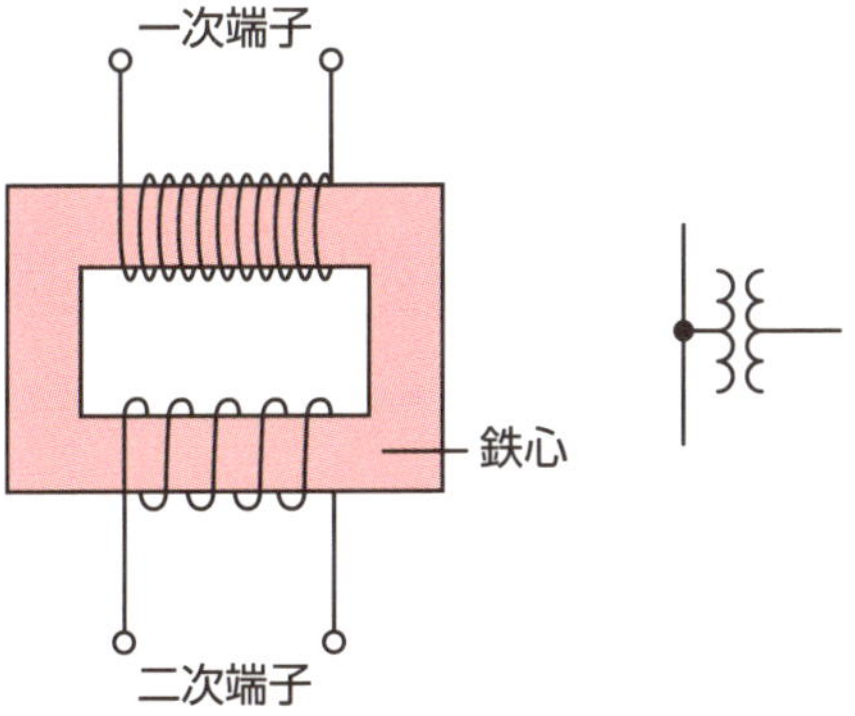

零相変流器の形状例

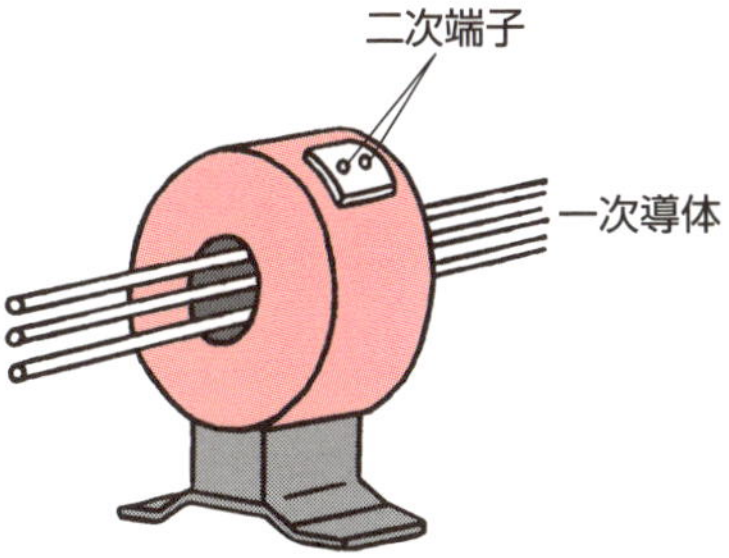

零相変流器の原理

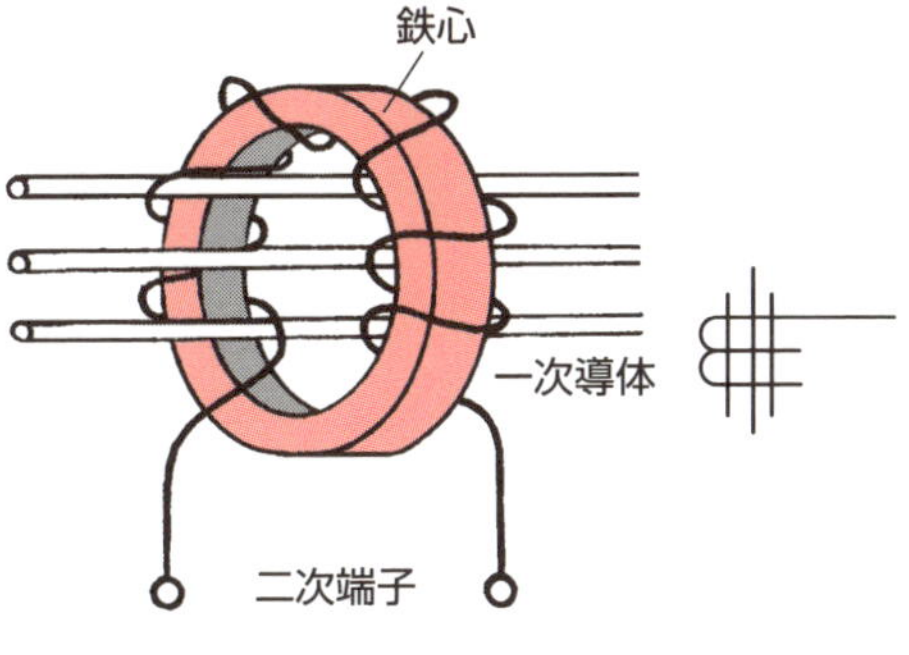

17 保護継電器

電気事故の感知手法

電気設備ではさまざまな電気故障が発生しますので、故障区間を最小限の範囲として迅速に系統から切り離し、正常区間を保護する必要があります。そのためには、故障の発生を計器用変成器などから得られる情報によって判断し、そこに電力を供給している遮断器を動作させて切り離す必要があります。その判断を行うのが継電器の仕事になります。継電器には多くの種類がありますが、なかでもよく用いられるものをいくつか紹介します。

(1) 過電流継電器

過電流継電器は、回路に短絡事故や過負荷状態が発生したことによって、入力電流が動作基準値として定めた（整定）値を超えた場合に動作する継電器です。短絡電流の発生時には瞬時に動作しますが、過負荷状態で電流値が増加した場合には、反限時（入力が多くなると早く動作する）特性を働かせます。

(2) 過電圧継電器

過電圧継電器は、入力電圧が整定した値以上になると動作する継電器で、地絡事故時などの異常電圧を検知させます。主に母線や発電機の保護用として用いられています。

(3) 不足電圧継電器

不足電圧継電器は、入力電圧が整定した値以下になると動作する継電器で、短絡事故や停電の検出に用いられます。

(4) 地絡過電流継電器

地絡過電流継電器は、予定以上に地絡電流が流れた場合に動作する継電器で、継電器の感度が高いものが使われます。

(5) 比率作動継電器

比率作動継電器は、主に変圧器の保護に用いられる継電器です。変圧器高圧側のCT二次電流と低圧側CT二次電流が逆位相に流れるように接続されており、内部事故等によって差が発生した際に作動します。

要点BOX

- ●過電流継電器は短絡事故などで作動する
- ●過電圧継電器は主に母線や発電機の保護用として用いられる

継電器の動作

過電流継電器例

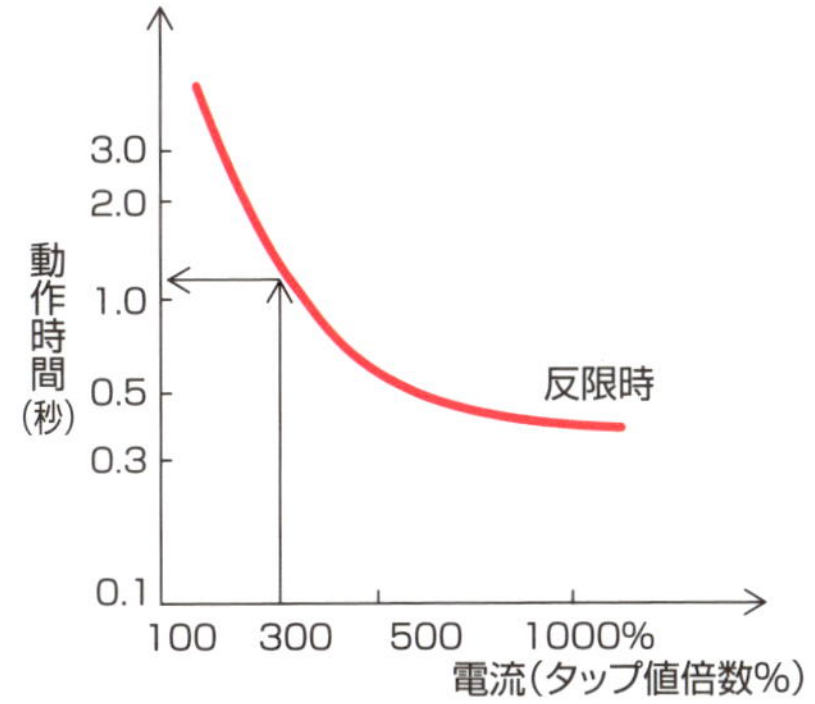

故障時の動作

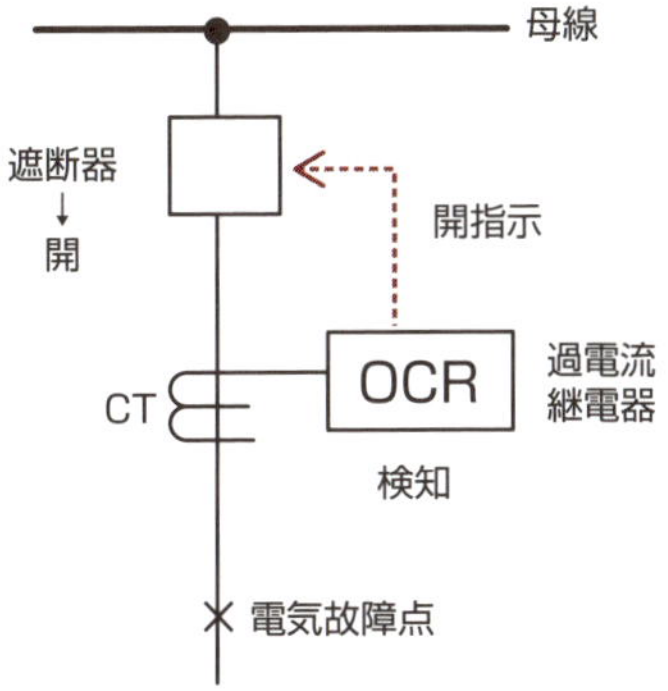

過電圧継電器動作例

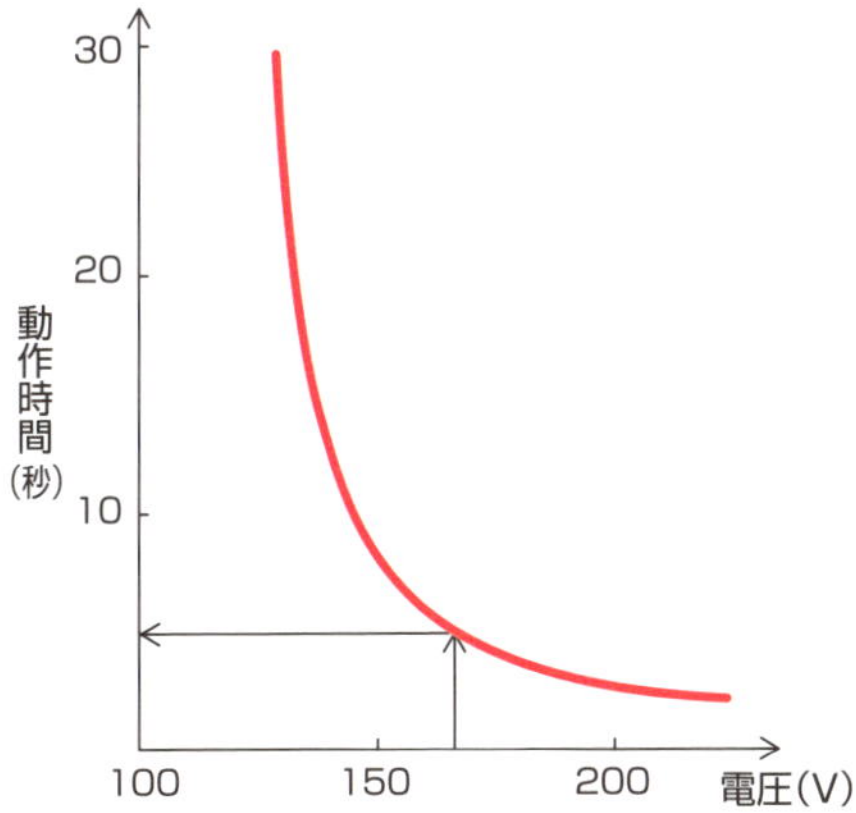

不足電圧継電器動作例

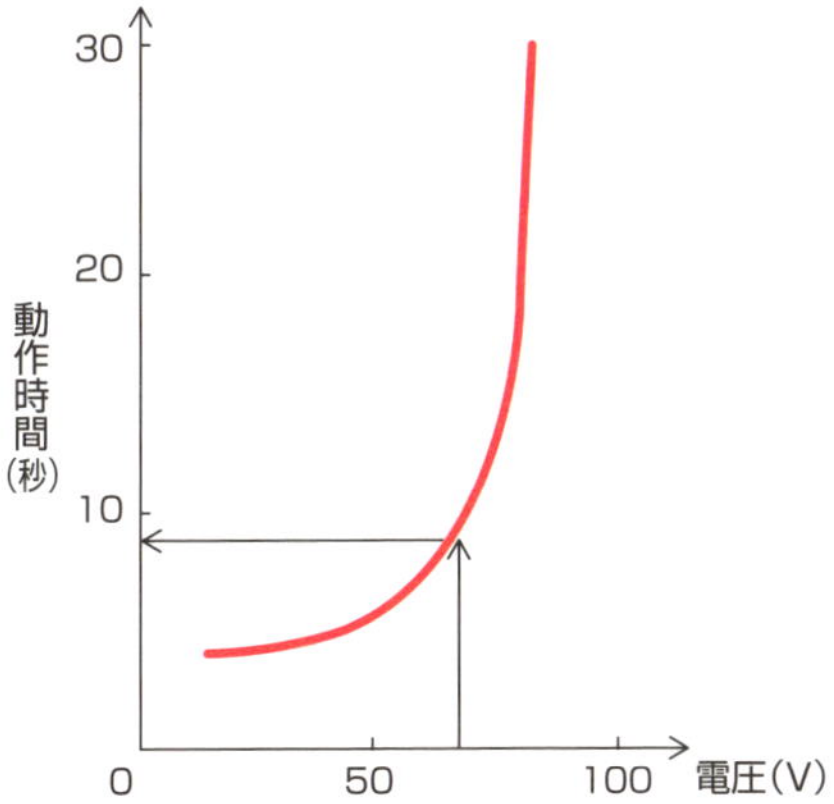

比率差動継電器の回路

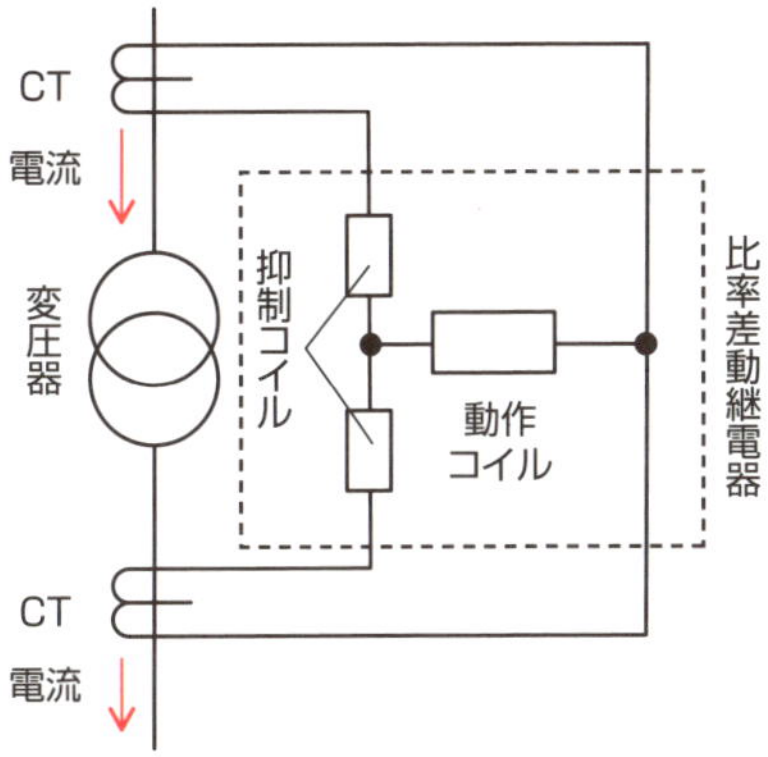

比率差動継電器の動作例

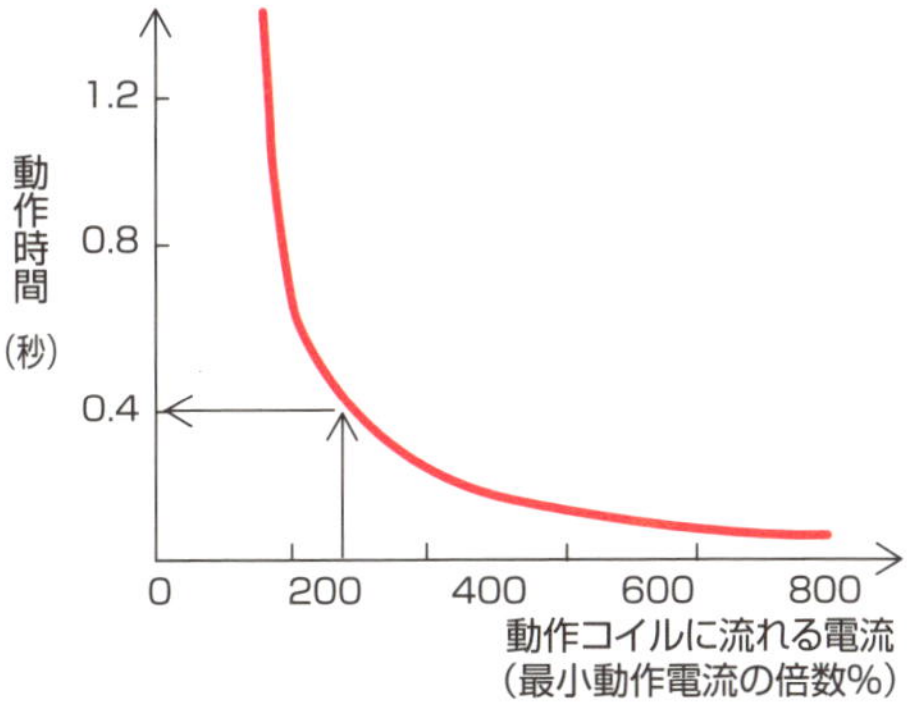

18 無停電対策

停電による障害を回避する

　情報化社会の進展により、情報機器の停止がビジネス上で大きな損失をもたらすようになっています。また、半導体製造装置なども停電によって品質の低下が生じたり、再起動に長期間かかるなどの弊害が生じています。そのため、重要負荷に対して停電時にも電力を供給できるUPSが活用されています。UPSとは、日本語では「無停電電源装置」と呼ばれていますので、停電時の対策に使うものと考えがちですが、専門的にはCVCF（定電圧定周波電源装置）に二次電池を付加した装置と認識されています。電力供給では電圧と周波数の安定が求められています。情報機器においても電圧と周波数の安定が求められますが、実際の配電網では施設の負荷や配電システムの状況によって、瞬時の電圧低下や短時間の停電などが発生します。それが負荷に悪影響を及ぼさないように、電源は一定電圧で一定周波数を維持し、かつ短い停電でも中断することなく電源を確保する必要があります。それを実現する方法の一つがUPSです。

　ただし、UPS自体も人工装置ですから、故障する可能性もありますので、そういった場合に備えて、バイパス入力を設ける方式が多く用いられています。そういった方式の場合には、故障時に無瞬断でバイパス入力に切換えるスイッチを内蔵しています。それでも1台の装置の信頼性には限界がありますので、重要度の高い負荷にはさらに高い信頼性を持たせる方法があります。その一つが無瞬断バイパスシステムの冗長化になります。また、バイパスシステムを一つにして、基本形を複数台冗長化し、個別のUPSが故障したときに瞬時にバックアップさせるという方法で多重化を行って信頼性を高める方式もあります。

　その他にも、さまざまな冗長化の方式がありますが、冗長化すると信頼性は高まりますが、費用は増加しますので、求められる信頼性と経済性の両立を図ったシステム設計が必要です。

要点BOX

●UPSは定電圧定周波電源装置に二次電池を付加した装置

●冗長化で信頼性が高まるが費用は増加する

無停電電源装置（基本形）

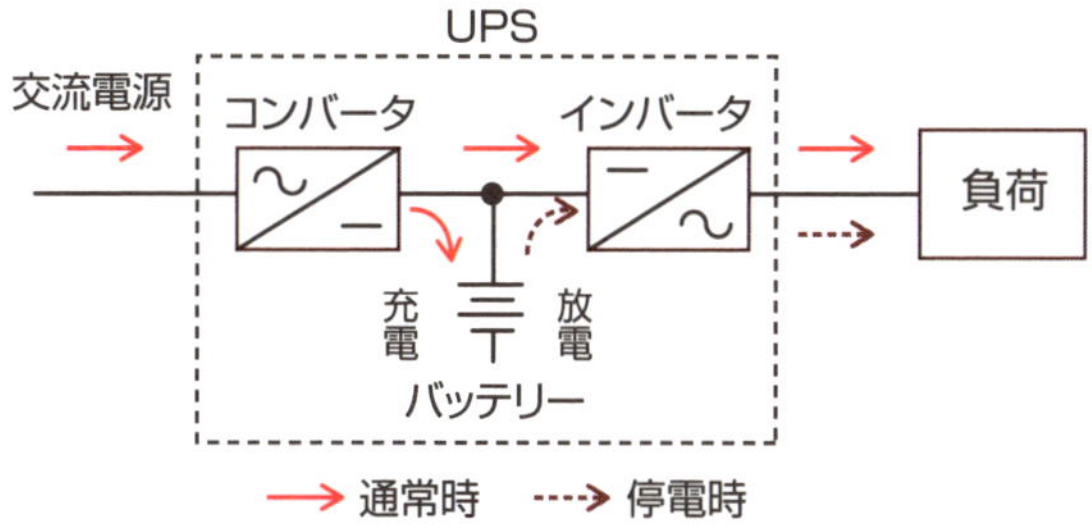

商用無瞬断バイパス方式

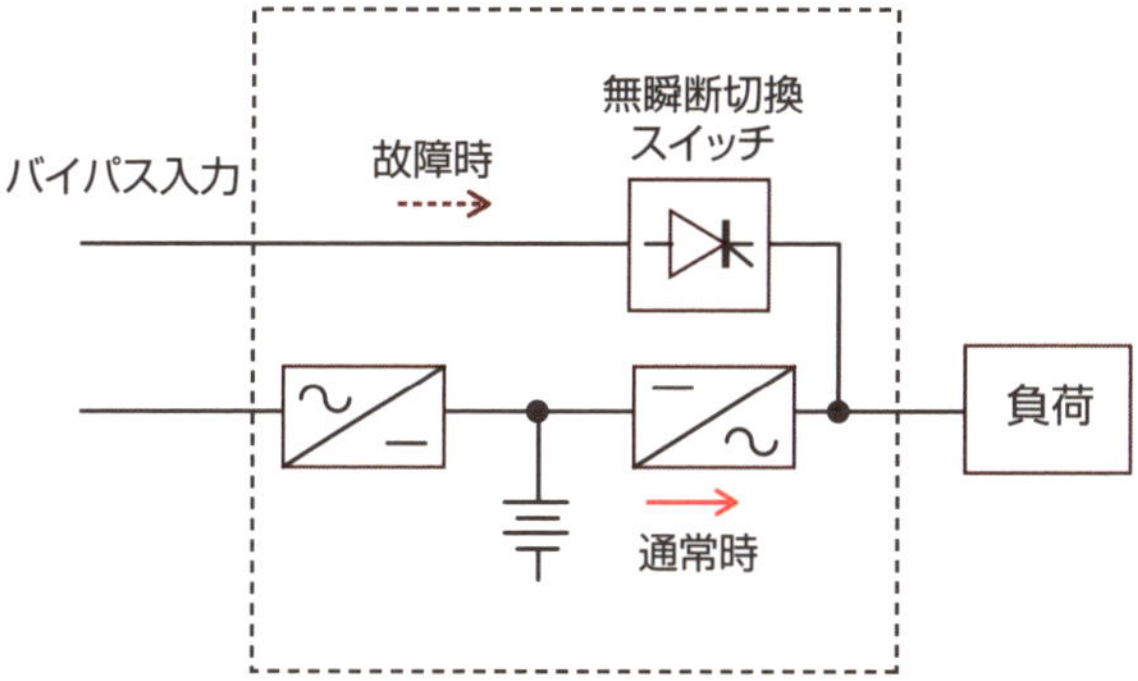

並列冗長システム

（一括無瞬断バイパス方式）

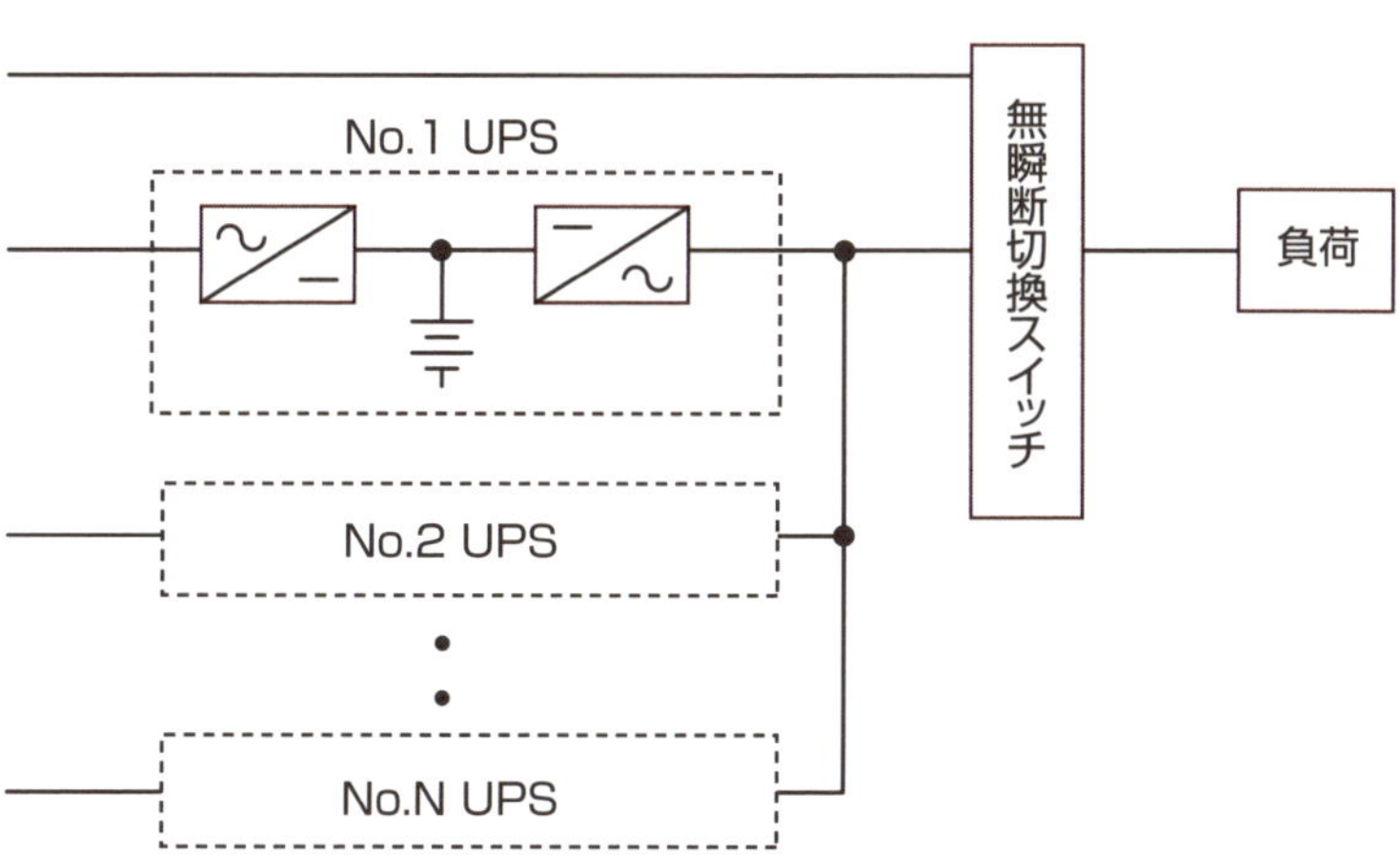

Column

さらに拡大する電気設備

最近では電気設備で用いられる機器の電子化が進み、瞬時の電圧低下ですら需要家に大きな損害を与えるという事例も増えてきており、電力の質が問題とされるようになってきています。一方、原子力発電所の事故以来、多くの地域において電力の安定供給や価格安定に不安が生じており、電力事業で用いられる発電設備のベストミックスが見直されようとしています。そのため、需要家を含めて一般の人たちの電力事業や商用発電設備への注目度が上がっています。それに伴って、電気設備における受電設備や発電設備の考え方にも変化が生じています。

一方、社会が快適性と安全性を追求してきた結果、これまでは消費電力量の増加が続いてきました。しかしながら、地球環境問題の面からは、省エネルギーを促進していくことが電気設備にも課せられた義務となっています。その対策の一つとして、再生可能エネルギーの活用も含まれており、電気設備の技術者が計画する施設の中でも、再生可能エネルギーを採用する場面も増えてきています。最近では、ゼロエネルギービルという概念も出てきており、その中では自然エネルギーや未利用エネルギーの活用が一つの大きな要素となっています。自然エネルギー活用の中には、自然現象をエネルギーに変換して使うという考え方だけではなく、施設で受けている太陽光や太陽熱、大気の動きを積極的に使って省エネルギーを実現していこうという考え方も含まれています。

そういった考え方を活かしていくためには、施設単独での対応だけではなく、スマートグリッドとして社会との協調も今後は重要な課題となっています。そういった点で、施設におけるエネルギーマネジメントシステム（ＥＭＳ）が注目されつつあります。事務所ビルであればＢＥＭＳ、工場であればＦＥＭＳ、一般家庭であればＨＥＭＳという形でエネルギーを管理していく仕組みが、今後重要性を増していきます。

このように、これまでは単独の施設における電気設備を検討し、計画していけば良かったのですが、今後は対象施設に限定されず、社会システムの中での設備の検討が求められるようになっています。そのため、電気設備を計画する技術者は、さらに拡大された設備や技術を使いこなせるように、経験と知識を蓄えていく必要があります。

第3章

電気設備の動脈を形成する

19 変圧器

電圧を目的の値に変換する

変圧器は、電磁誘導作用を用いて交流電圧を変成する静止誘導機器で、鉄心と二つ以上の巻線からできています。変圧器の一次側電圧と二次側電圧の比率は、一次側と二次側の巻線比に等しくなります。変圧器には、単巻変圧器、二巻線変圧器、三巻線変圧器がありますが、受変電設備においては、二巻線変圧器と三巻線変圧器が一般的に用いられています。変圧器の損失には、左頁に示すものがあります。施設における電気使用量は時代とともに変化します。将来の負荷増加を想定して予備力を考慮した変圧器を設置すると、その分損失が大きくなってしまいます。そのため、大規模な施設においてはいくつかの変圧器を並列接続させて、将来の増設変圧器のスペースを計画する方法で損失の軽減を行います。

なお、三相変圧器の結線には、基本的に、星形（Y）と三角形（Δ）を用います。同じ形の結線（YとY、ΔとΔ）では一次と二次の位相が同じになりますが、YとΔを組み合わせた結線では、一次と二次間に位相差が生じます。また、Y結線は中性点の接地ができますので、異常電圧を軽減できます。一方、Δ結線は第三調波励磁電流を還流するという特徴を持っています。具体的には、Y-Δ結線、Δ-Y結線、Y-Y結線、Δ-Δ結線、Y-Y-Δ結線などの結線があります。結線方式が違う変圧器を並列運転する場合には、並列運転ができない組合せがありますので、結線方式の選定はそれを考慮しなければなりません。

変圧器の絶縁による分類では、①乾式変圧器、②油入変圧器、③ガス入変圧器があり、必要な容量や設置する場所の条件を考慮して決定されます。また、冷却方法による分類として、ⓐ自励式、ⓑ風冷式、ⓒ水冷式があります。変圧器は鉄心に生じる振動や電磁力による巻線の通電による騒音があり、冷却ファンを設けた場合には冷却装置の騒音が発生するため、変圧器の設置位置には考慮が必要です。

要点BOX

- ●「一次側電圧／二次側電圧」＝「一次側巻線／二次側巻線」
- ●三相変圧器の結線には星形と三角形がある

変圧器の原理

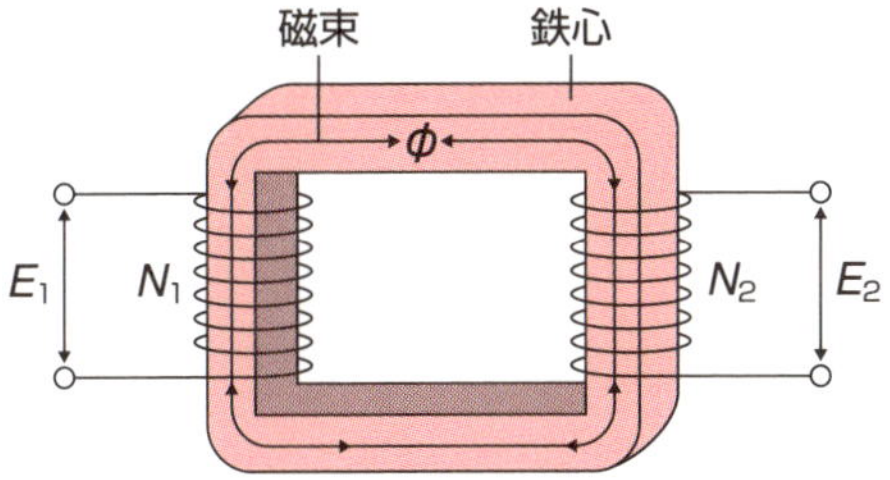

N_1：一次巻線数
N_2：二次巻線数
E_1：一次電圧
E_2：二次電圧

巻線と電圧の関係

$$\frac{E_1}{E_2}=\frac{N_1}{N_2}$$

変圧器の損失

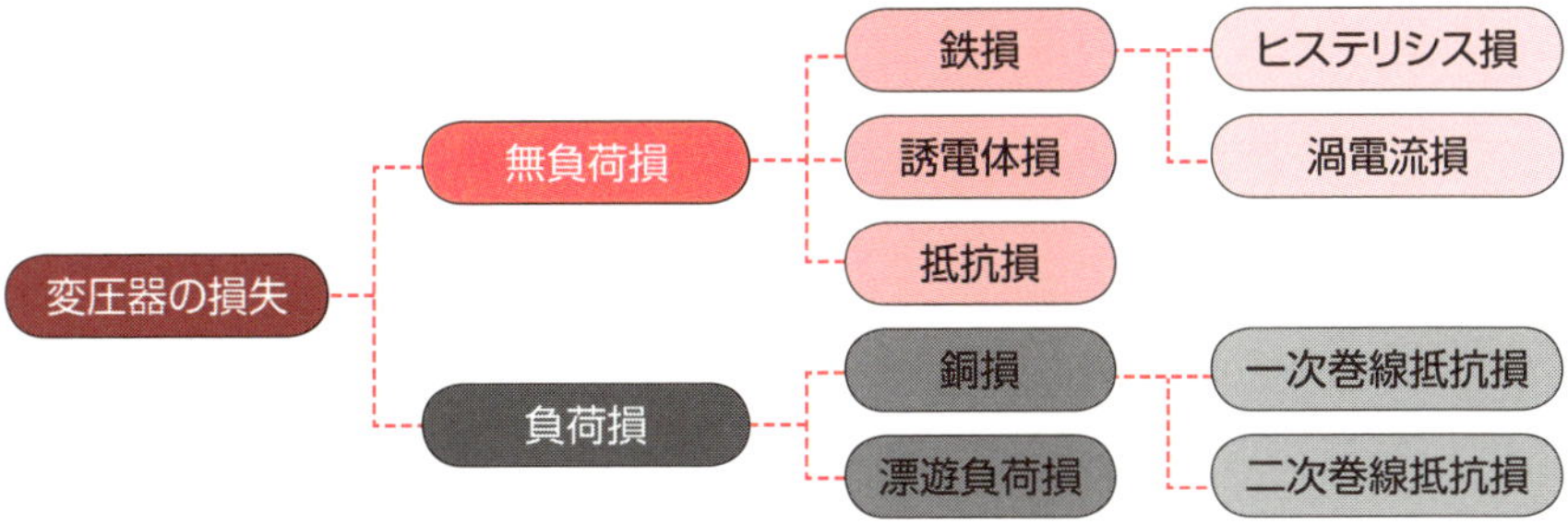

変圧器の並列運転

並列運転が可能な組合せ	並列運転ができない組合せ
Δ−Δ結線とΔ−Δ結線、Y−Δ結線とY−Δ結線、Y−Y結線とY−Y結線、Δ−Y結線とΔ−Y結線、Y−Y結線とΔ−Δ結線、Δ−Y結線とY−Δ結線、V結線とV結線、Y−Y結線とV結線	Δ−Δ結線とΔ−Y結線、Δ−Δ結線とY−Δ結線、Δ−Y結線とY−Y結線

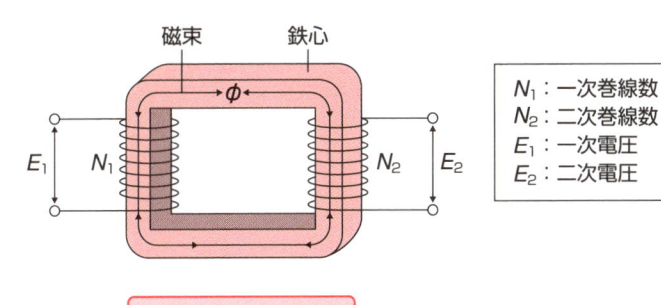

20 電圧管理

負荷側電圧の安定化策

　大規模な工場や超高層ビルにおいては、主電気室から電気負荷までの距離が長くなる場合があります。大きな電力を消費する機器や負荷が集中したエリアが主電気室から遠い場合には、配電時に大きな電力損失が発生してしまいます。電力は電圧と電流の積ですので、大きな電力負荷に低い電圧で配電すると、大きな電流が配電線に流れる結果になります。配電時の損失は、ケーブルの抵抗値に電流の2乗を掛けた数値になりますので、低電圧で送電することは配電時の損失を大きくする原因となります。また、配電の際には、ケーブルの抵抗分に電流を掛けた値の電圧が低下しますので、電気負荷や負荷集中エリアに電力が到達した時点で、電圧が配電端よりも低い値になってしまいます。

　電圧に関しては、電気事業法施行規則第44条に、「その電気を供給する場所において標準電圧に応じて、次の値に維持すること」という定めがあり、次に示す標準電圧を維持するように定められています。

標準電圧100Vの際に維持すべき値：101±6V
標準電圧200Vの際に維持すべき値：202±20V

　設備機器の製造においても、この値を使って機器の仕様が決められていますので、電圧がこの範囲を超えて変動すると、機器に悪影響を及ぼしますし、電子機器などの誤動作の原因にもなります。そのため、施設内の配電設備においても電圧の管理が行われます。それを行うのが変圧器のタップ切換です。

　配電距離や消費電力量の関係で電力損失や電圧降下が問題になる場合には、高い電圧で配電して、負荷の集中したエリア内にサブ電気室を設け、そこで必要とされる電圧に下げて配電する方式が採られます。そのため、配電システムを計画する際には、将来の施設増設計画を含めた負荷を把握して、サブ電気室の必要性と配電電圧の設定を行わなければなりません。それによって、幹線計画が変わってきます。

要点BOX

- ●標準電圧の規定値内で配電を行う
- ●全体の負荷配置を把握して電気室や幹線の計画を行う

配電時の損失と電圧低下

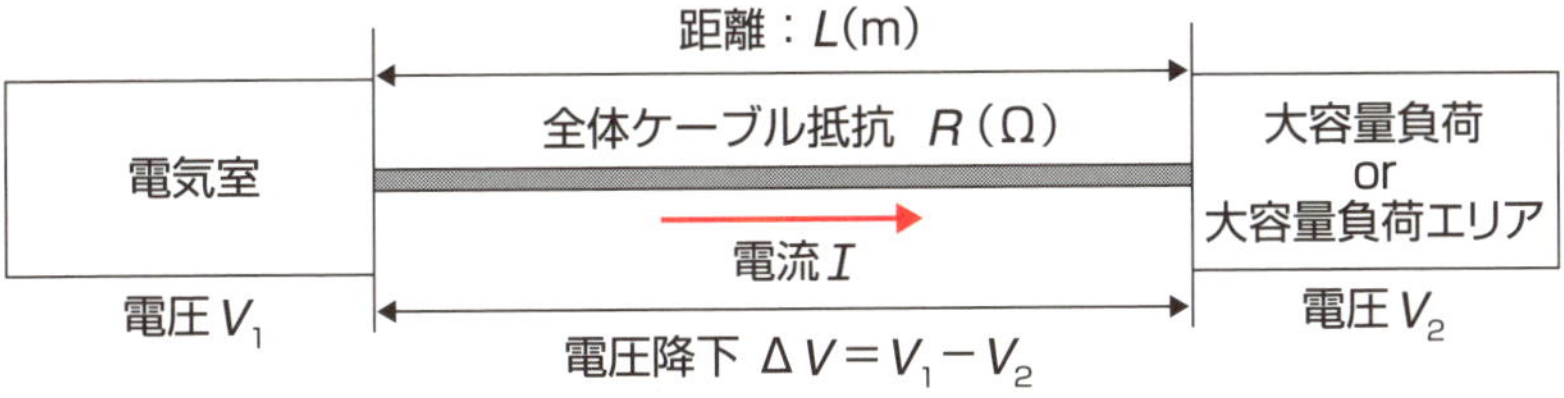

電力損失　$\Delta W = R \times I^2$

電圧降下　$\Delta V = R \times I$

配電時電力　$W = V \times I$ より

電圧 Vを大きくすると、電流 I は小さくなり、ΔWとΔVは小さくなる。

維持すべき電圧値

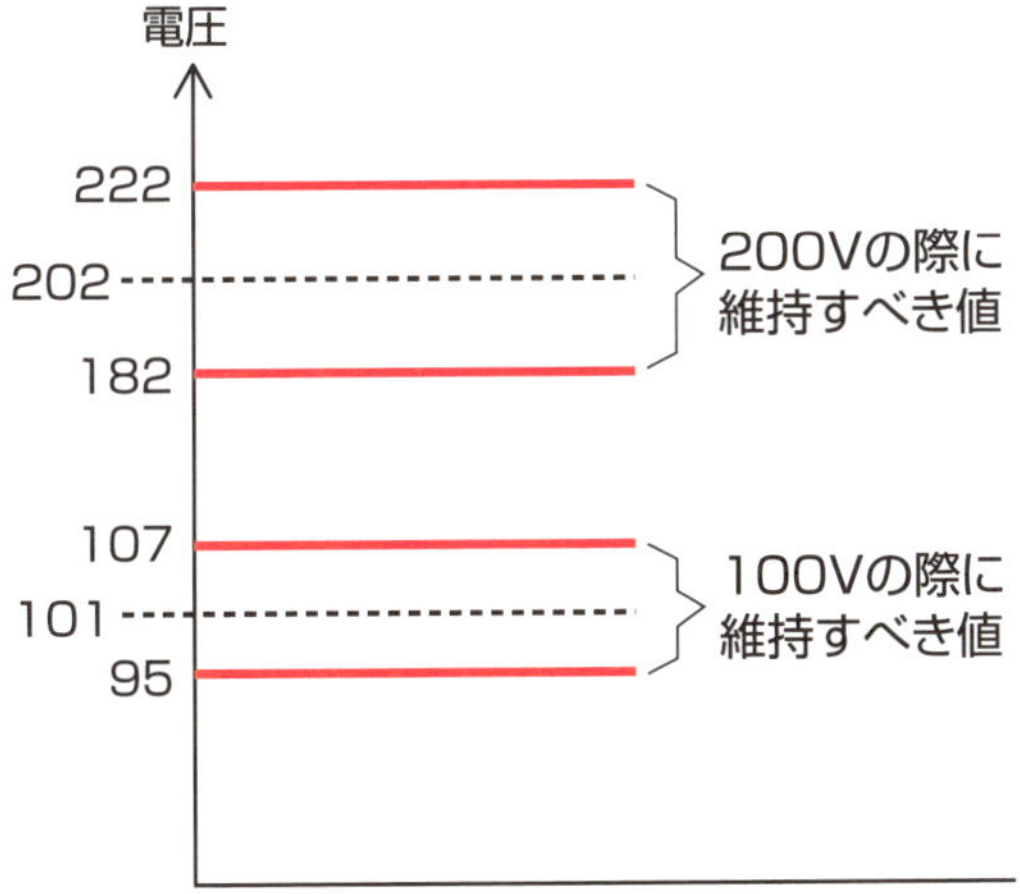

主電気室とサブ電気室

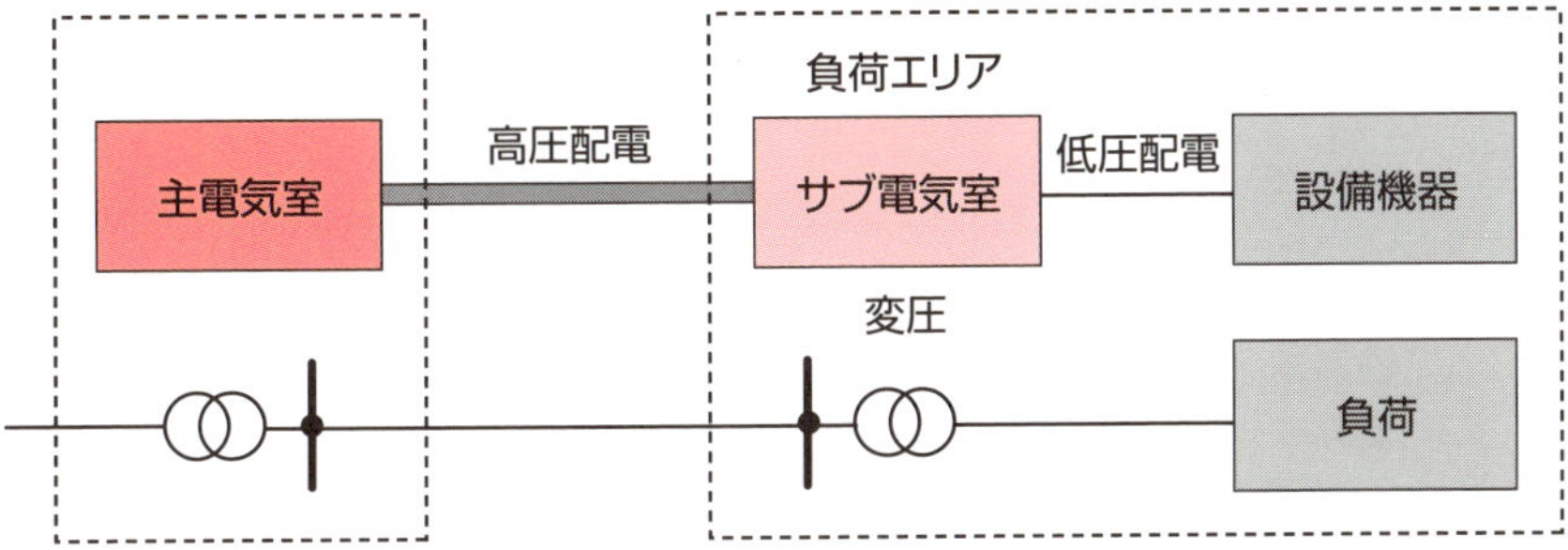

21 高圧配電方式

負荷容量が大きな施設の配電方式

工場やショッピングセンターなどで複数建物が敷地内に配置されている施設や、高層ビルなど階層が多いビルにおいては、高圧配電方式や特別高圧配電方式が用いられます。高圧配電方式では、主電気室と施設内に設けた複数のサブ電気室との間を高圧幹線で結ぶ場合や、施設内に高圧動力負荷がある場合に用いられます。一方、特別高圧配電は、超高層ビルや大型ショッピングセンターなど、さらに大規模な電力を消費する施設において用いられます。特別高圧配電は、幹線における電力損失を少なくするために、施設内に複数の特別高圧変電所を設け、そこで高圧に変圧した後に高圧負荷に給電するとともに、さらに低圧に変圧して一般の負荷に給電を行います。

電気設備で主に用いられる高圧および特別高圧配電方式としては、次の二つがあります。

(1) 放射状方式

放射状方式は、工場建屋やショッピング棟などにサブ電気室を設けて、主電気室から個々のサブ電気室に配電する方式です。高層ビルの場合には、いくつかの特定階にサブ電気室を設けて、主電気室からそこに高圧配電し、そこで低圧に変圧して各階に配電します。放射状方式において、高い信頼性を必要とする負荷のあるサブ電気室には、主電気室からの配電系統を多重化させて配電を行う区分断母線方式などを使って信頼性を高めます。

(2) ループ方式

ループ方式は、工場建屋やショッピングセンター棟のサブ電気室に対して、ループ状に幹線を計画して配電を行います。配電線の一部に事故が生じた場合には、ループの予備側から給電を行うことで、信頼性を高めています。高層ビルの場合には、途中の複数階にサブ電気室を設け、屋上階に開閉器盤を設けて、ループ状の回線を形成します。高圧ループ幹線方式は、最近では多く用いられるようになっています。

要点BOX

- ●放射状方式は個々のサブ電気室に配電する
- ●ループ方式は個々のサブ電気室をループ状に結ぶように配電する

高圧および特別高圧配電方式

放射状方式（工場の例）

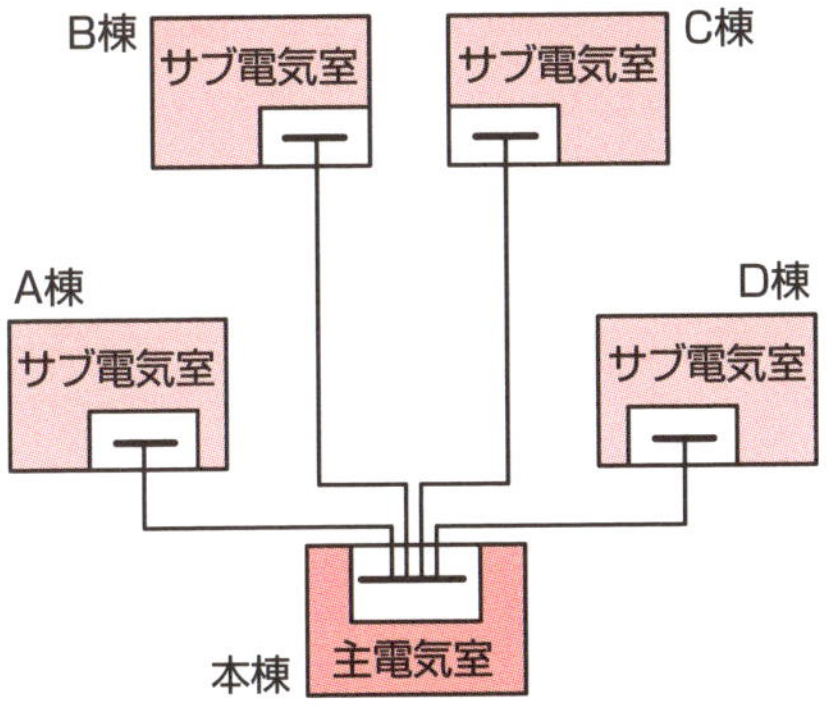

ループ方式（工場の例）

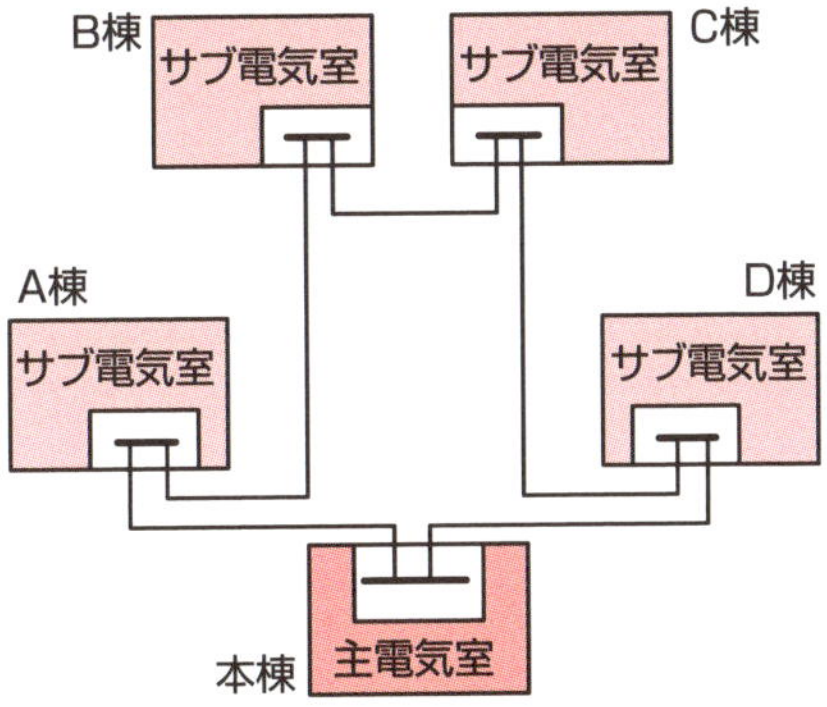

放射状方式（ビルの例）

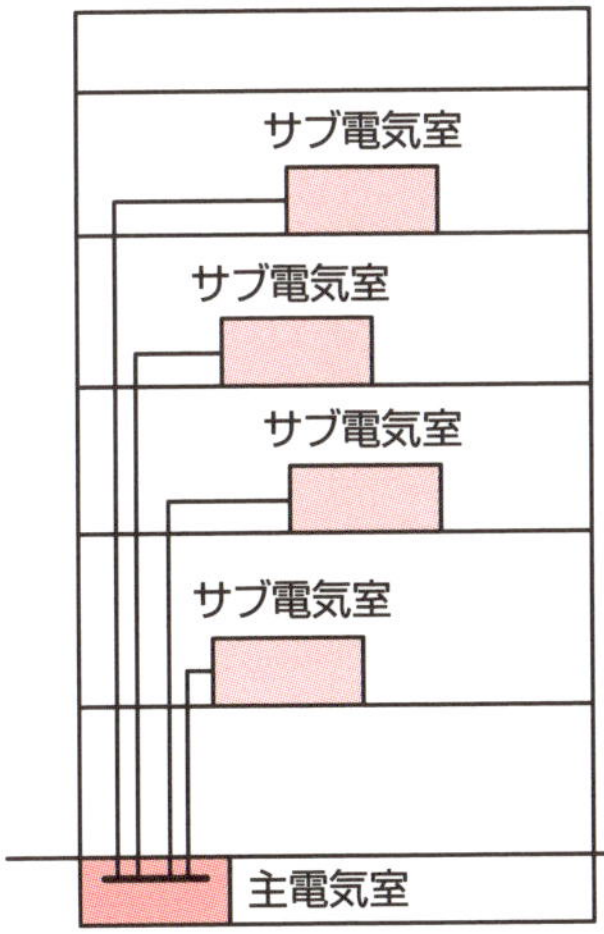

ループ方式（ビルの例）

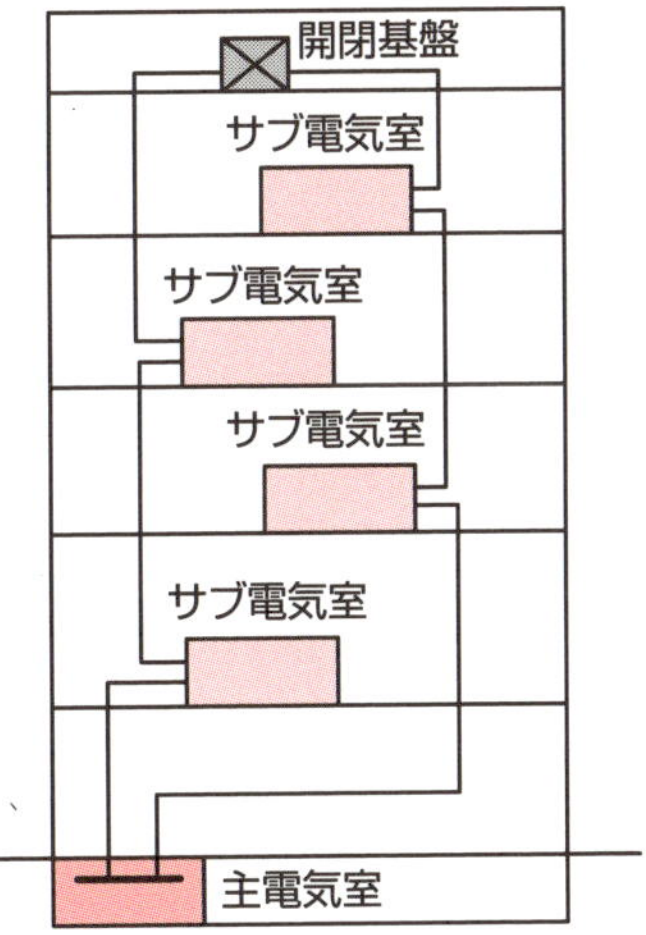

区分断母線方式

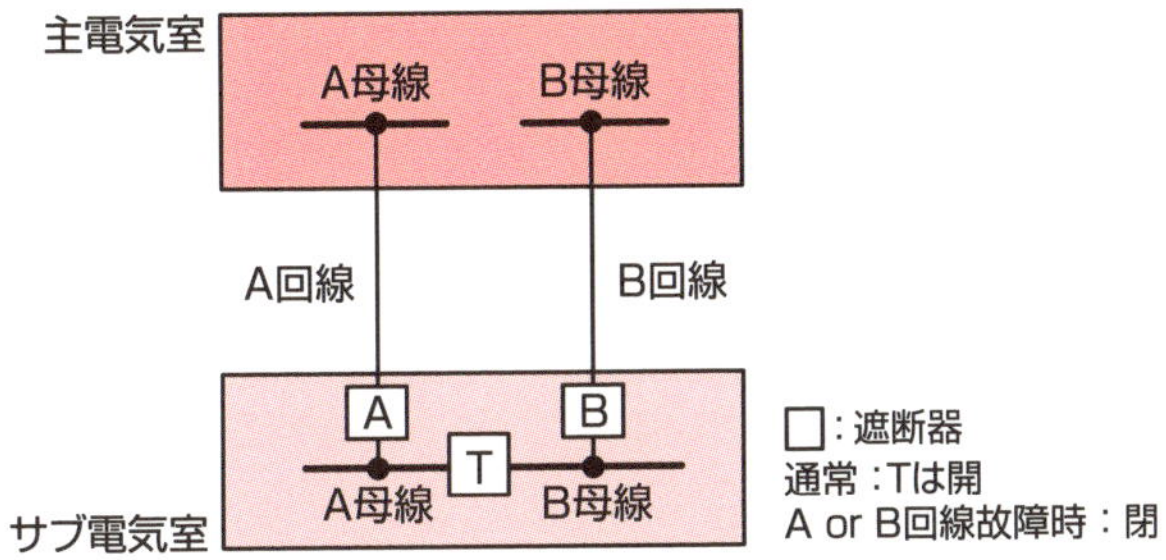

22 幹線方式

負荷の特性による幹線分類

施設内には、その目的に応じて、照明や動力などの負荷設備が分散して配置されています。そういった仕様や目的が違う負荷に対して、効率的かつ経済的に、しかも信頼性を高めながら給電するための設備が幹線設備です。幹線の種類は、その使用目的により大きく次の三つがあります。

(1) 動力用幹線

動力用幹線は、空調機やエレベータ、ポンプや製造機械などの動力設備に電力を供給する幹線になります。動力設備の場合には三相負荷も多くあり、使用電圧が400Vクラスの負荷も含まれます。

(2) 電灯用幹線

電灯用幹線は、照明やコンセントなどに電力を供給する幹線で、施設の全域で使用する照明や、施設内の利用者が簡便に電気を利用するためのコンセントへの配線となります。

(3) 特殊用幹線

特殊用幹線は、特に信頼性を求められるような大型電算機用の幹線や、医療機関における手術室内などの医療用負荷に対する医療用幹線などをいいます。資産や人命にかかわる負荷への幹線ですので、信頼性と安全性が強く求められます。

なお、動力用幹線と電灯用幹線は用途によって、①常用幹線、②非常用幹線、③保安用幹線に分けられます。電気設備の中には、消防法などで規定されたものや、非常用発電機で駆動しなければならない負荷がありますので、そういった負荷に対しては、定められた規定に基づいた計画が必要となります。

なお、最近のオフィスビルや産業施設においては、幹線の障害による電力供給不能は企業の経済活動の面で大きな痛手となるため、幹線方式においてもさまざまな工夫がなされています。電源バックアップの方法についても、左頁の下の図に示すような方式があります。

要点BOX

- ●動力用幹線、電灯用幹線、特殊用幹線がある
- ●動力用と電灯用には常用幹線、非常用幹線、保安用幹線がある

電源の信頼性が求められる負荷

項目	設備例
法的負荷	非常用照明、排煙設備、非常用エレベータ、非常用排水設備、防火戸、防火シャッター、防火ダンパなど
	火災報知設備、ガス漏れ警報設備、非常警報設備、誘導灯、屋内消火栓、スプリンクラー設備、水噴霧設備、泡消火設備、二酸化炭素消火設備、ハロゲン化物消火設備、粉末消火設備、屋外消火栓設備、連結送水管、非常用コンセントなど
	航空障害灯など
	発電室の給排気設備、燃料移送ポンプ設備、冷却塔など
保安負荷	中央監視装置、通信設備、放送設備、重要エリア照明、重要エリアコンセント、排水設備など
重要負荷	飲料水供給設備、汚水ポンプ、雨水ポンプ、重要エリア空調設備、乗用エレベータなど
業務上重要負荷	サーバー類、通信設備、手術室設備電源、金融機関情報システム、研究所実験設備、半導体製造ラインなど

電源バックアップの方法

(1) UPS/蓄電池によるバックアップ

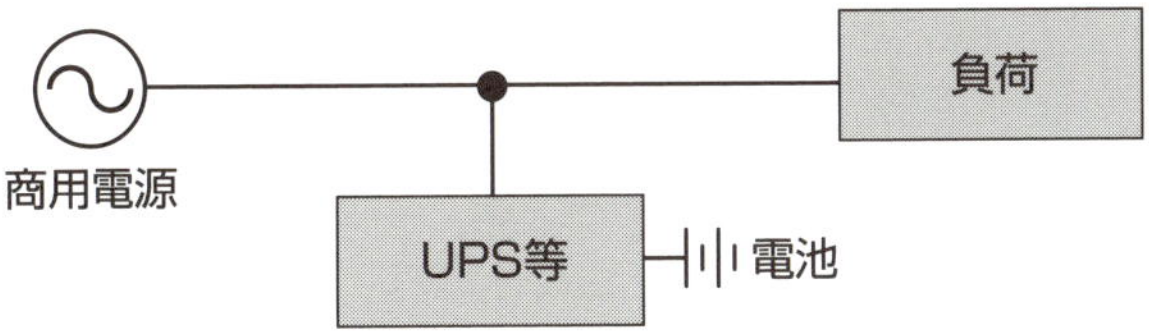

(2) 非常用発電機によるバックアップ

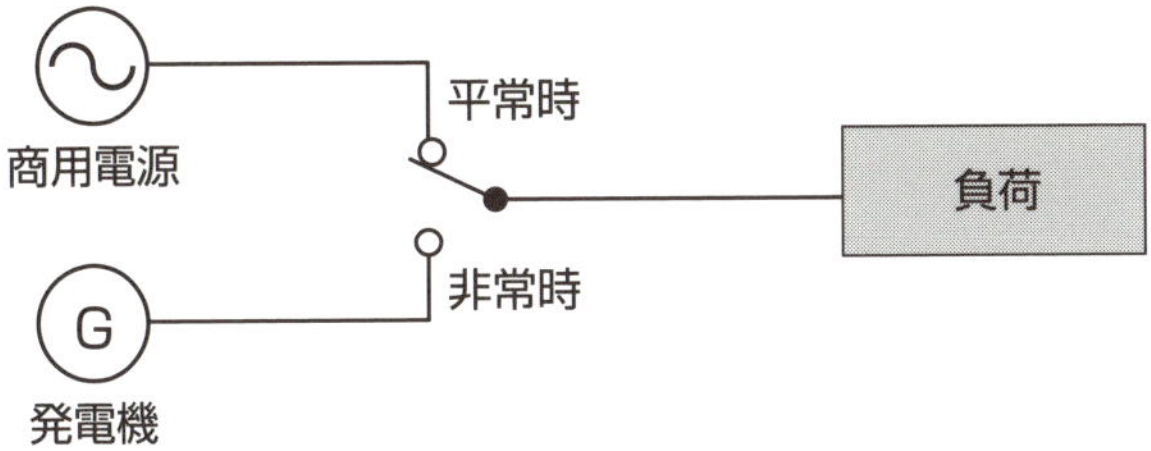

(3) (1) と (2) の組合せ

23 低圧配電方式

設備の特性に合わせた配電方式

施設ではさまざまな負荷がありますので、低圧配電線の電気方式や結線は、それらの特性に合わせて選定されます。なお、どの方式も、保安上の理由から、一線または中性点が接地されます。

(1) 単相2線式

単相2線式は電線2条で配電する方式で、一般的に1線を接地します。この方式は、電灯や電力消費量の少ない機器を使っている施設やエリアへの供給方式として用いられています。

(2) 単相3線式

単相3線式は、配電用変圧器の低圧側中性点から中性線を引き出して、低圧巻線外側の電圧線2線と合わせて電線3条で電力を供給する方式で、住宅等で用いられています。通常、中性点は接地されます。電圧線と中性線間を100Vとして電灯負荷に供給し、両電圧線間の200Vで動力負荷に供給します。

(3) 異容量三相4線式

異容量三相4線式は、電灯と動力の需要が混在している施設やエリアにおいて用いられる方式です。変圧器のV結線の三相3線式200Vに、上記の単相3線式を組み合わせた結線になっています。

(4) 三相3線式

三相3線式は、主に200Vの三相負荷に電力を供給する際に用いられている方式です。次頁の例はΔ結線方式ですがV結線方式やY結線方式もあります。V結線方式は2台の単相変圧器で三相平衡負荷に供給できますので利用されていますが、Y結線方式は特殊な場合にのみ用いられます。

(5) 星形結線三相4線式

星形結線三相4線式は、単相と三相の負荷が混在しているエリアに供給するための方式です。この方式では、単相負荷と三相負荷の定格電圧の比が1対$\sqrt{3}$となります。工場やプラントなどの400V級配電系統に用いられています。

要点BOX

- 単相3線式は住宅等で用いられている
- 星形結線三相4線式は工場やプラントで用いられている

低圧配電線の電気方式

単相2線式

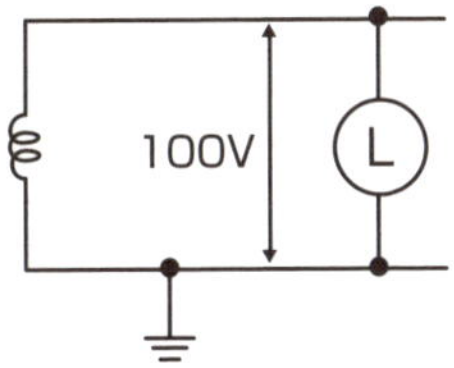

単相3線式

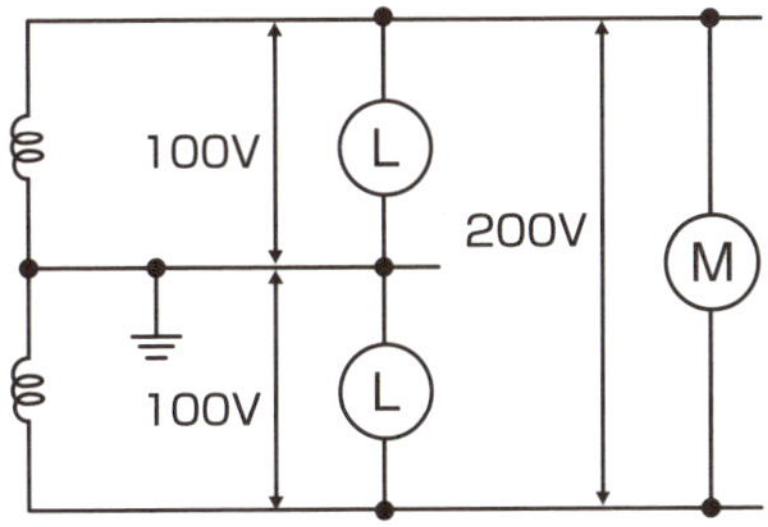

異容量三相4線式

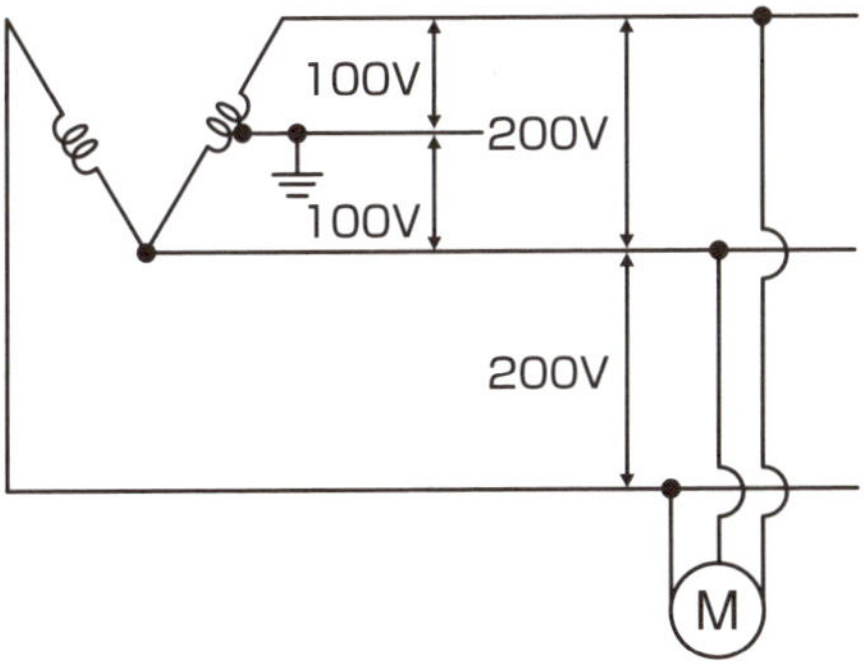

三相3線式

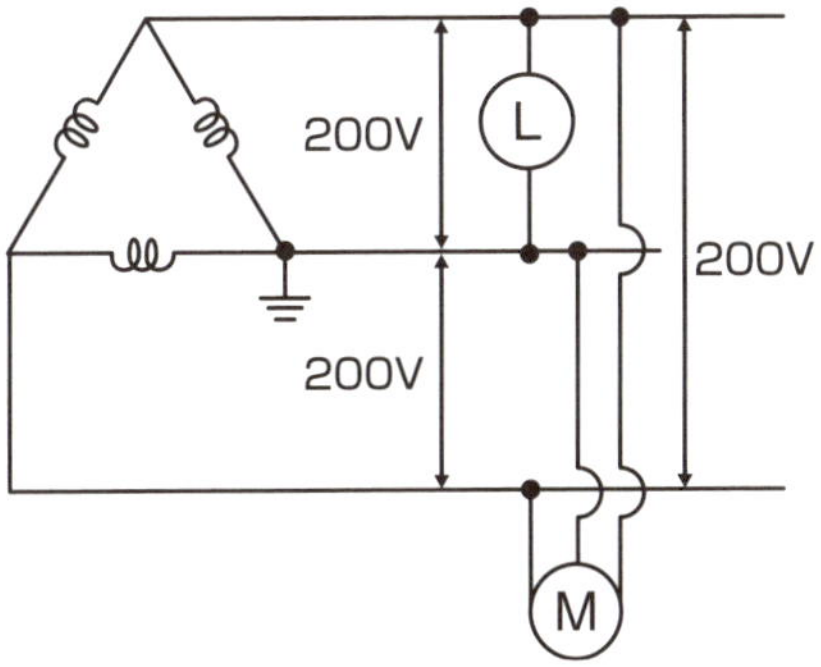

星形結線三相4線式

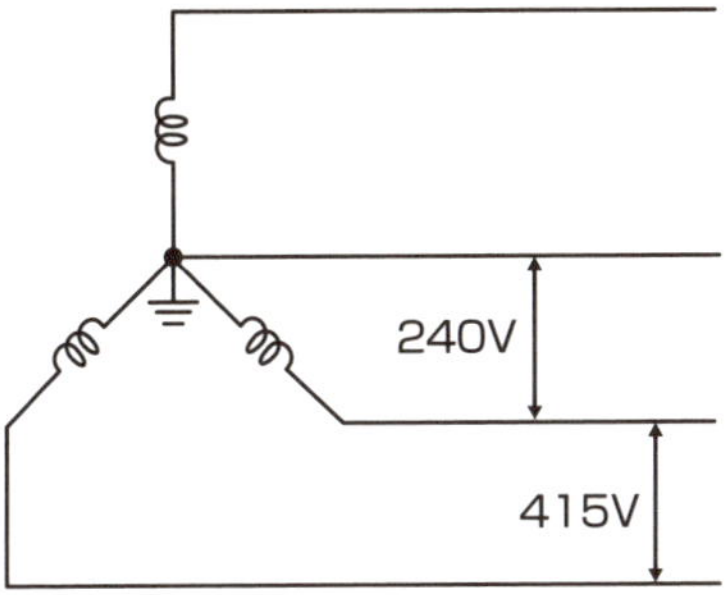

Ⓛ：電灯負荷

Ⓜ：動力負荷

24 幹線配線布設方式

施設内の配線布設方法

広大な敷地を持つ施設においては、施設内に散在している負荷までケーブル等を布設して配電を行います。そういった場合には、地下に埋設する方式が多く用いられます。一方、ビルなどの建物内については、垂直方向の布設はシャフトを使って行われます。また、工場やビルなどの水平方向については、ケーブルラックなどを使って行われます。

(1) 直接埋設方式

直接埋設方式は、埋設箇所を掘削してケーブルを布設し、その後、砂や土で埋め戻す方法です。この方式は布設工事費が安く、工期も短いという特長があります。しかし、保守や点検が難しいだけでなく、増設の際には工事が難しくなります。

(2) 管路埋設方式

管路埋設方式は、地下に埋設した合成樹脂管やコンクリート管、鋼管などの中にケーブルを布設する方式です。途中にマンホールやハンドホールを設置して、そこからケーブルを引き入れます。管路を設置する工事費が高くなりますが、ケーブルの保護は十分にできますし、予備管路があれば増設も容易です。

(3) バスダクト方式

バスタクトは導体板を金属筐体に収納したもので、大容量の配電方式として用いられます。3m程度のユニットで構成されており、現場で組み立てを行います。建設費用も工期もかかりますので、電気室内などの大容量配電部に用いられます。

(4) ケーブルラック方式

ビルなどの垂直の配線はシャフトにCVケーブルを布設する方法が一般的です。その場合に、ケーブルを支えるのがケーブルラックになります。また、水平方向の配線には、天井直下にケーブルラックを設置して、そこにケーブルを布設する方法が用いられます。ケーブルラックは、化学プラントや建物間をまたぐ配線を布設する場合にも用いられています。

要点BOX

- ●屋外は地下埋設方式が用いられる
- ●事務所ビルやプラントではケーブルラックにケーブルを布設する

配線布設方式

直接埋設方式

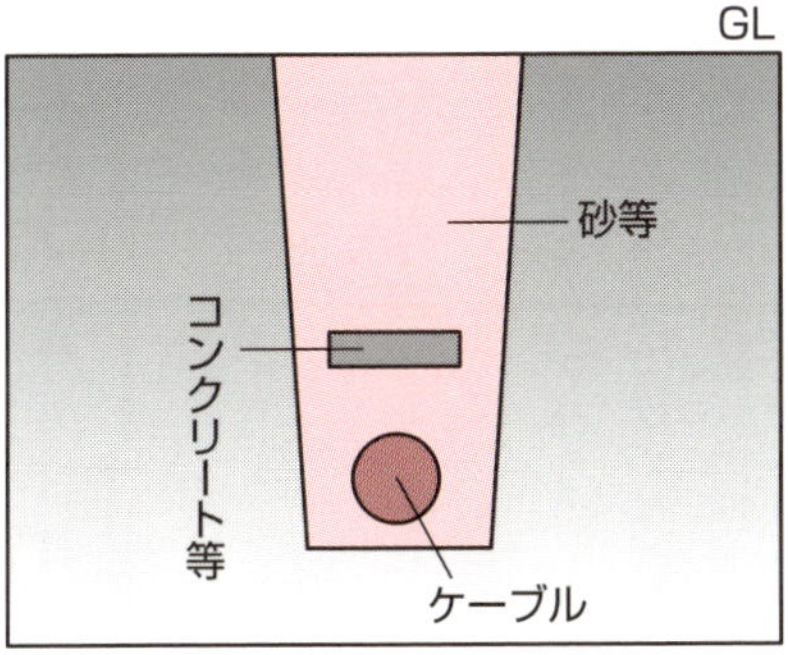

管路埋設方式

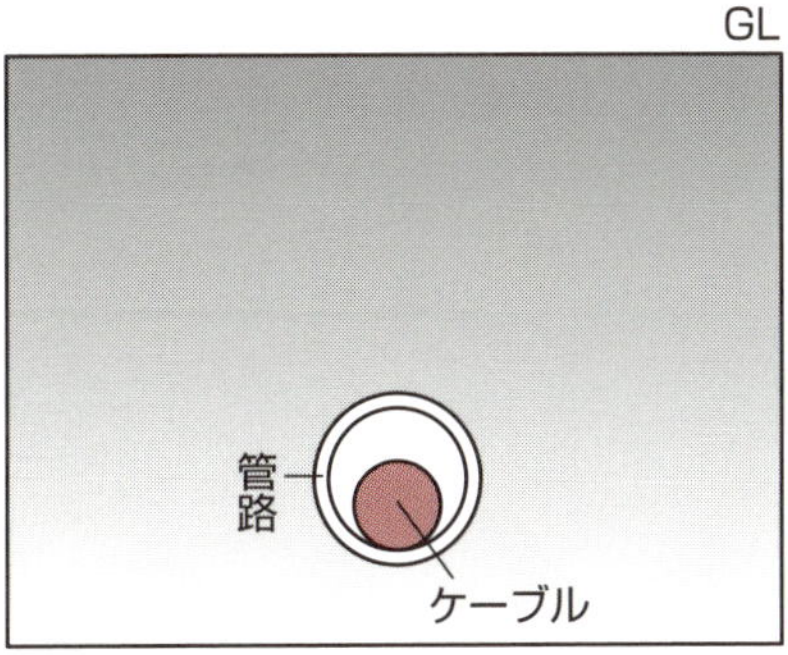

バスダクト配電方式

（断面図）

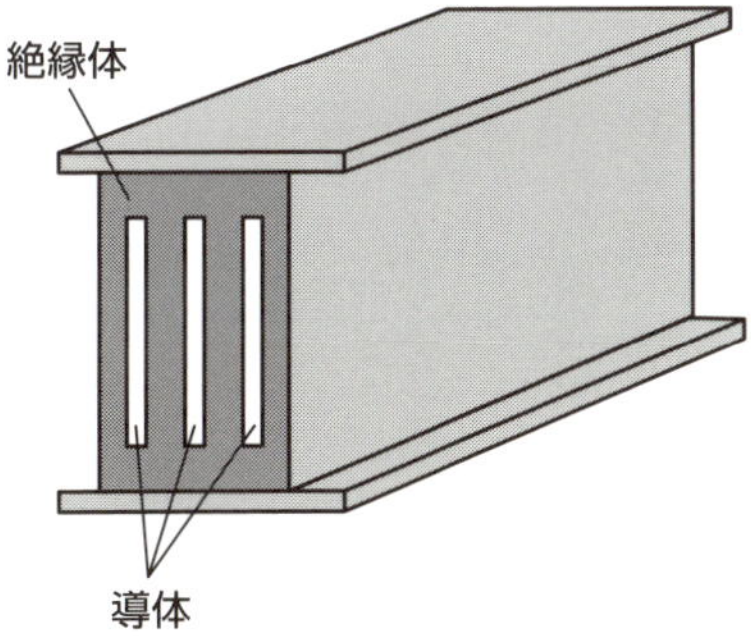

天井部ケーブルラック設置方法

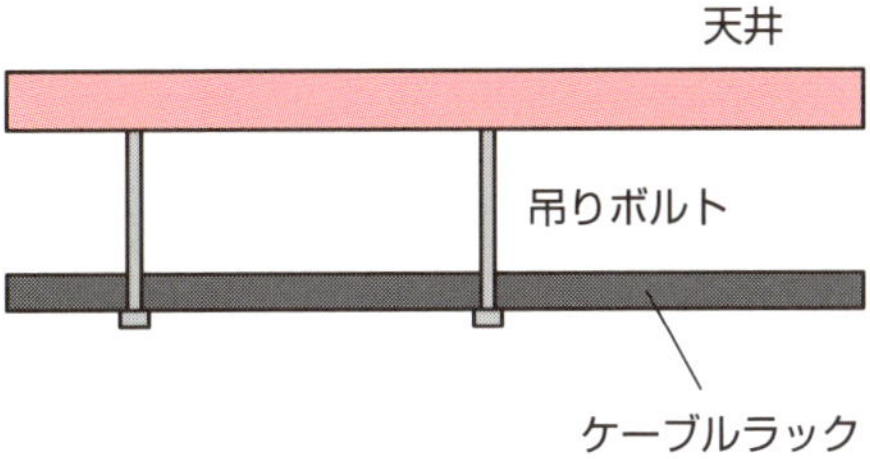

ケーブルラック配電方式

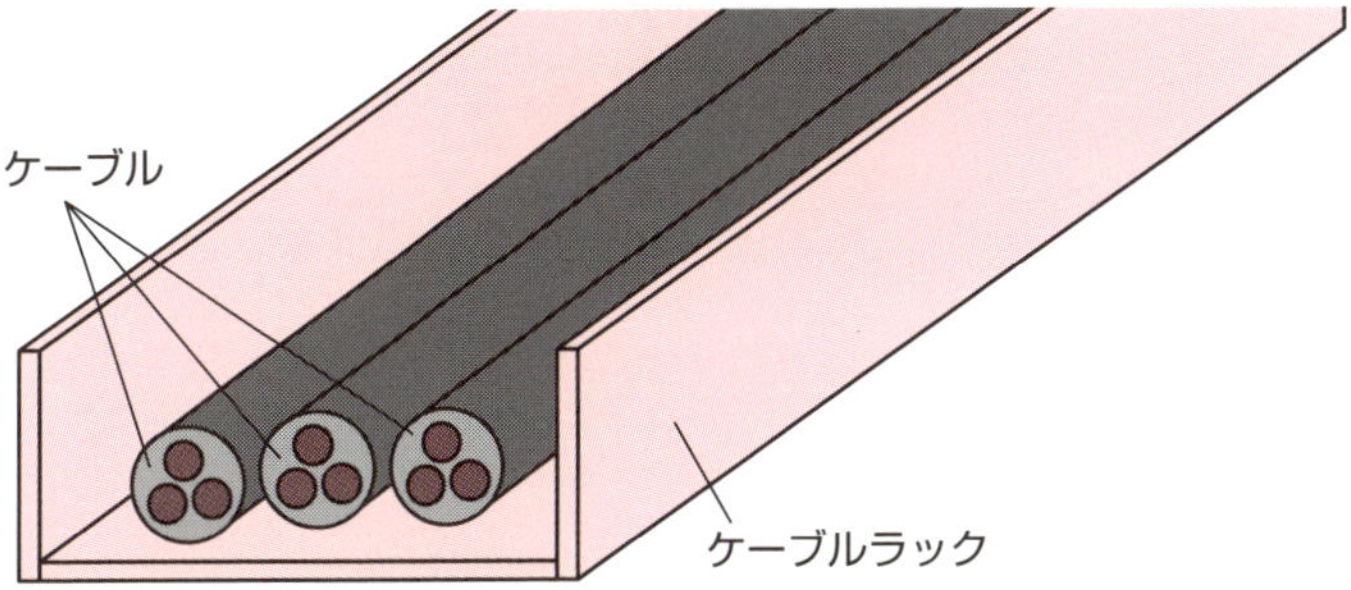

25 屋内配線路

低圧電路、通信線、データ配線方式

低圧ケーブルを屋内に配線する場合には、電源ケーブルだけではなく、通信やデータ用のケーブルも合わせて配線していきます。それらの配線は天井裏や床下などの見えない場所に布設していきますが、最終的には、コンセントや電話、情報端末などに接続されますので、そこでは人の目に触れる場所に出てきます。配線工事の種類は多いので、ここでは工事項目のみを示します。

①がいし引き工事
②合成樹脂管工事
③金属管工事
④金属可とう電線管工事
⑤金属線ぴ工事
⑥金属ダクト工事
⑦バスダクト工事
⑧ケーブル工事
⑨フロアダクト工事
⑩セルラダクト工事
⑪ライティングダクト工事
⑫平形保護層（アンダーカーペットケーブル）工事

このうち、がいし引き工事はほとんど使われなくなってきています。また、金属管工事も少なくなる傾向にあり、電磁的な遮へいが必要なところなど、一部の工事に用いられるようになっています。埋設配管では、金属管に代わって、合成樹脂管が用いられるようになっています。

事務所エリアにおいては、情報端末の利用のために、配線が容易に引き出せる方式が利便性を高めています。床埋め込みの方式としては、フロアダクトやセルラダクト方式が用いられてきました。また、カーペットタイルを使う場所には、アンダーカーペットケーブル方式も使われています。最近では、フリーアクセスフロア（二重床）を設置して、その中に配線を通すOAフロア工法が主流になってきています。

要点BOX
●配線工事には多くの種類がある
●最近ではOAフロア工法が主流になっている

事務所エリアの屋内配線方式

フロアダクト方式

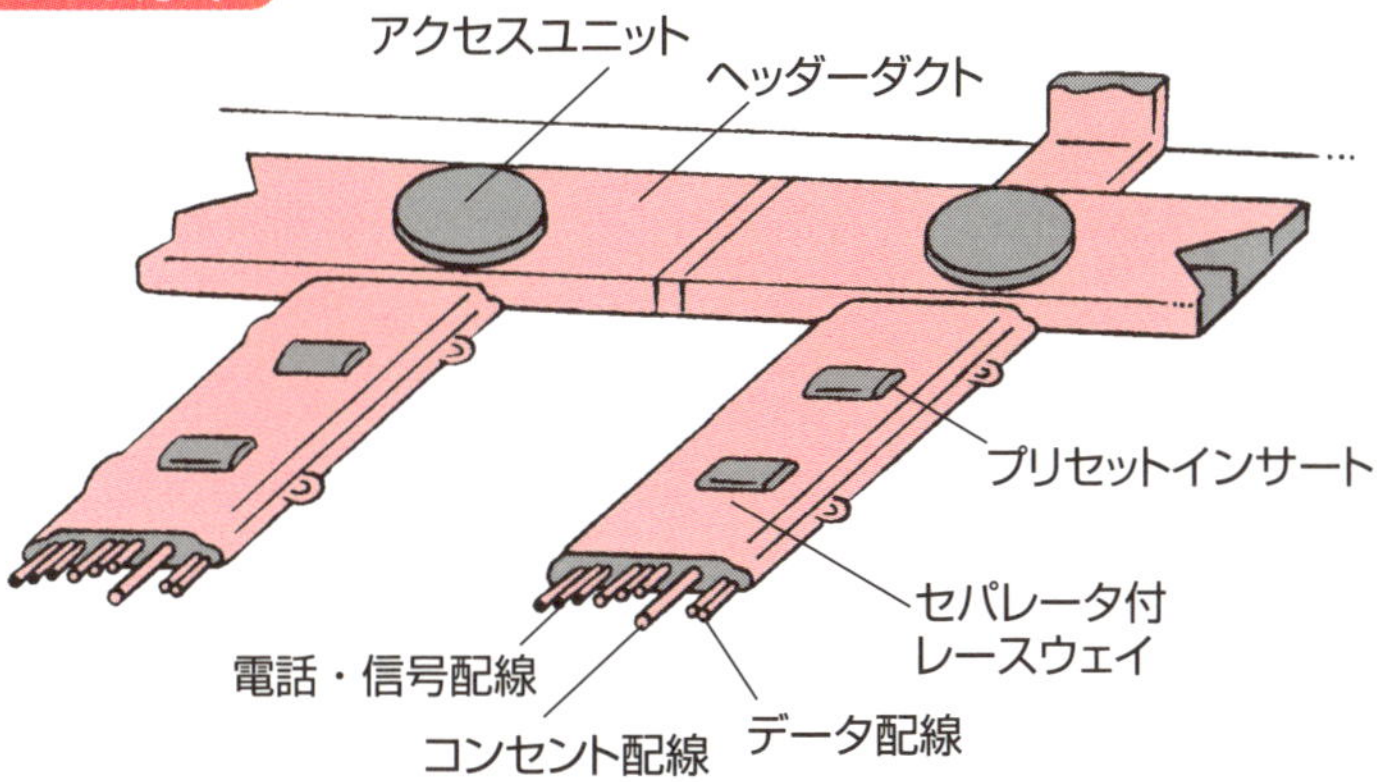

セルラダクト方式

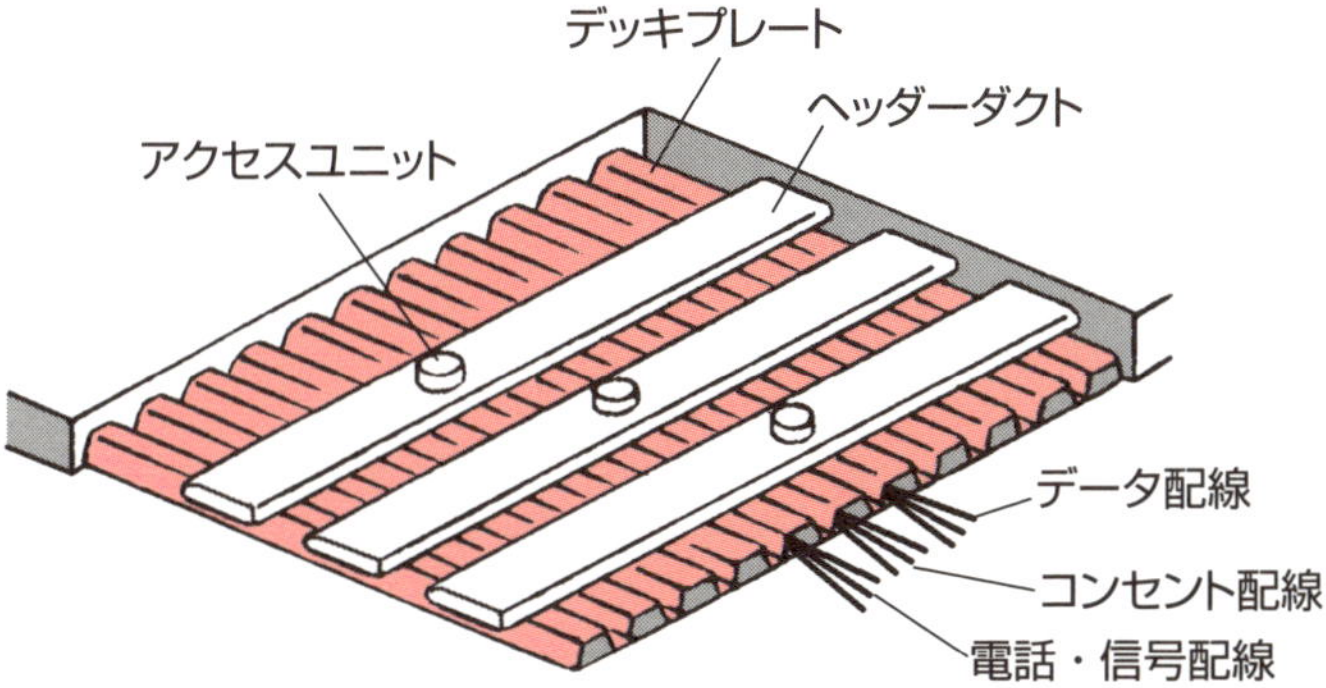

アンダーカーペット方式

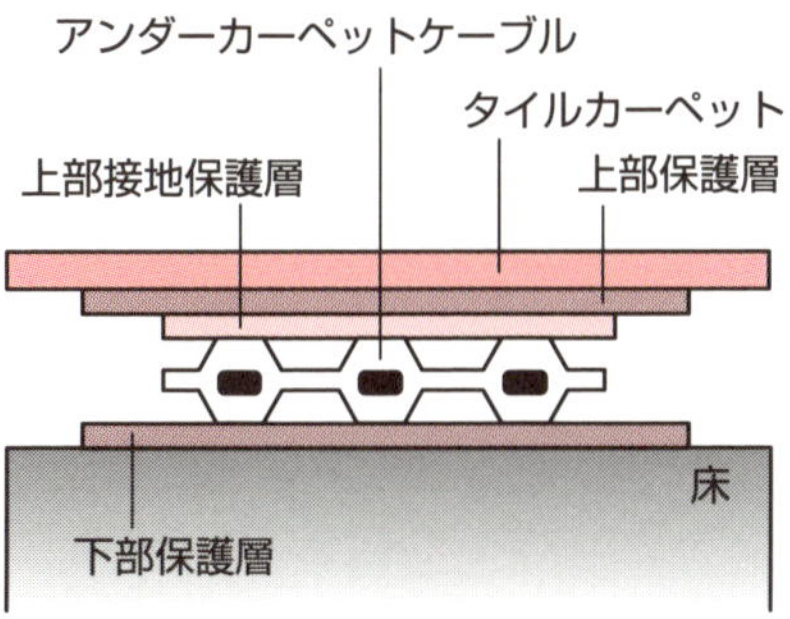

OAフロア方式

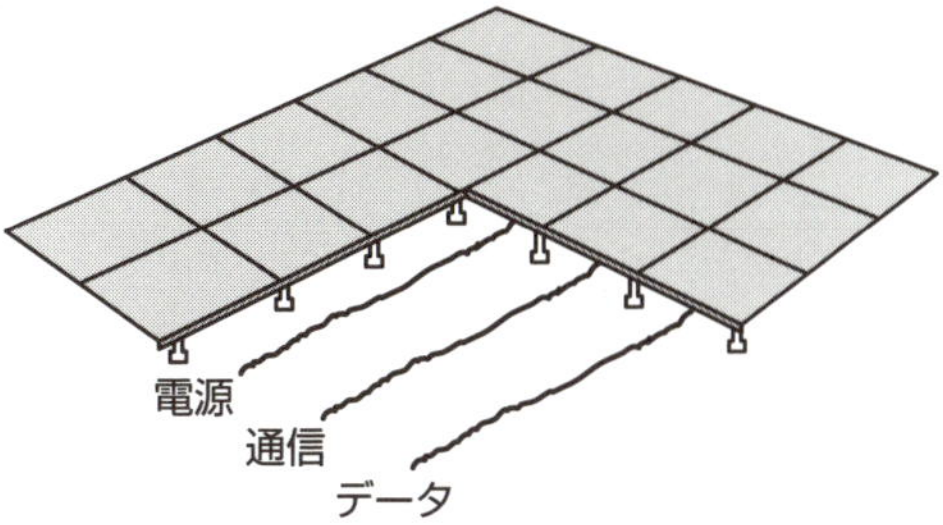

26 ケーブルの種類

電源等と負荷をつなぐ資材

電気設備で使用されるケーブルには非常に多くの種類があります。電源ケーブルはもとより、制御ケーブル、通信ケーブルなど目的によってさまざまな種類があります。それだけではなく、目的は同じでも、布設される場所によって違った種類のケーブルを使う場合もあります。布設する方法も、架空配線、地下埋設配線、管路配線、ころがし配線などの種類があります。地中埋設ケーブルは、上部から外力を受ける恐れがありますので、そういった荷重に対する耐性が求められます。また架空に張られる電線やケーブルは自然環境の影響を直接受けるために、耐環境性のあるものを使用しなければなりません。

電源ケーブルは、そこに流す電流値によってもサイズが変わります。規定の電流値以上の電流をケーブルに流すと火災などの危険性が高まりますので、非常に危険です。一方、消防設備に使うケーブルには特殊な仕様が求められます。火災時に使用する機器に電源や制御信号が送れないと機能を果たせませんので、一定時間は火災による温度上昇などに耐える必要があります。このようなケーブルの特性を把握して正しい選択をしないと後日大きな問題となります。特にケーブルは長尺の部材ですので、間違えたケーブルを取り替えるのには大変な労力を必要とします。

このように種類が多く長尺であるために、ケーブルをどこでも確認できるよう、ケーブルに種類を略字で記載する方法が取られています。そのため、初めて見たときには、どんなケーブルかがわかりません。たとえば、CVV－2㎟－4Cはどんなケーブルかというと、三つの意味を知らなくてはなりません。最初のCVVがケーブルの種類で、それを表にしたものが左頁の表になります。次の2㎟がケーブルのコアサイズであり、ケーブルのコア径で表します。最後の4Cがコア数になります。10Pなどとペア数で示されるケーブルもあります。

要点BOX
- ●布設する場所で違った機能が求められる
- ●ケーブル種類は略字で示される

ケーブルの種類

記号	項目	内容・用途
IV	600Vビニル絶縁電線	廉価な電線で、屋内配線用に用いられる。
HIV	600V二種ビニル絶縁電線	屋内配線用で、耐熱性が高い。
OW	屋外用ビニル絶縁電線	屋外の架空配電線に用い、耐候性が高い。
DV	引込用ビニル絶縁電線	電柱から家屋までの架空引込み線に使用される。
VV	600Vビニル 絶縁ビニルシースケーブル	屋内配線として使用され、耐候性と耐熱性に優れたケーブルで、丸形のVVRと平形VVFがある。
CV	架橋ポリエチレン 絶縁ビニルシースケーブル	工場内で6.600V以下の配線に用いられるケーブルで、耐熱性に優れている。
VCT	ビニル絶縁ビニルキャブタイヤケーブル	移動用電気機器の電源回路に用いられる可とう性を持ったケーブル。
OF	Oil Filled Cable	油入ケーブルで超高圧の電力ケーブルとして用いられる。
FP	耐火電線	消防庁に認定された電線で、30分間で840℃に達する火災温度曲線で加熱されても耐える。
HP	耐熱電線	消防庁に認定された電線で、15分間で380℃に達する温度曲線で加熱されても耐える。
CVV	制御用ビニル 絶縁ビニルシースケーブル	機器の自動制御回路に用いられるケーブル
MI	無機絶縁ケーブル	導体を酸化マグネシウムなどで絶縁した銅被電線で、耐熱性や耐腐食性を持つ
LCX	漏洩同軸ケーブル	外部導体に電波放射用の窓を設けて、アンテナ機能と給電の両方を実現した同軸ケーブル
CPEV	市内対ポリエチレン 絶縁ビニルシースケーブル	主として電力保安通信用に用いられるケーブル
EM	エコマテリアルケーブル	ハロゲンや鉛などを含まない、環境に配慮した電線

27 バルク材

電気設備工事に欠かせない部材

電気設備では多くの機器を用いますが、それらを設置する工事では多くのバルク材（雑材）を使用します。機器の設置では、単に平面基礎に固定するだけではなく、天井から吊り下げたり、壁に取付けたりしますので、それぞれの設置方法に合わせてさまざまな材料を用います。固定方法は、地震などの天災においても転倒や落下することがないよう、安全性を重視したものとなっています。機器の加重や取付け対象によって、取付けに使用する部材が変わってきます。

また、電気設備機器は電力で駆動するため、電力配線が必要となります。電力配線以外にも制御線や通信線なども接続されますので、それらを機器まで引き込む部材も必要です。そういった配線は壁内や床内に埋め込まれたり、天井や壁に固定されますが、配線材の固定にも部材が必要となります。このような工事に用いるのがバルク材と呼ばれる工事部材ですが、雑材という名前ほどいい加減なものではなく、この使い方を知らないと電気設備工事ができないといえるほど、現場では重要な材料になります。

教育機関では、こういったバルク材の種類までは教えてもらえませんので、初めて電設技術者になって現場に入った際には、先輩技術者から持ってくるように言われたバルク材がまったく理解できません。結果、先輩に指示されたものとまったく違った部材を持ってくるという失敗を経ながら、電設技術者は材料名と使い方を覚えていきます。

電気設備を適切に現場に設置するためにはバルク材の準備ができていなければなりません。しかし、こういったバルク材には、いちいち積算をして数を数えるというような手間はかけていられません。そこで、採用する電線路などの種類が決定した段階で、過去の経験をもとに、配線の長さや施工場所の平米数などの基準数値で発注数量を決めるという手法がバルク材の調達の際には多く用いられます。

要点BOX

- ●バルク材の種類は多い
- ●作業目的に合わせた使い方を覚えるまでは長い期間を要する

バルク材の例

部材名	用途
ジャンクションボックス	電線や電線管路を接続するためのふた付きの箱
プルボックス	配線管路にケーブル等を引き入れる作業を行いやすくする箱
ハブ	硬質ビニル製の露出丸形ボックス
エルボー	1種金属線ぴなどのL形曲がり部に用いる付属部材
クランプ	電線管などをはさんで締付固定する部材
サドル	電線管などを構造物に固定する支持材
クリート	ケーブルなどを挟んで保持する支持材
アンカーボルト	コンクリート基礎などに固定するためのボルト
吊りボルト	コンクリート天井などからケーブルラックなどを吊る総ねじのボルト
インサート	スラブ打設時に埋め込む吊りボルトなどを固定する金物
スタッドボルト	両端にねじが切ってあり一方を機器本体などに固く締付けた植込みボルト
ブラケット	ケーブルラックなどを壁に固定する張り出し棚受け
カップリング	電線管同士を接続するための雌ねじを切った連結管
ニップル	電線管同士を接続するための雄ねじを切った接管
レジューサ	ボックスのノックアウト径と電線管径とが違う場合に径を合わせる部材
ユニオンカップリング	電線管同士を接続する際に、両方の電線管が回せない場合に用いる接管
ロックナット	金属製電線管を鋼製ボックスに固定する薄型のナット
ブッシング	電線管の端部に取り付け電線の被覆を保護する部材
スリーブ	電線などをつき合わせて圧着や圧縮で接続する管
エンドカバー	電線管をコンクリートに埋設する際に終端部につける保護カバー
エントランスキャップ	屋外に突き出した電線管の端部につけて雨水の浸入を防ぐキャップ
ノーマルベンド	管を90°方向に曲げた電線管
長ナット	吊りボルト同士を接続する長いナット
シム	機器などを設置する際に水平を取るために挟み込む薄い板材

28 接地方式

接地は、人命や機器の安全保護を目的として計画されるものですので、非常に重要な機能を持っています。IEC規格の取り入れにより、低圧電気設備における三相交流系統の接地方式は大きく三つに分けられました。そのなかで、TN接地はさらに三つに細分化されていますので、合計としては以下に示す5種類の方式が定められています。

(1) TN接地系統

TN接地系統は、電源部が接地されていて、中性線と保護導体によって電源の中性点に連絡されている方式です。この方式は、系統電源接地極と保護接地極が分離できないような、敷地の狭い一般のビルなどに適しています。その連絡方法によって、以下の三つの方式があります。

① TN-S系統

TN-S系統は、全系統を通して保護導体(PE)と中性点(N)が分離されている方式です。

② TN-C系統

TN-C系統は、全系統を通して保護導体と中性点(PEN)が単一導体となっている方式です。

③ TN-C-S系統

TN-C-S系統は、系統の一部で保護導体(PE)と中性点(N)が組み合わされた単一導体(PEN)となっている方式です。

(2) TT接地系統

TT接地系統は、電源の接地極(B種接地工事)と露出導電部分の接地極(C種およびD種接地工事)がそれぞれ独立している方式です。この方式は日本のビルや工場などで広く用いられています。

(3) IT接地系統

IT接地系統は、電源部が非接地かインピーダンス接地されていて、露出導電性部は保護導体(PE)によって接地されている方式です。この方式は化学プラントや病院の手術室などに用いられます。

要点BOX

●接地は人命や機器の保護を目的としている
●TT接地系統は日本のビルや工場で広く用いられている

接地方式

TN-S系統

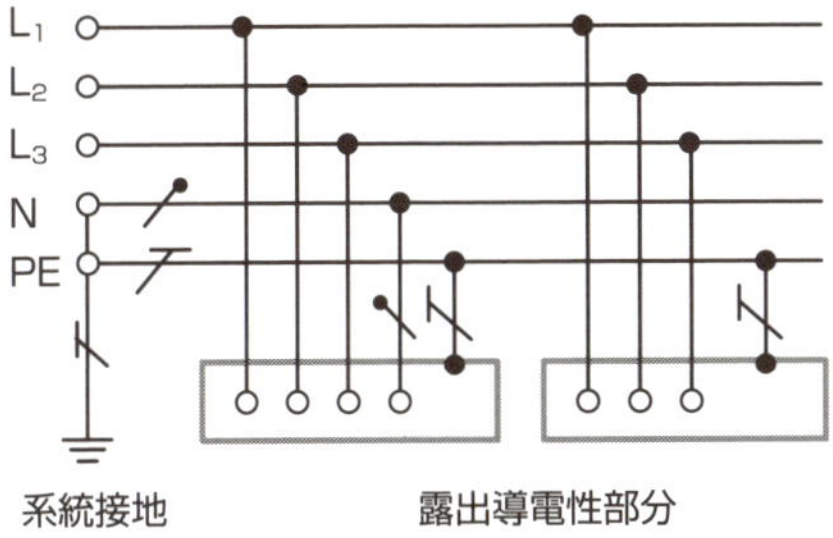

TN-C系統

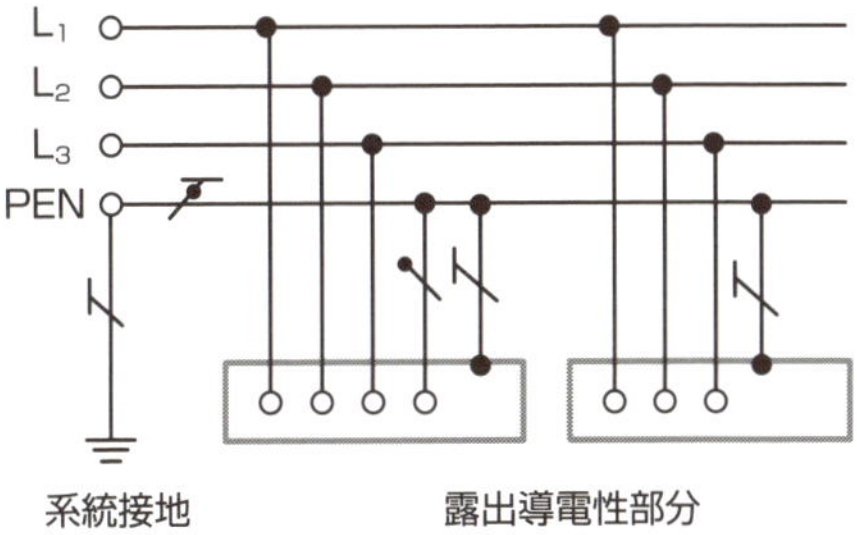

TN-C-S系統

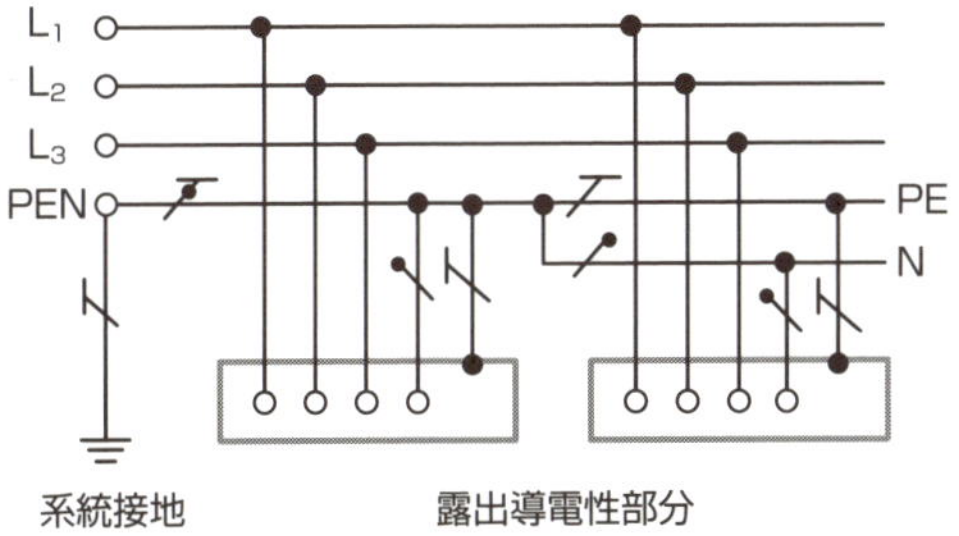

TT系統

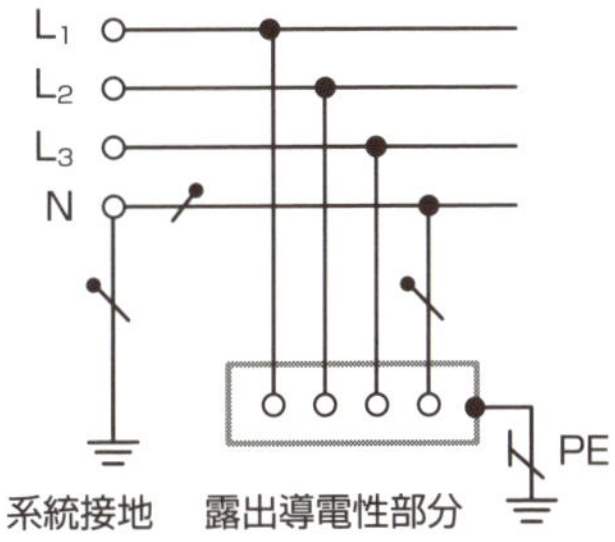

IT系統

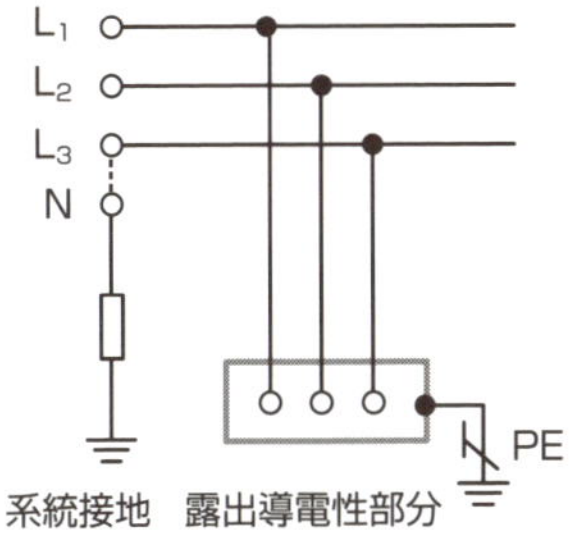

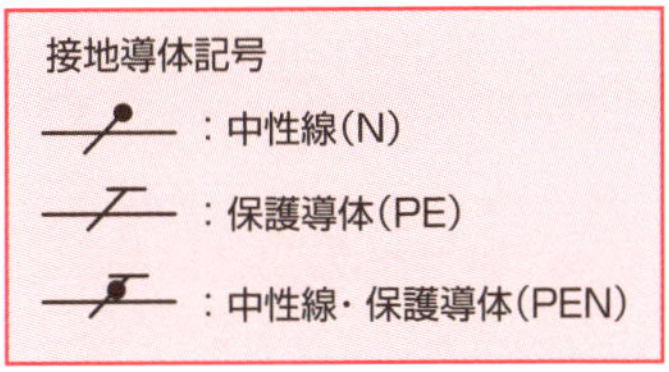

29 接地設備

接地は、前項で示した系統接地以外にも、機器接地、雷保護接地、情報通信系接地、静電気接地、ＥＭＣ（電磁両立性）接地などがあり、目的についても、人や設備の保護やノイズ対策、電位基準などがあります。接地抵抗値は、３００Ｖ以下の低圧用電気機器に適用されるＤ種接地工事では１００Ω以下ですが、３００Ｖを超える電気機器や情報通信系接地には10Ω以下が適用されます。海岸部などの湿気の多い土壌では接地抵抗値は低くなりますが、山岳部で岩が多い地域や砂漠・乾燥地域では接地抵抗値は高くなります。また、接地抵抗値は季節によっても変動しますので、どんな季節でも規定値以下となるようにしなければなりません。

接地設備は接地極と接地線で構成されていますが、接地極には棒状電極、板状電極、網状電極、構造体を代用とする接地極などがあります。接地極の材質は、銅や溶融亜鉛メッキ板、カーボン、銅覆鋼棒などが使われます。一つの電極で十分に接地抵抗値が下がらないときには、並列に電極を設けて接地抵抗値を下げます。その場合には、一定の電極間隔をとらなければなりませんので、接地極を設けるために広い面積が必要となります。接地極の接地抵抗を測定する場合には、接地抵抗計を用います。

接地は目的別に設けられますが、ビルなどの敷地が狭い場所に建つ施設では、目的別の接地を設けることが敷地面積的にできません。そのため最近では、目的の異なる接地を一つの共用システムと考える統合接地システムという考え方がとられるようになってきています。また、すべての露出金属部や系統外導電性部をつないで等電位にするという、等電位ボンディングという考え方が広がってきています。等電位ボンディングの基本形としては、1点に集中させるスター型ボンディングと機器を相互に接続して網目状にしていくメッシュ型ボンディングがあります。

要点BOX

- ●接地の目的はさまざまである
- ●すべての機器等をつないでいく等電位ボンディングが広がっている

接地の方法

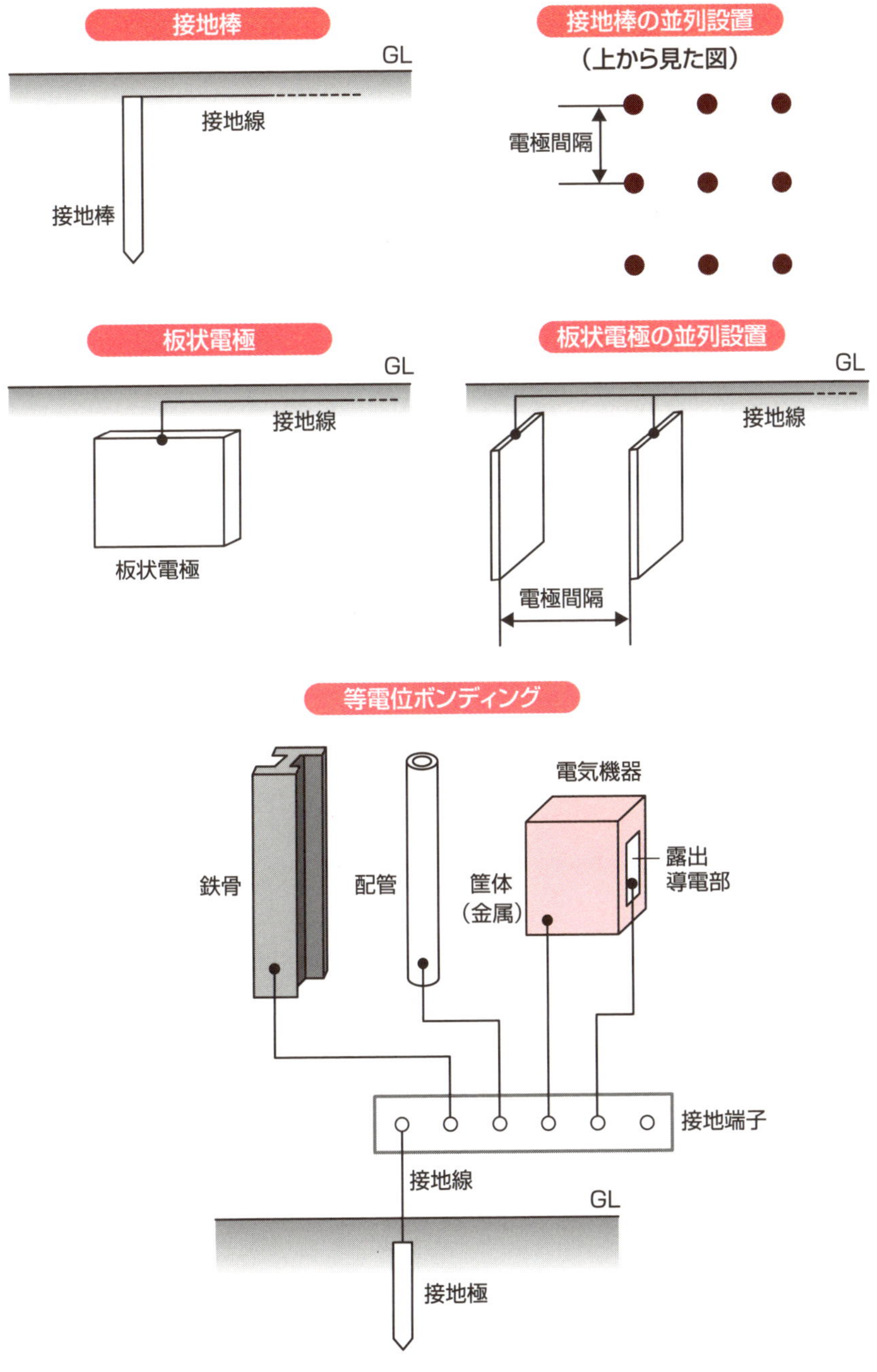

接地棒
GL
接地線
接地棒
接地棒の並列設置
（上から見た図）
電極間隔
板状電極
GL
接地線
板状電極
板状電極の並列設置
GL
接地線
電極間隔
等電位ボンディング
電気機器
鉄骨
配管
筐体
（金属）
露出
導電部
接地端子
接地線
GL
接地極

Column

配電ルート計画の難しさ

配電設備は電気設備の駆動源となる電力を各負荷まで送り届ける設備になります。人の体で例えれば動脈にあたりますので、これが機能不全になると大きな問題となります。また、電圧が高くなったり低くなったりすると、それぞれの電気設備が機能を発揮できなくなる危険性がありますので、人間の血圧管理と同様に電圧管理が必要となります。それぞれの負荷は広い範囲に散在していますので、その位置まで効率的に電力を配電する幹線系統の設計も重要となります。

実際に供給する設備は電力ケーブルですが、電力ケーブルを好きな場所を通して配線するというわけにはいきません。施設は特有の目的を持って作られていますので、その目的を果たすために理想的な配置をしています。施設の主目的を実現する空間を避けながら、見えない場所や使い道の少ない空間を選んで配線は計画されます。化学工場などでは、同様に長尺形状をしたものとして液体や気体の化学物質を送る配管がありますが、それは工場の目的物を搬送する設備になります。しかも、大きな配管は容易にルートを変更できませんので、どちらかというと柔軟性が高いケーブルが、配管等のルートを邪魔しないように計画されます。

それはビルなどの立体的な高層建築でも同様です。ビルの場合には上下の階にケーブルを通すシャフトが計画されますが、ケーブルは銅で作られた部材ですので重量があります。それをシャフト内に布設する作業は結構大変です。また、各階まで配電されても、そこからフロア内に分散した負荷に配線するルートの確保も容易ではありません。建築物の構造材となっている梁や柱をケーブルが貫通することはできません。また、フロア内には、空調設備関係の機械やダクト・配管なども存在しますし、スプリンクラー配管も計画的に配置されています。そういった環境の中で、電気設備を適切な位置に配置すると同時に、ケーブルをそこまで最短で布設する必要があります。

電気設備では計装用や制御用のケーブルも布設しますが、電力ケーブルと計装ケーブルが近接すると、電磁誘導などによって、計装データにノイズが発生する危険性もあります。

そういった電気的な障害も十分理解して、近接する相手先の特性を考慮しながら計画を進めていく必要があります。

第4章

施設環境を創出する設備

30 照明光源

照明光源の発光原理

照明は夜間の生活やオフィスビルの視環境整備には欠かせないものです。その光源として現在利用されているものには、下記のものがあります。

(1) 白熱電球

白熱電球では、タングステンフィラメントに電流を流して熱することによって熱放射を起こし、そこで発生した熱線を電球管内に塗布されたシリカなどの白色塗膜に当てて、可視光を発光させます。このように、もともと熱を使って発光する光源ですので、基本的には発光効率は高くなりません。

(2) 蛍光灯

蛍光灯内のフィラメントから放出された電子が封入ガス中の水銀にぶつかると、紫外線が発生します。その紫外線は四方に放射され、ランプ管内壁に塗布された蛍光体に当たりますが、それによって蛍光体は可視光をランプ外部に放射します。蛍光灯には安定器が必要ですが、最近では省エネルギー形のインバータ式(電子式)安定器が広く用いられています。

(3) LED

LEDは、p形半導体とn形半導体を接合した構造で、そこに電圧をかけると、p形半導体ではそのキャリアである正孔がn形半導体の方に移動し、n形半導体ではそのキャリアである電子がp形半導体の方に移動します。その結果、接合面で正孔と電子がぶつかって消滅しますが、その際に両者が持っていたエネルギーの一部が光となって放射されます。

(4) エレクトロルミネッセンス(EL)

エレクトロルミネッセンスは電界発光や電場発光の総称で、蛍光体に電場を加えると発光する自然発光現象です。エレクトロルミネッセンス素子には、無機化合物を使う無機ELと、有機化合物を使う有機ELがあります。有機ELは、無機ELに比べて低電圧での動作が可能ですので、現在実用化が進んでいます。

要点BOX

- ●蛍光灯には安定器が必要である
- ●LEDは半導体に電圧をかけて発光させる
- ●ELには無機ELと有機ELがある

照明用光源の原理

白熱電球の発光原理

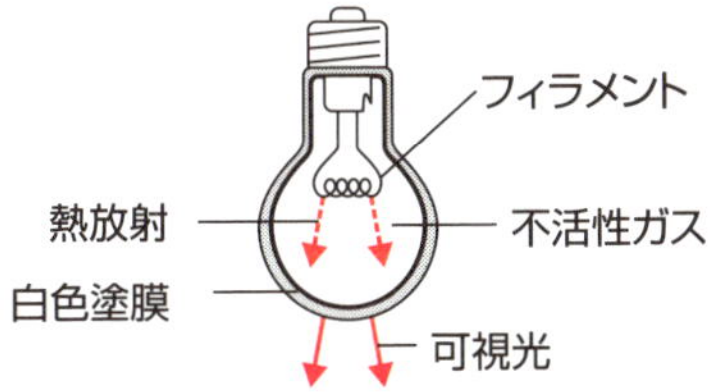

蛍光灯の発光原理

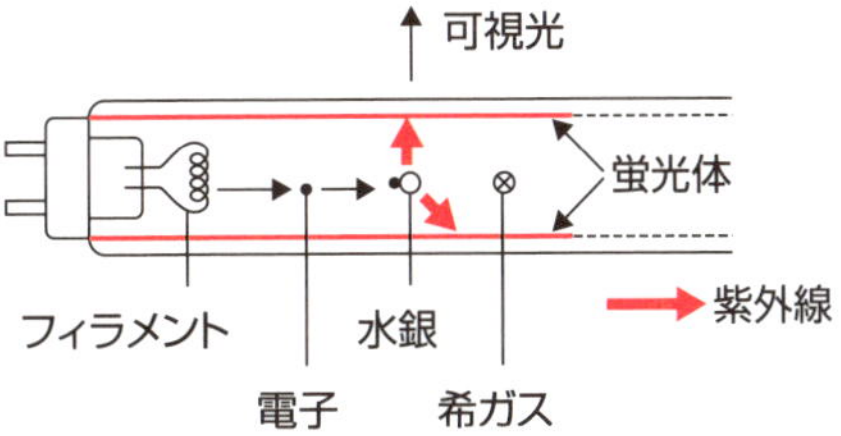

LEDの発光原理

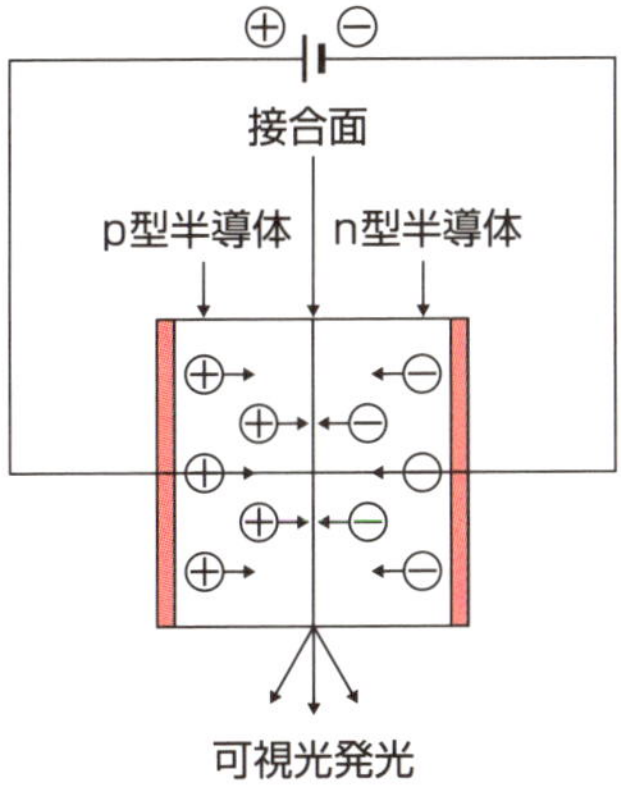

LEDの白色発光法

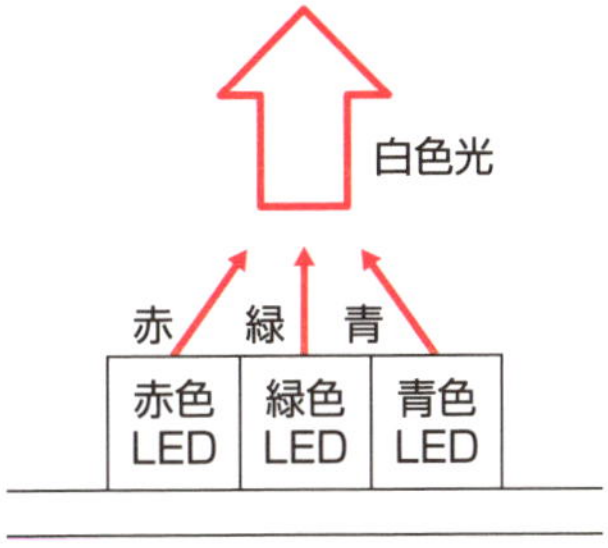

(a) マルチチップ型

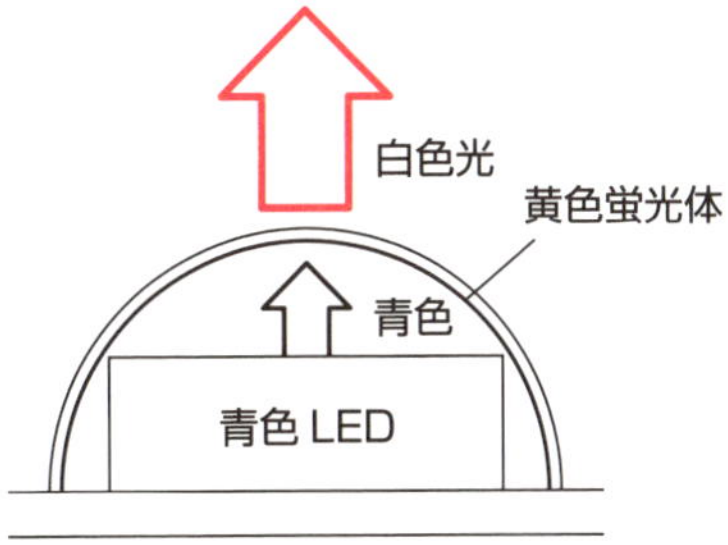

(b) ワンチップ型

有機 EL素子の構造

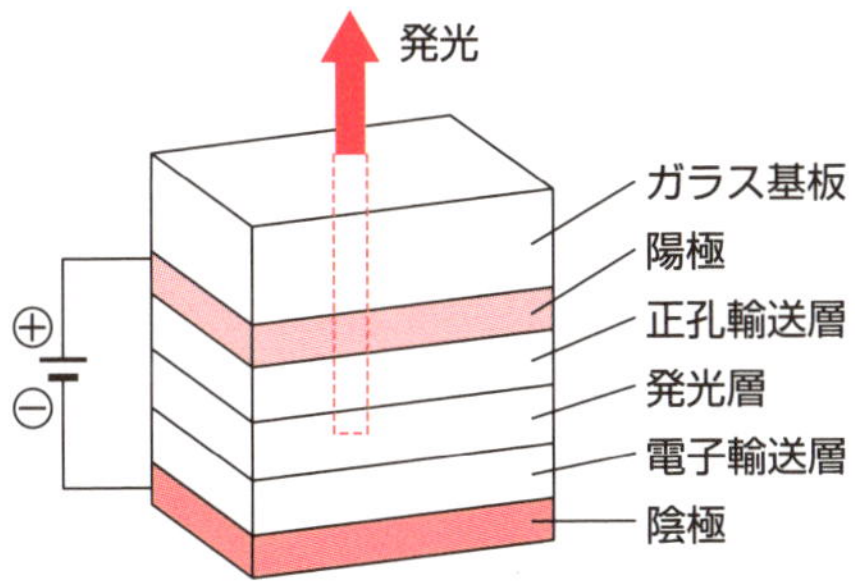

31 照明設計

施設によって照明に求められる目的や効果が違いますので、施設のニーズに合わせて照明の計画がなされます。また、同じ施設中でも場所によって照明方式は変わります。オフィス照明設計では、基本的に次のような方式を用いて照明器具の配置計画を行います。照明配置は、建物の柱スパンや断面が大きな要素となりますので、建築の構造と密接な関係があります。

(1) 全般照明方式

全般照明方式は一般のオフィスで用いられている方式で、室内全体をできるだけ均一な一定の照度にする照明方式です。蛍光灯などの光源を直線的に配置する例がこれまでは一般的でしたが、最近では方形の配置も増えてきています。

(2) 局部照明方式

局部照明方式は、工場などの場所で人が作業をしている所のみを明るくする際に用いる照明方式です。

(3) 局部的全般照明方式

局部的全般照明方式は、全般的には一定の平均的な照度を確保し、細かな作業を行う場所だけを、作業に必要な高い照度にする照明方式です。

(4) タスク・アンビエント照明方式

タスク・アンビエント照明方式は、作業領域のみを専用の照明器具で局部照明を使い、それ以外の場所は間接照明等を用いて、全体的に、比較的低い照度に抑える照明方式です。目的は違いますが、ショッピングエリアで商品をハイライトする場合などにも、この方式が用いられます。

快適な照明環境の目安として、JIS Z9110に空間の目的別の照度基準が定められています。

トンネル照明の場合には、内部を基本照明として、入口と出口部の照度を高めています。その理由は、昼間の屋外の明るい照度から基本照明の明るさに慣れるまでは、格差が少ない、高い照度が必要だからです。その区間を緩和照明と呼びます。

要点BOX

- オフィスでは全般照明方式が広く用いられている
- トンネル照明設計では出入口部を高い照度にする

オフィス照明の配置計画

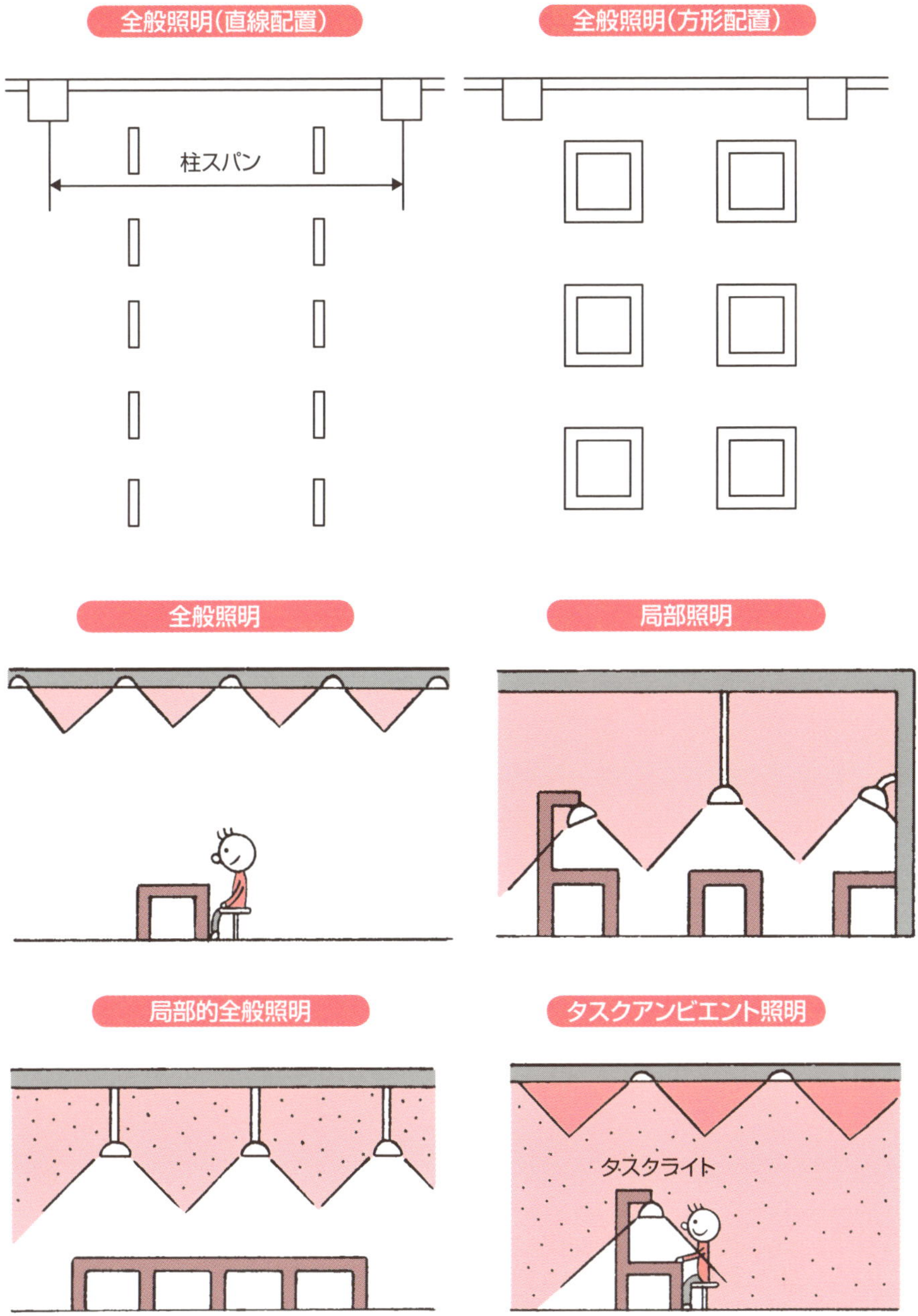

32 照明用語

感性を数値化する指標

照明は、利用者の感性で評価がなされる電気設備の一つです。そういった感性を数値化するために、次のような照明の基本用語があります。

(1) 光束

光束とは、単位時間にある面を通過する放射エネルギーの量である放射束を人の視覚で計った量です。

(2) 照度

照度とは、被照面に入射した光束を単位面積に換算した値で、単位はルクス［lx］になります。照明設計は水平面の平均照度をベースに行います。オフィスの一般的な基準照度はこれまでは500ルクスでしたが、高齢社会を迎えた時期から、高齢者が若い人よりも高い照度を必要とするために、700～750ルクスの照度で設計を行うケースが増えています。晴天の日向で10万ルクス、日陰でも1万ルクス程度ありますので、昼光は照明光源としても有効な資源といえます。

(3) 輝度

輝度は、光源や光の反射面のある1点から、ある方向に向かう光度を単位面積当たりに換算した量です。輝度対比が強すぎてまぶしさを感じる場合をグレアといいます。夜間に車のヘッドライトで目がくらむのは、このグレアが理由です。

(4) 色温度

外部から入射するすべての波長の放射を完全に吸収する物体である黒体は加熱温度によって違った光色を呈します。この黒体色と光源の光色が同じときの黒体の加熱温度を、色温度として表します。低い色温度のときに人は暖かさを感じます。

(5) 演色性

演色性とは、規定された光源による色の見え方と、ある光源による色の見え方を比較したもので、本来の色に近いほど演色性が良いとされ、演色評価数が100に近いほど演色性が良いという評価をします。ファッションや青果物を扱う場所では重要な指標です。

要点BOX

- ●高齢者は若い人よりも高い照度を求める
- ●色温度が低いときには暖かく感じる
- ●演色評価数が100に近いほど実際の色に近い

色温度の違いによる変化

自然光	色温度[K]	光源	感じ方
快晴の青空	12,000		涼しい色合い
	10,000		
	8,000		
	7,000		
日中の北窓光	6,000	水銀ランプ	
正午の太陽光			
	5,000	昼光色蛍光ランプ 高演色メタルハライドランプ	中間の色合い
日の出2時間後 満月	4,000	白色蛍光ランプ メタルハライドランプ	
日の出1時間後		温白色蛍光ランプ	温かい色合い
	3,000	電球色蛍光ランプ ハロゲン電球 白熱電球	
		高圧ナトリウムランプ	
	2,000		
		低圧ナトリウムランプ	
日の出			

光源別の平均演色評価数

光源の種類	平均演色評価数[*Ra*]
白熱電球	100
ハロゲン電球	100
蛍光ランプ	61
高演色性蛍光ランプ	92
高圧水銀ランプ	25
メタルハライドランプ	65
高圧ナトリウムランプ	25
無電極ランプ	80

33 空調設備

温度調整・湿度調整・気流調整・空気清浄

空調という言葉は、空気調和の略語です。空気調和の機能は、①温度調整、②湿度調整、③気流調整、④空気清浄の四つになります。空調方式には、大まかに分けると、分散方式と中央方式があります。分散方式は、家庭や中小規模の施設に用いられる方式で、分散設置された空調機を個別に制御する方式です。温度の感じ方は個人差が非常に大きいため、小規模な施設においては、そこを利用する人の感じ方で個別に調整ができる分散方式が主流になっています。一方、中央方式は大規模施設に用いられる方式で、総合的にはエネルギー効率が高くなります。中央方式には、熱媒体の違いにより、ⓐ空気供給方式、ⓑ水・空気併用供給方式、ⓒ水供給方式があります。空気を供給する仕組みとして、ダクトが天井内などに設置されます。水の供給では、温水や冷媒配管の設置が必要となります。水を供給する場合には、ファンコイルユニットを用いて居室内の温度を調整します。

空調のもう一つの機能として、空気清浄があります。密閉空間では内部の空気が人の呼吸などによって汚れてきますので、換気を行う必要があります。その際に、単に外部の空気と内部の空気を入れ替えてしまうと、夏であれば、冷気が排出され外の熱い空気が室内に入る結果となり、エネルギーの損失となります。それを避けるために全熱交換器が用いられています。全熱交換とは、顕熱（温度変化）と潜熱（湿度変化）の両方を交換する仕組みです。

なお、空調負荷には、熱媒体を輸送するポンプ類や送風ファンなどもありますが、エネルギーを最も使用するのは熱源負荷です。電力料金は最大の需用電力量（デマンド）で決まりますので、デマンドを下げられれば電力料金は下がります。ビルなどでは、ビジネスや生活活動が活発となる昼間に最大の電力需要が発生しますので、その時間帯の負荷を減らす蓄熱などの仕組みが最近では採用されています。

要点BOX

- ●空気調和には四つの機能がある
- ●中小規模の施設では分散方式が主流である
- ●全熱交換器は省エネルギー対策となる

空調方式の例

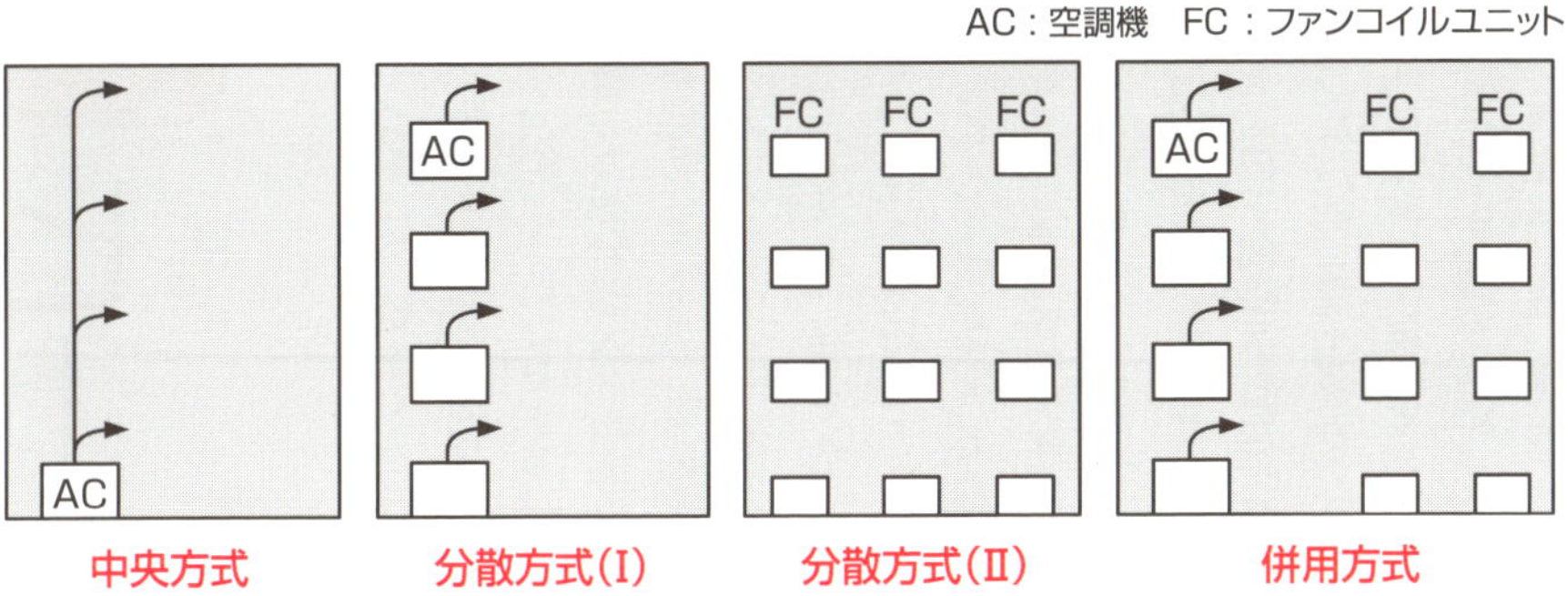

空気調和設備を設けている場合の室内環境基準

項目	衛生基準
浮遊粉じんの量	0.15mg／m^3 以下
一酸化炭素の含有率	100万分の10以下（＝10ppm以下） 注：特例として外気がすでに10ppm以上ある場合には20ppm以下
二酸化炭素の含有率	100万分の1000以下（＝1000ppm以下）
温度	(1)　17℃以上28℃以下 (2)　居室における温度を外気の温度より低くする場合は、その差を著しくしないこと。
相対湿度	40%以上70%以下
気流	0.5m／秒以下
ホルムアルデヒドの量	0.1mg／m^{3}以下（＝0.08ppm以下）

プレート式全熱交換器

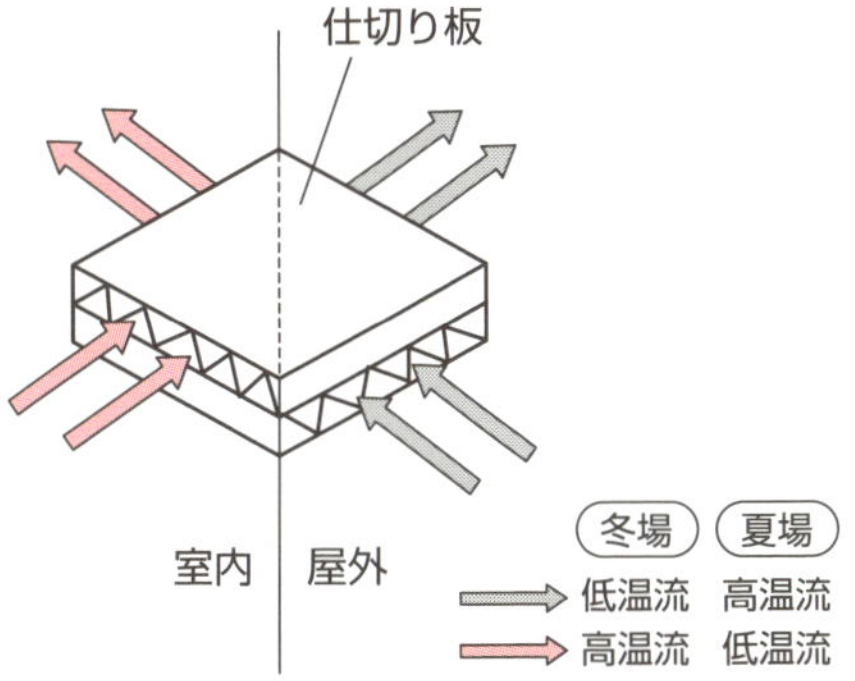

回転式全熱交換器

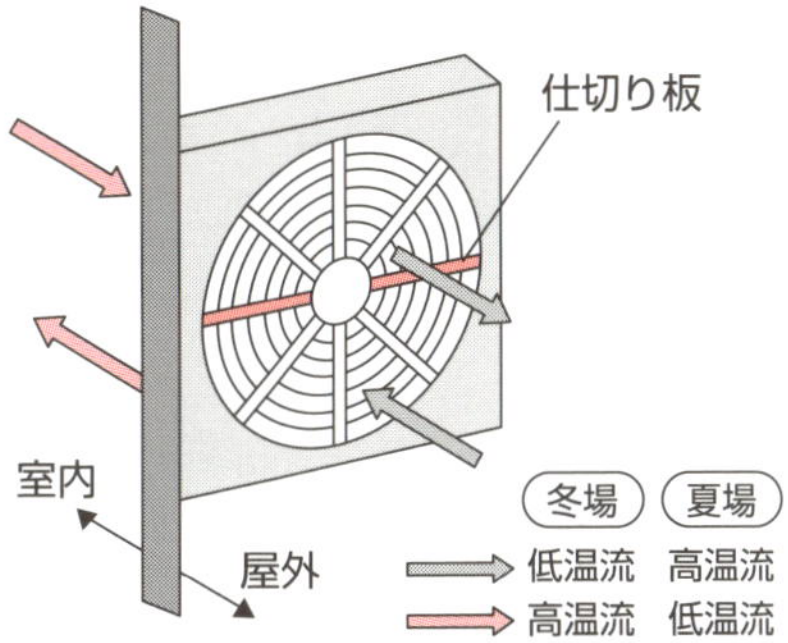

34 ヒートポンプ

大気熱をエネルギーに変える

ヒートポンプとは、熱をくみ上げる装置と言い換えられます。ヒートポンプの原理を左頁の図を使って説明すると、次のようになります。

左側に書いた蒸発器内で中の気圧を急激に下げると液体が蒸発をしますが、蒸発をする際には周りから熱を奪います。そういった現象を体感できるものとしてスプレーがあります。皆さんがヘアースプレーを長く押して多くの気体を噴出させた場合を考えてください。その際に、スプレー缶が冷たくなるのを経験したことがあるでしょう。それは中の圧力が下がるために起きた現象です。それと同じ現象が蒸発器内で起きて、蒸発器は周辺の空気の熱を奪って気体に取り込みます。その気体を図の下部に示した圧縮機を通して凝縮器に送り、今度は逆に圧力をかけて凝縮すると気体は液化しますが、その際には熱を放出します。その後は、図の上部に示した膨張弁に送って蒸発器内で再び膨張させると、蒸発器は熱を周囲から再び吸収します。これらの動作を繰り返していくと、徐々に熱が低いほうから高いほうに移動していく結果となります。

ヒートポンプで使われているエネルギーは気体を圧縮するポンプの動力だけであり、熱自体は周辺の空気から取り込んでいます。言い換えると、空気中の熱を集めて、それをくみ上げて高い温度を作っていることになります。このように、ヒートポンプは低温熱源から高温熱源に熱をくみ上げるだけにエネルギーを使っていますので、これまでの燃焼形の熱源とは違った評価をする必要があります。ヒートポンプの性能を示す指標としては、効果対エネルギー比である成績係数（COP）を用います。ガスや電気ヒーターを使った熱源では、燃焼や電気加熱の際に損失が発生しますので、必ず効率は1を下回りますが、ヒートポンプでは熱を作るためにではなく、大気中の熱をくみ上げるためにエネルギーを使いますので、通常はCOPが1よりも大きくなります。

要点BOX

- ●ヒートポンプは熱をくみ上げる装置である
- ●ヒートポンプの成績係数は1よりも大きくなる

蒸発器の効果

ヒートポンプの原理

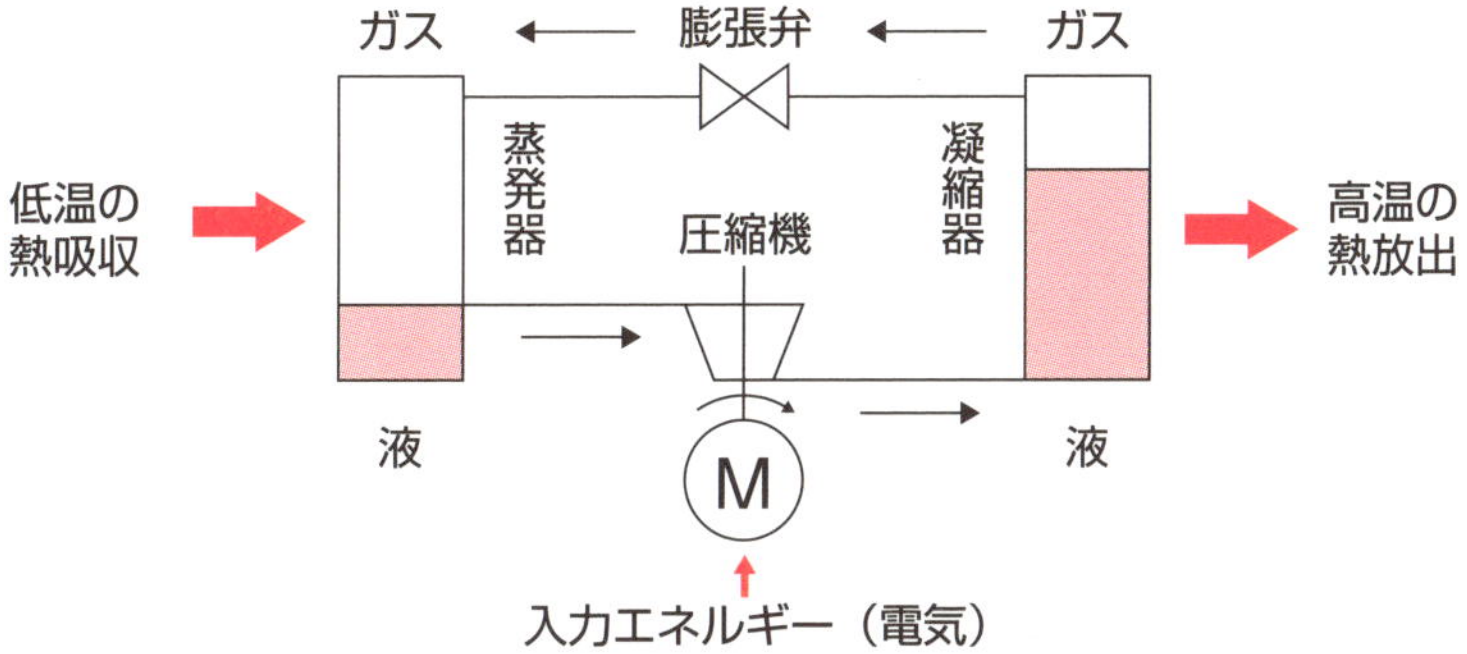

ヒートポンプの成績係数

$$\text{成績係数(COP)} = \frac{\text{機器の出力効果}}{\text{機器への入力エネルギー}} > 1$$

COP=5のヒートポンプでの仮想エネルギー効果

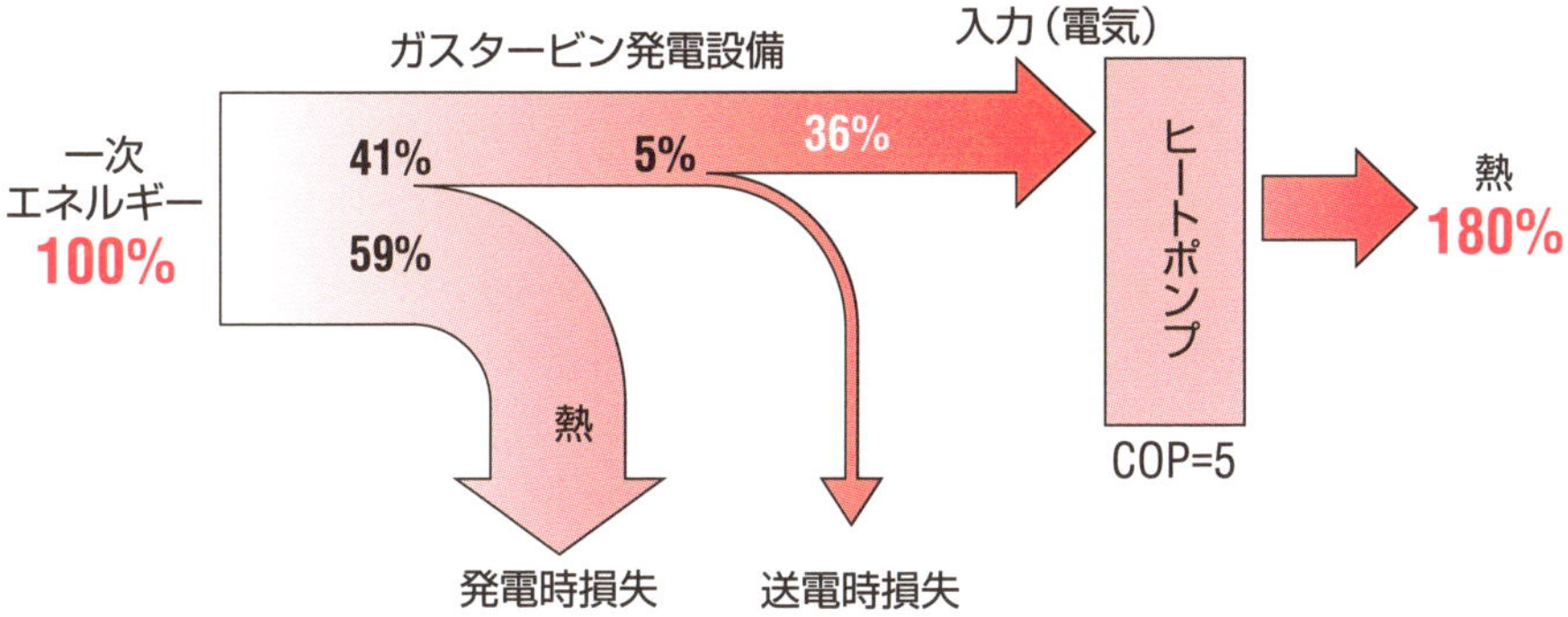

ヒートポンプの効果は新エネルギーと同等

35 蓄熱設備

電力平準化に貢献する設備

空調負荷でエネルギーを最も多く使用するのは熱源負荷です。その熱源を昼間の電力で生成すると電力料金は高くなります。一方、夜間の電力料金は昼間よりも安く設定されているため、熱源を夜間電力で作り、昼間の需要時間まで蓄えておくのが蓄熱設備になります。事務所ビルの地下には、建築構造的に一定量の空間が存在している場合が多くあります。しかし、人が事務作業をする空間としては、そういった空間は使いにくいのが現状です。そのため、その空間に蓄熱槽を設けて夜間電力で発生させた熱を蓄えておき、昼間にその熱を使おうというのが蓄熱システムです。

実際に使われているのは、顕熱蓄熱システムと潜熱蓄熱システムになります。顕熱とは、物体の相変化、いわゆる固体から液体、液体から気体などの変化を伴わないで、同じ相内の温度変化だけで熱を消費する物理現象です。具体的には、水を使った水蓄熱やコンクリートなどに熱を蓄える固体蓄熱などの方式があります。一方、潜熱とは、固体から液体、または液体から気体に相が変化する際に費やされる熱のことです。潜熱蓄熱システムとしては、氷を作って冷熱を蓄熱する氷蓄熱システムなどがあります。水が氷になる融点は0℃ですが、水の温度を下げて0℃の水になってから0℃の氷ができ、さらに低い温度まで下がり始めるまでに約３３４kJ／kgの熱が必要となります。同じ0℃である間に潜熱が約３３４kJ／kg必要なので、この間は少ない体積容量で多くの熱を蓄えられます。水蓄熱システムで蓄熱する場合と比べてみると、氷の充填率が50％の場合でも、蓄熱層の大きさは水蓄熱と比べて7分の1に軽減できます。

日本の気候条件下で多くのエネルギーを使うのが冷熱源負荷になりますので、氷蓄熱装置は有効な省エネルギー対策となります。しかし、単純に固形の氷の場合には、凝固させるのも溶解させるのも効率が悪くなりますので、さまざまな工夫がなされています。

要点BOX

- ●夜間電力を使って熱を作り蓄える
- ●顕熱蓄熱と潜熱蓄熱システムがある
- ●冷熱蓄熱は夏の電力ピーク値を下げる

蓄熱設備の効果

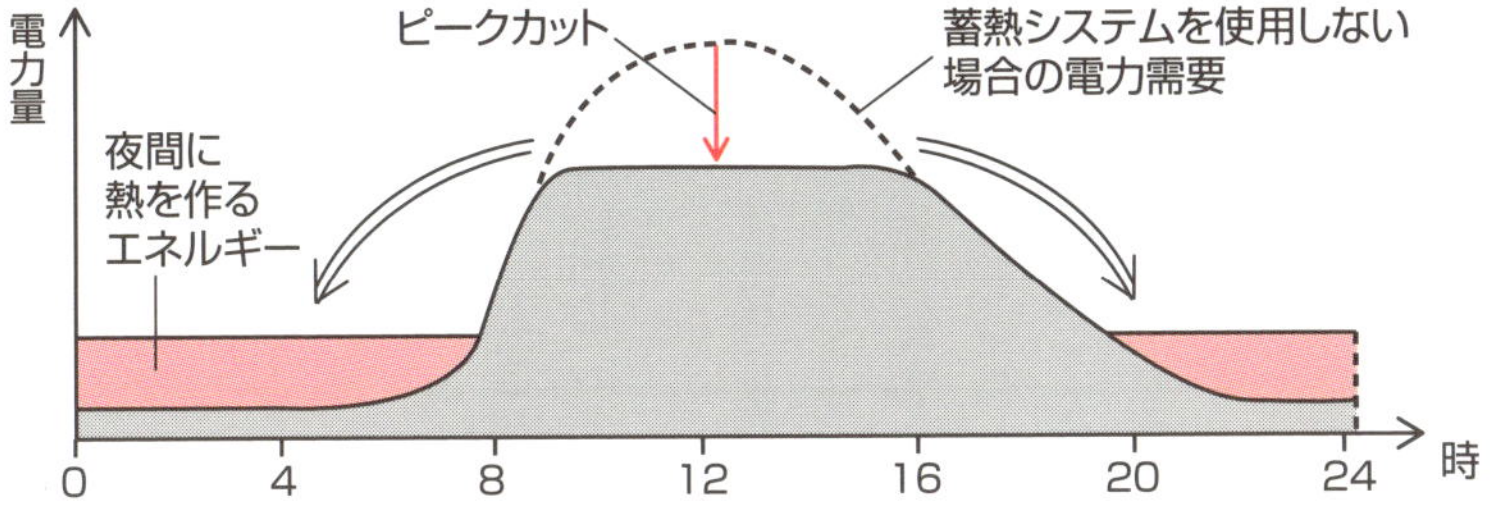

顕熱と潜熱

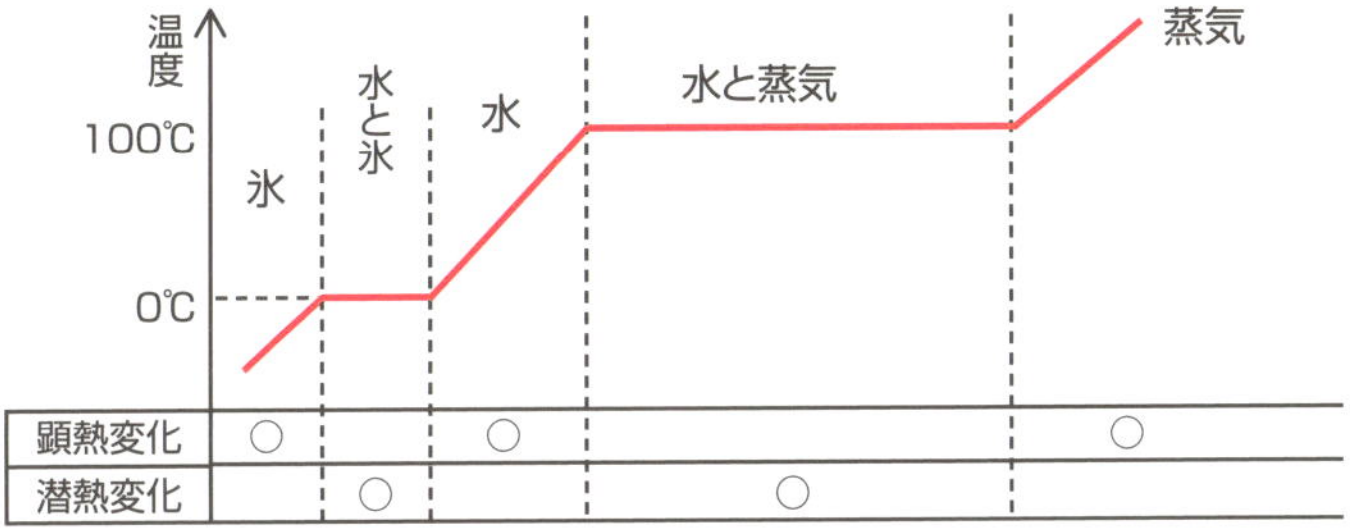

蓄熱方式

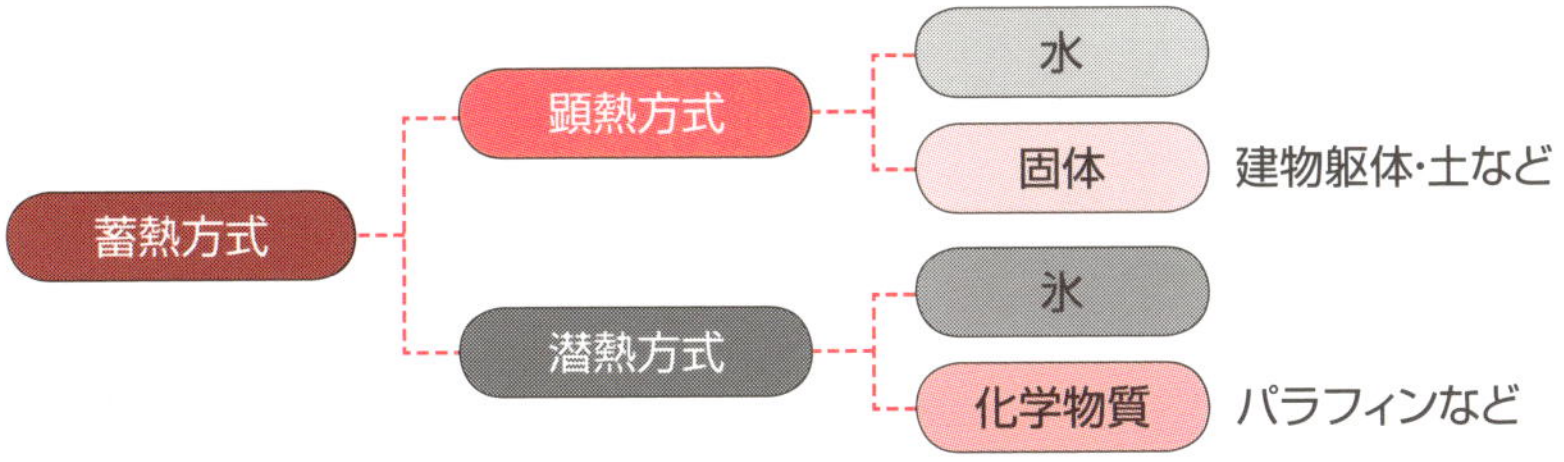

蓄熱システムの例

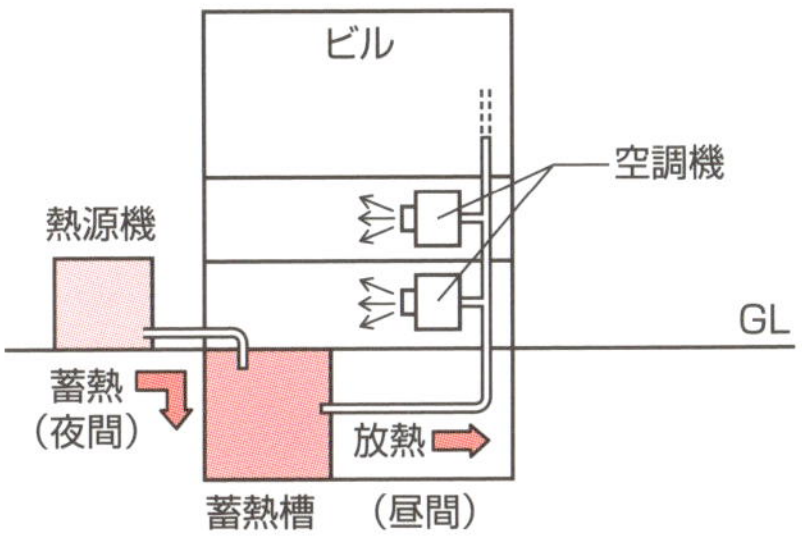

36 電気加熱設備1

電気エネルギーを熱エネルギーに変換する

電気加熱設備は、電気エネルギーを熱エネルギーに変換する設備です。電気設備には熱を利用する設備機器が多くありますので、さまざまな技術を用いた電気加熱機器が、工業分野だけではなく家庭電器製品にも広く用いられています。

(1) 抵抗加熱

抵抗加熱は、抵抗体に電流を流した場合に発生するジュール熱で加熱を行う方法です。ジュール熱は発熱体に流す電流の二乗に比例して発生します。抵抗加熱には、炉内の発熱体を加熱してその炉内に置かれた被加熱体を間接的に加熱する間接加熱と、被加熱体自体に直接通電して発熱させる直接加熱があります。

(2) 赤外加熱

赤外加熱は、赤外放射を利用する加熱方式ですので、離れた場所の加熱ができます。そのため、塗装の焼付けなどの工程に用いられています。赤外加熱には、利用する波長範囲の違いで、近赤外放射(0・78〜2μm)、中赤外放射(2〜4μm)、遠赤外放射(4μm〜1mm)の三つがあります。

(3) アーク加熱

アーク加熱は、複数の電極間や、電極と被加熱材間に放電アークを発生させて加熱する方法です。発生するアーク柱は4000〜6000Kの高温になりますので、高温加熱や急速加熱、大容量加熱が必要な場合に利用されます。ただし、アーク自体が電気的に不安定ですので、装置からはフリッカや騒音、高調波などが発生します。そのため、これらによる電力システムへの影響も考慮しなければなりません。

(4) 熱プラズマ加熱

プラズマは、固体、液体、気体に次ぐ第4の状態で、ガスがエネルギーを得て電離状態にある電離気体状態をいいます。熱プラズマはアーク放電によって発生させることができ、アーク加熱よりも高温で高エネルギーが得られます。

要点BOX
- ●ジュール熱を使って発熱させる技術
- ●赤外光・アーク・熱プラズマを使って発熱させる技術

電気加熱技術1

技術	特徴	応用例
抵抗加熱（間接加熱）	材質や形状にかかわらず均一な加熱ができる 高精度な温度制御ができる 力率が良く騒音もない 急速加熱はできない 高温加熱では発熱体の寿命が短くなる	工業用：炭素鋼の焼入れ炉、クリプトル炉、半導体製造炉など 家庭用：電熱器、電気温水器、トースタなど
抵抗加熱（直接加熱）	効率良く急速加熱ができる 複雑な形状なものは均一には加熱できない 導体以外の加熱ができない 抵抗値の小さな被加熱材は効率が悪い	工業用：ガラス溶解炉、黒鉛化炉など
赤外加熱	熱損失が少ない 急速加熱ができる 温度制御が容易 装置が簡単で保守が容易 内部の加熱は十分にはできない 水などの透過物の加熱には不適	工業用：塗装の焼付け、食品の加熱加工、プラスチック成型前の加熱など 家庭用：遠赤外加熱暖房器具、こたつなど
アーク加熱	アーク自体は不安定で、装置からはフリッカや騒音、高調波などが発生するため、周囲に環境問題を発生させる可能性がある。 スポット的な加熱である。	工業用：鉄鋼用アーク炉、電気精錬炉、アーク溶接など
熱プラズマ加熱	アーク加熱よりも高温で高エネルギーが得られる。	工業用：プラズマ溶射、プラズマアーク溶接など

抵抗加熱（間接加熱）

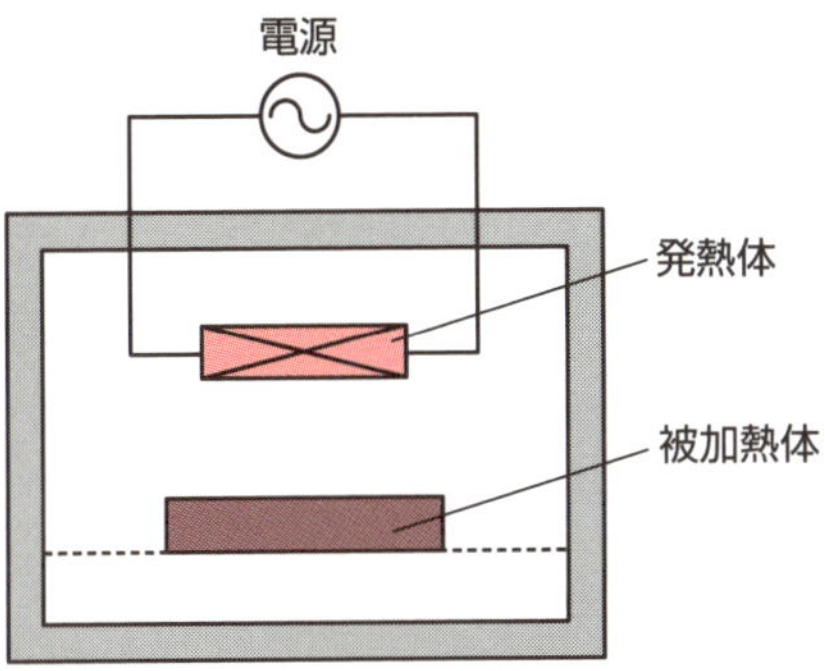

赤外加熱

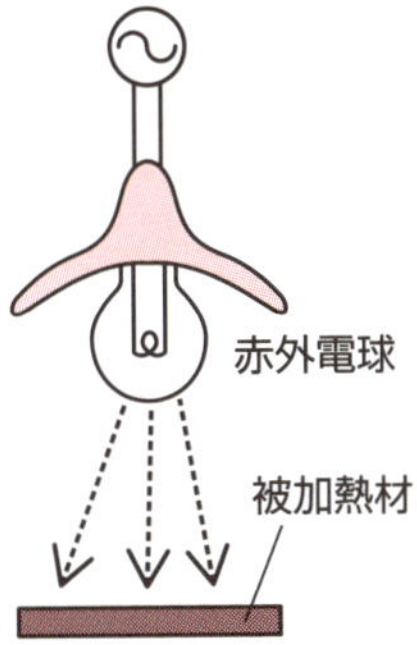

37 電気加熱設備2

家庭用の調理器にも活用される技術

(5) 誘導加熱

被加熱材の周りにコイルを巻き、そこに交流電流を流すと、被加熱材に電磁誘導によって渦電流が誘導されます。その渦電流によるジュール熱で被加熱材が加熱される原理を用いたのが誘導加熱です。

(6) 誘電加熱

誘電体を高周波電界中に配置すると、誘電体を構成する分子に電気分極が発生します。この分極現象は位相遅れによって誘電損を生じますが、それが電力損失としてジュール熱を発生させます。この熱による加熱を誘電加熱といいます。

(7) マイクロ波加熱

マイクロ波加熱の加熱原理は誘導加熱と同様ですが、使用する周波数がマイクロ波帯（3000MHz〜30GHz）にあるときにマイクロ波加熱といいます。マイクロ波加熱は、加熱室内の被加熱材に含まれている水の分子がマイクロ波によって振動して発熱します。

マイクロ波加熱を使った機器で広く用いられているのが電子レンジですが、電子レンジには、ISMバンドという周波数（2450MHz）が使用されています。

(8) レーザ加熱

レーザとは、波長、位相、方向がそろった電磁波です。レーザは、光や放電によって放出された光子がレーザ媒体の原子や分子に吸収されて、さらに光子を誘導放出するという方法で発振させて発生させます。レーザは、レーザ加工機や溶接機などに使われている他に、医療機器にも用いられています。

(9) 電子ビーム加熱

電子ビームは、真空中で高温に加熱した陰極の表面から発する電子を、高電圧で陽極方向に加速し、陽極中央に空けられた穴から加工室に放出させる方法で発生させます。電子ビーム加熱は、その電子ビームを電磁レンズで制御して、荷電粒子のビームとして、被加熱材に照射する方法によって加熱を行います。

要点BOX

- 渦電流や電気分極で発熱させる技術
- 水分子の振動で発熱させる技術
- レーザや電子ビームで発熱させる技術

電気加熱技術2

技術	特徴	応用例
誘導加熱	内部を直接加熱できる 加熱温度の制御が容易 被加熱材が導電性のものに限られる 複雑形状のものは均一加熱が難しい	工業的：金属の熱加工用加熱など 家庭用：電磁調理器
誘電加熱	短時間に被加熱材内部まで均一に加熱できる 外から内部を加熱できる 複雑な形状のものは均一な加熱が難しい 電波漏洩対策が必要	工業用：プラスチックの接着、木材の乾燥、食品の解凍など
マイクロ波加熱	短時間で効率の良い加熱ができる 複雑な形状の被加熱材も均一に加熱できる 被加熱材は加熱室より小さくしなければならない 電流漏れ対策が必要	工業的：食品の調理加工、木材の乾燥など 家庭用品：電子レンジなど
レーザ加熱	高密度エネルギーを局部に集中させられる 離れた場所からの加熱ができる 光ファイバーを通した伝達ができる 光を反射する物質の加熱はできない 大きな物質全体の加熱ができない 熱エネルギーの変換効率が悪い	工業用：レーザ加工機、溶接機、材料の局部熱処理、製品などへのマーキングなど
電子ビーム加熱	高融点材料の精密な熱加工ができる 装置自身が高価である 総合的なエネルギー効率が悪い	工業用：高融点金属の溶解や溶接、表面処理など

誘導加熱（電磁調理器）

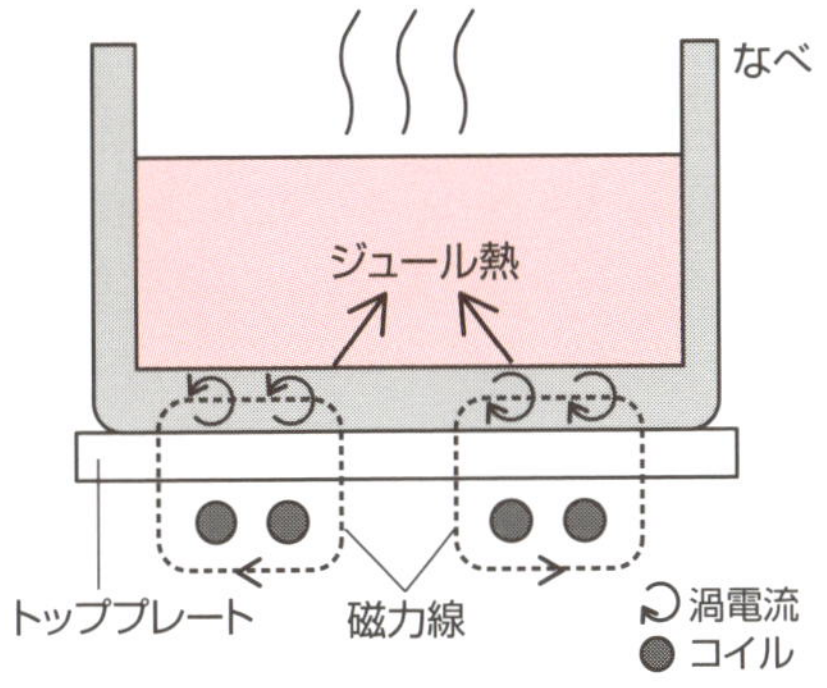

マイクロ波加熱（電子レンジ）

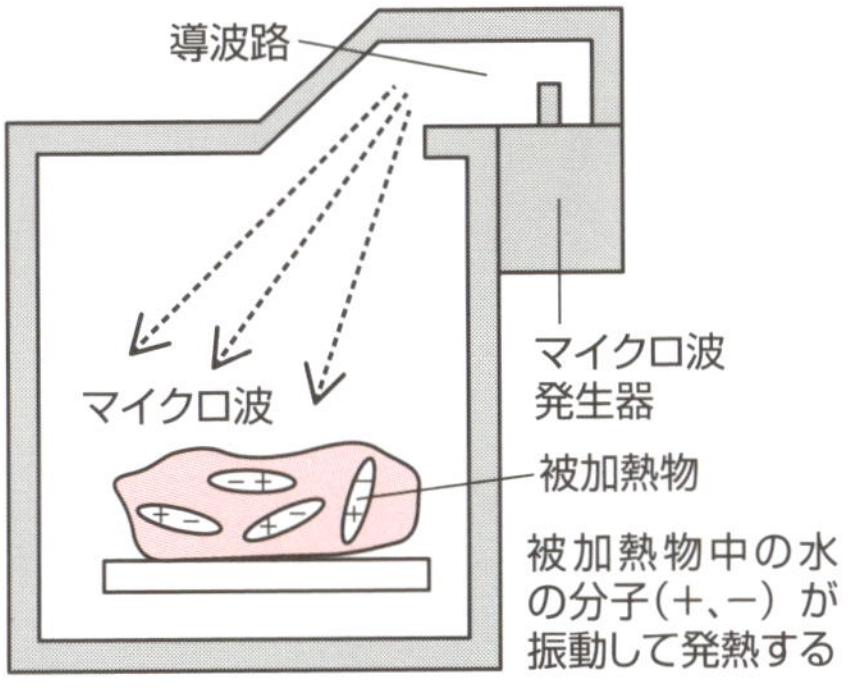

38 動力設備

制御技術が重要な設備

運動する物体を扱う力学を動力学といいますが、ここでは動力設備を、施設の中でものを動かすために必要な設備として説明します。その中核となるものはモータになります。施設内においてモータで駆動する設備は非常に多く、建築物では水などを送るポンプや送風に使うファンなどがあります。そういった動力設備は消費電力量が大きいのに加え、比較的長時間稼働するために、エネルギーを多く消費する設備となります。そのため、施設のランニングコストを削減する目的で、省エネルギー化が図られています。その方法として、省エネルギーモータの採用や、制御システムの工夫で稼働時間を削減するなどの対策が一般的に採られています。

一方、工場やプラントなどにおいては、動力設備は生産設備の中に多くありますので、事業の中核設備となります。製品の機能や品質、生産性の向上のためには欠かせない設備となりますので、モータといってもさまざまなものが使われています。誘導モータや同期モータ、直流モータなどがその特性に合わせて活用されますので、電気設備の設計においても多彩な知識と経験が求められます。生産設備の中には、位置決め装置などもありますので、ステッピングモータなどの特殊なモータもその中では使われています。また、プラントなどでは大型のポンプやコンプレサーなど、電力を極端に多く消費するモータもあります。その場合には、始動時に大きな電流を必要としますので、施設全体の電圧が低下するなどの影響がないように設計をしなければなりません。

製造業の中には、製紙や製鉄などの機械のように、複数のモータが連動して適切に動作しないと、紙が切れたり、製品の品質が落ちたりするものも多くあります。そういった設備では複数のモータを群で制御する技術が必要となります。このように、動力設備では制御機能の高度化が求められます。

要点BOX

- ●電気設備ではモータで駆動する負荷が多い
- ●モータの制御によって品質や生産性に大きな影響が生じる

モータの種類

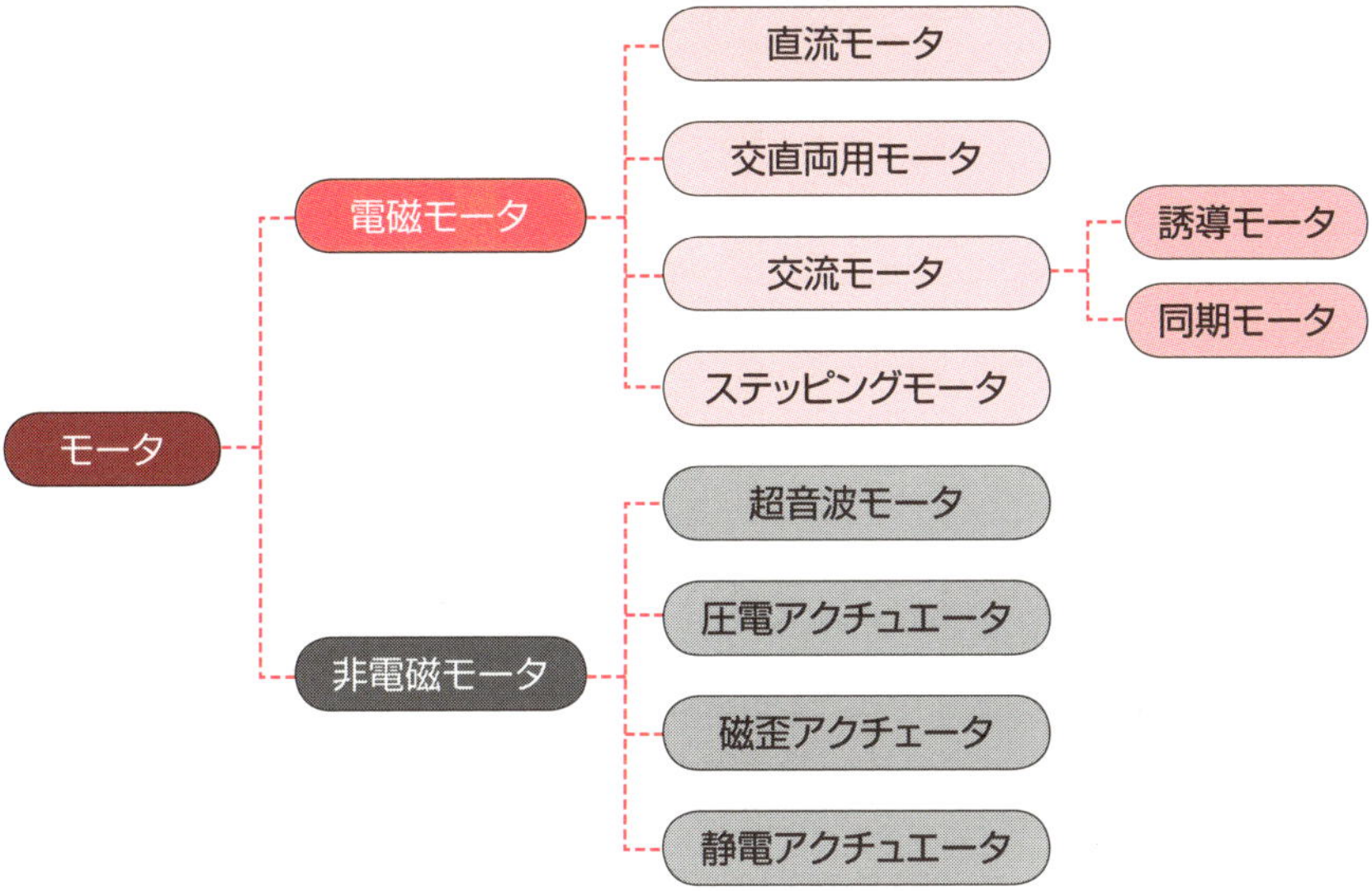

ポンプの設定

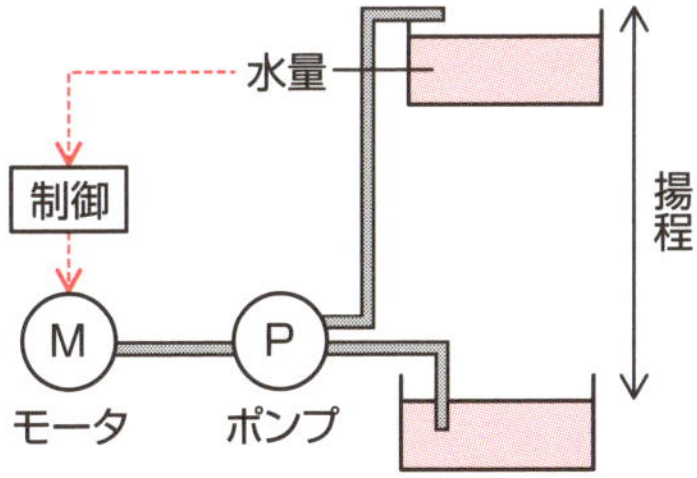

ファンの設定

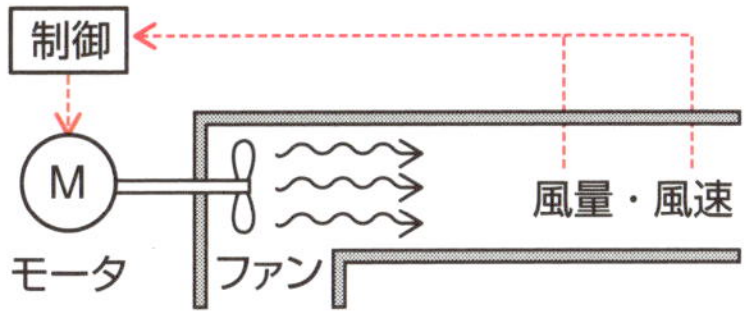

ボールネジ駆動位置決め装置

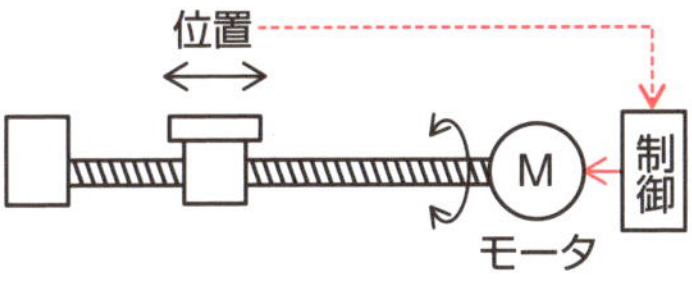

抄紙機の連動制御

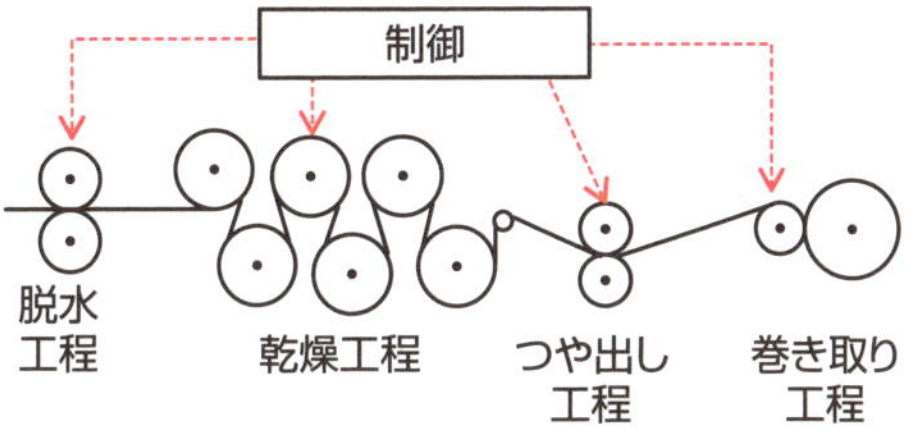

39 人の搬送設備

人を立体的に移動させる

人口の都市への集中にともなって建物の高層化が進んでいます。そういった構造の建築物を使いやすくするためには、人を搬送する設備が必要です。

(1) エレベータ

エレベータは事務所ビルや高層マンションには欠かせない移動手段です。最近では超高齢社会を反映してホームエレベータも普及してきています。エレベータは、大きくロープ式と油圧式に分けられます。油圧式は、油圧ジャッキの制限がありますので、7階以下の建物に用いられます。速度も分速60m程度しか出ません。そのため、ホームエレベータや駅で改札からホームまでのエレベータなどに用いられています。ロープ式は超高層ビルにも対応でき、速度も分速12mから750mまであります。エレベータは、人が乗るかごの重量に合わせて、1個30kgから50kgのおもりを積み重ねてバランスさせ、人が乗った時に揚重する負荷を軽減します。

エレベータで大きな課題が待ち時間になります。複数台のエレベータを用いるビルでは群管理方式が用いられていますが、朝夕の繁忙期には学習機能を用いて集中処理を行います。

(2) エスカレータ

エスカレータはエレベータのように待ち時間がなく、いつでも利用できる設備であるため、商業施設や交通機関では欠かせない装置となっています。エスカレータは、人が乗る踏段が常に水平になるように設定され、すべての踏段が踏段チェーンで連結された構造になっています。傾斜角度は一般的に30度以下で設計されますが、揚程が6m以下であれば35度も法的には認められています。最近では、直線形状のものだけではなく、スパイラル形状のものも製品化されています。

空港や大きな駅などに設置されている動く歩道もエスカレータの一種です。動く歩道の場合には、踏面が金属製のパレット式だけでなく、ゴムベルト式のものもあります。

要点BOX

- ●エレベータでは待ち時間処理が重要である
- ●エスカレータには設置できる最大傾斜角がある
- ●動く歩道もエスカレータの一種である

ロープ式エレベータの概念図

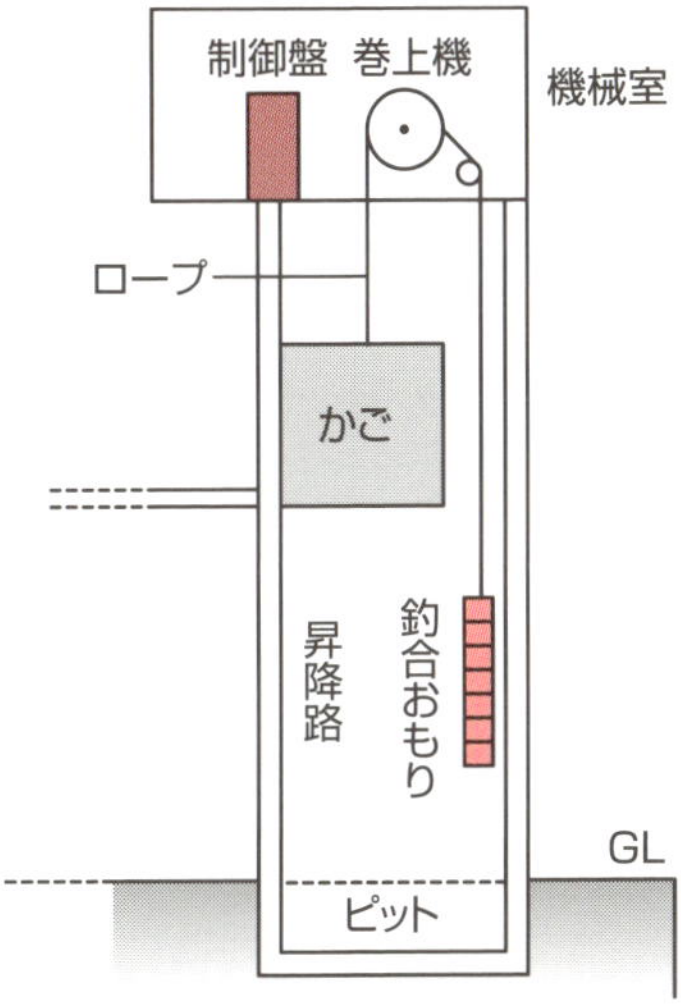

油圧エレベータの概念図

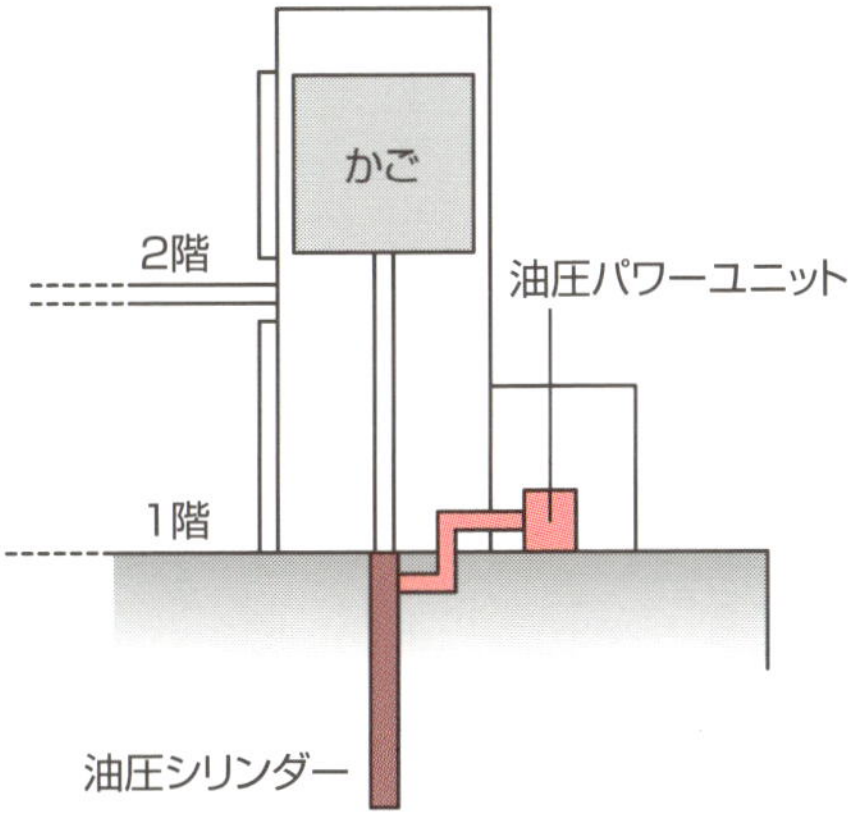

エスカレータの概念図

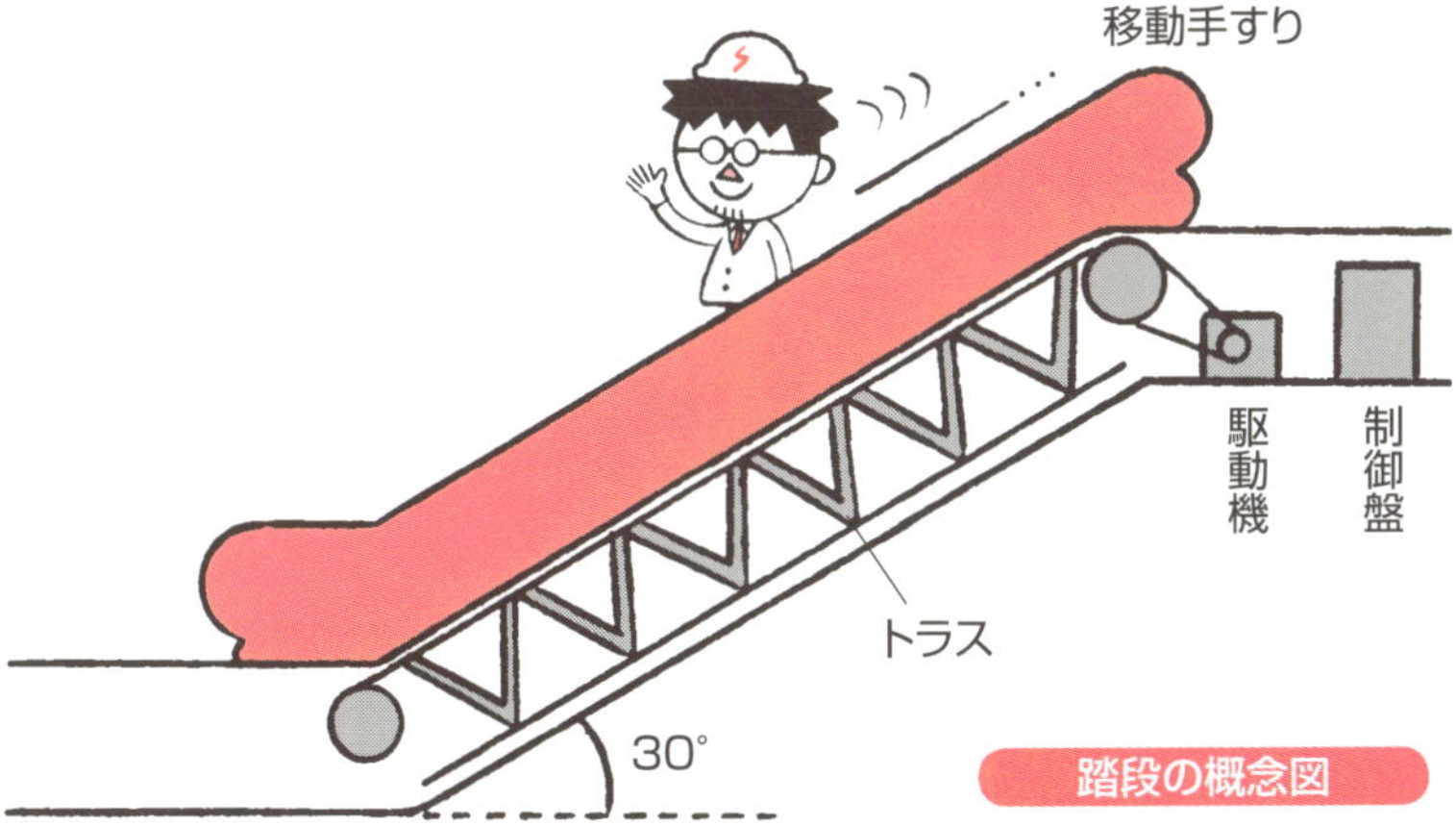

踏段の概念図

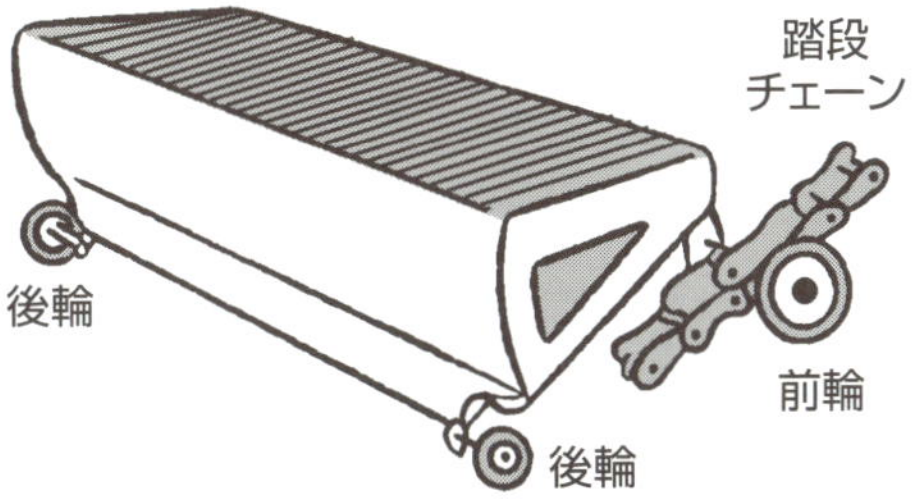

40 物の搬送設備

物を立体的に移動する

工場や敷地の狭い建物では、ものを搬送する設備が欠かせません。その中から代表的なものをいくつか示します。

(1) コンベアとクレーン

工場等で高低差を含めた水平方向の移動にはコンベアが使われます。コンベアには、チェーン駆動、丸ベルト駆動、Vベルト駆動、ローラ式などの種類があります。回転すし店で使われているのもコンベアの1種になります。また、最近では工場でも無人搬送機が使われるようになってきています。無人搬送機のなかには、エレベータを自分で呼んで乗り込むタイプもありますので、階を変えての搬送もできるようになっています。

物の縦方向の移動に多く使われているのがクレーンになります。クレーンのうち、天井クレーンやジブクレーンなどが工場で使われています。港湾のコンテナヤードでは、コンテナの荷役作業にガントリクレーンが使われていますし、建設現場においてはタワークレーンが使われています。

(2) 機械式立体駐車場

土地の狭い日本で自走式の駐車場を計画すると、広い敷地が必要となるため、都市部においては機械式立体駐車場が設置されるようになっています。機械式立体駐車場としては、観覧車のように回転する垂直循環方式や、パレットが移動する水平循環方式があります。また、エレベータを使って縦方向に車を移動させ、スライドさせて多層階に収納するエレベータ方式もあります。その他にも、さまざまな種類が用いられていますが、それは、自動倉庫の仕組みとも似ており、移動・収納するのが工場の製品や部品の場合に、自動倉庫となります。最近は自転車の利用者が増え、放置自転車が問題になってきていますが、自転車用の機械式立体駐輪場も、駅前放置自転車対策の一つとして利用が広がってきています。

要点BOX

- 工場ではコンベアや無人搬送機が活躍している
- 工場や港湾ではクレーンが使われている
- 機械式駐輪場が都市部で増えている

回転すし用コンベア

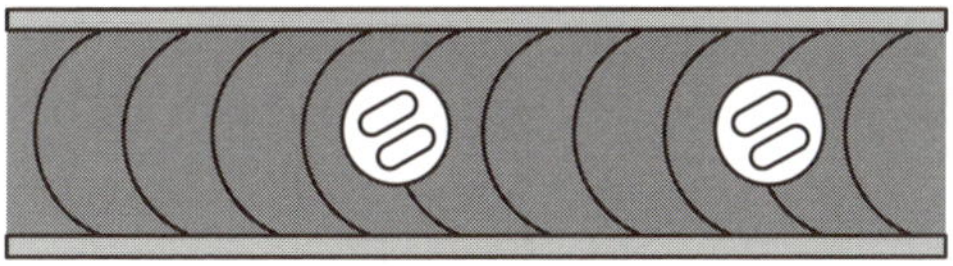

天井クレーンの概念図

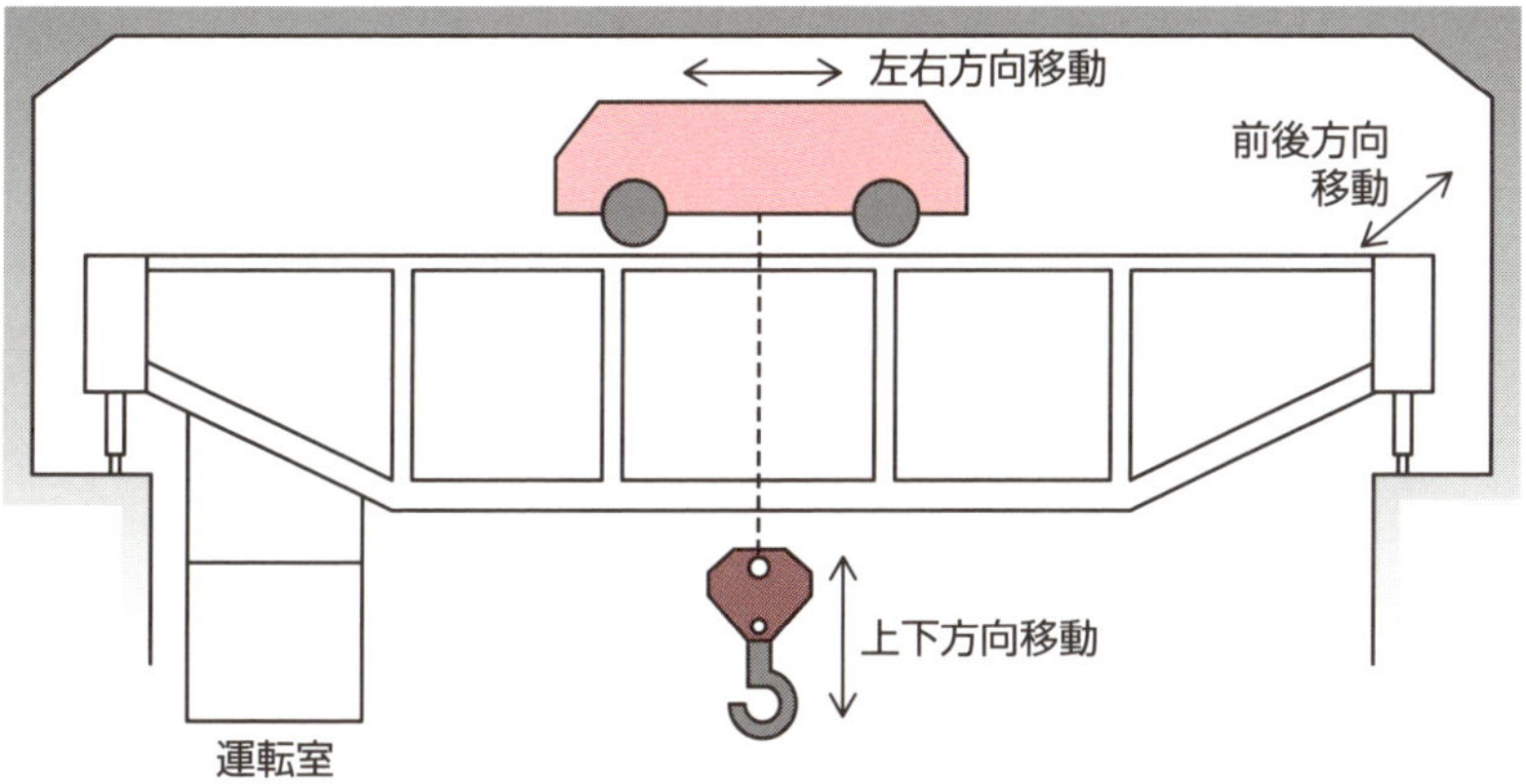

機械式立体駐車場の方式例

垂直循環方式

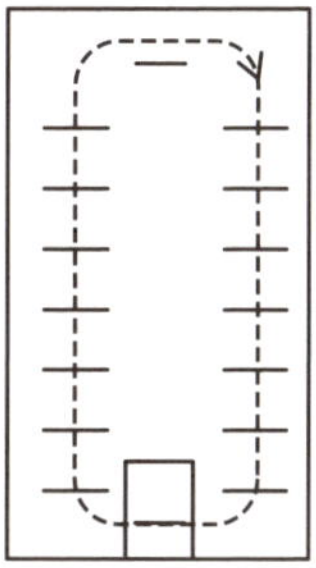

エレベータ方式

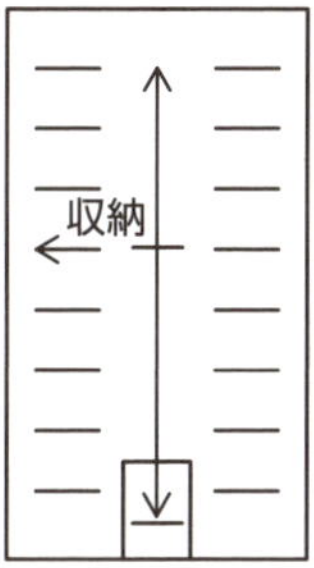

水平循環方式

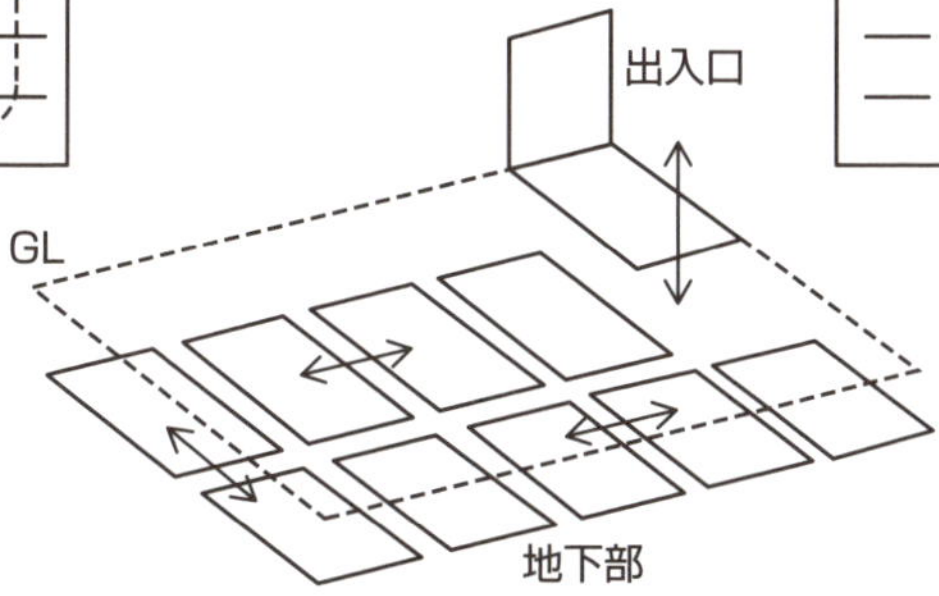

41 蓄電池設備

利用範囲が拡大している二次電池

電力の途絶が、生活上もビジネス上も大きな損失となる社会になっています。そのため、停電などにより電力が途絶えた際にも、最低限の機能を維持するための手段として蓄電池設備が利用されています。また、消防法の規定により火災報知設備や誘導灯には電池から一定時間電気を供給しなければなりません。二次電池は、充電と放電の繰り返しができる電池で、充放電の回数の限界であるサイクル寿命があります。

(1) 鉛蓄電池

鉛蓄電池は、古くから用いられてきた二次電池で、高い信頼性と経済性を備えています。現在でも建築物内の蓄電池設備として用いられています。しかし、過充電や過放電、高温下での使用などによって寿命が劣化するという点や、自己放電が大きいという問題点を持っています。

(2) ニッケル―金属水素化合物電池

ニッケル―金属水素化合物電池は、エネルギー密度が高く、過充電や過放電に強く、サイクル寿命も長い電池です。しかし、この電池の放電効率は温度の影響を受けますし、公称電圧が低く、高負荷放電には適していません。

(3) 直流電源装置の設計

直流電源装置の設計では、停電時の負荷の特性を把握して、必要な電池の容量を決定しなければなりません。そのためには、放電電流と放電時間の条件を、停電時に駆動する負荷の種類と必要な時間を考慮して決定します。また、大量の蓄電池を計画する場合には届出が必要となります。

(4) 電気自動車充電器

最近では、省エネルギーの一環として電気自動車の普及を促進する動きがでています。それを受けて、施設の駐車場においても、電気自動車用充電器が設置されるようになりました。電気自動車用充電器には、急速充電器と普通充電器があります。

要点BOX

- ●多くの二次電池にはサイクル寿命がある
- ●最近では電気自動車用充電器が施設に設置されるようになっている

二次電池の原理（放電時）

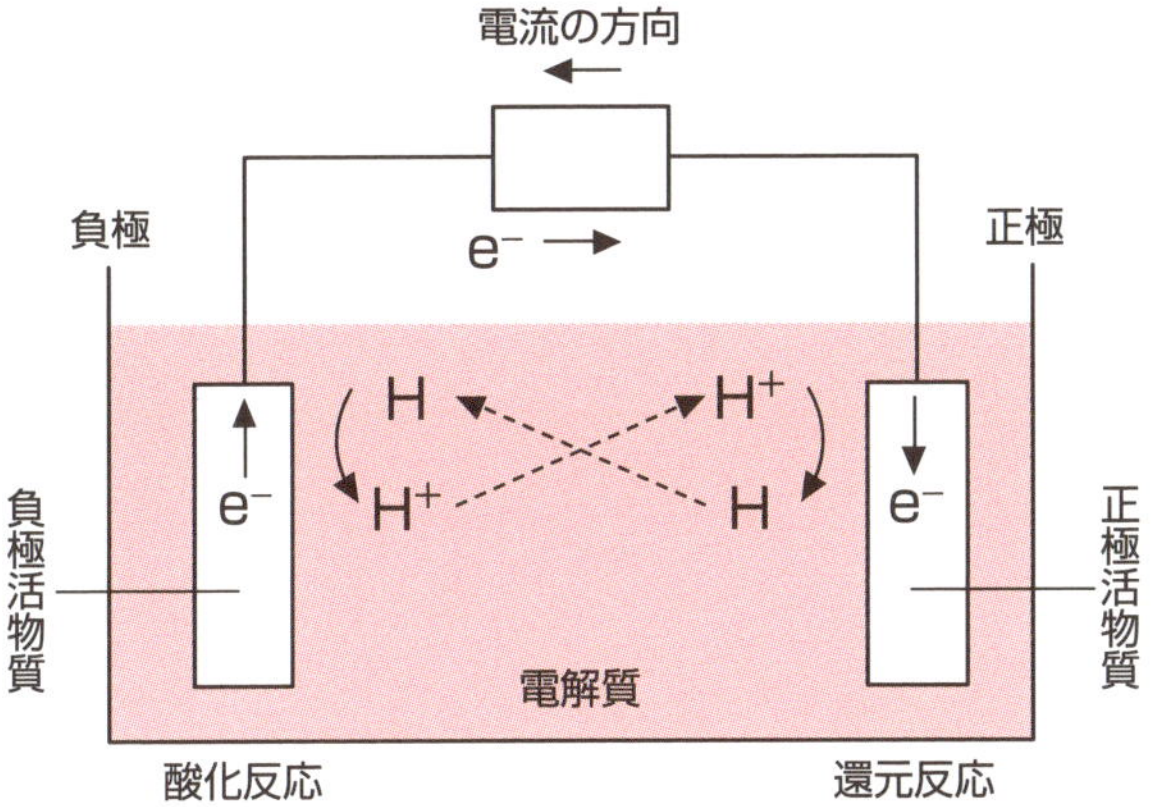

蓄電池計算例

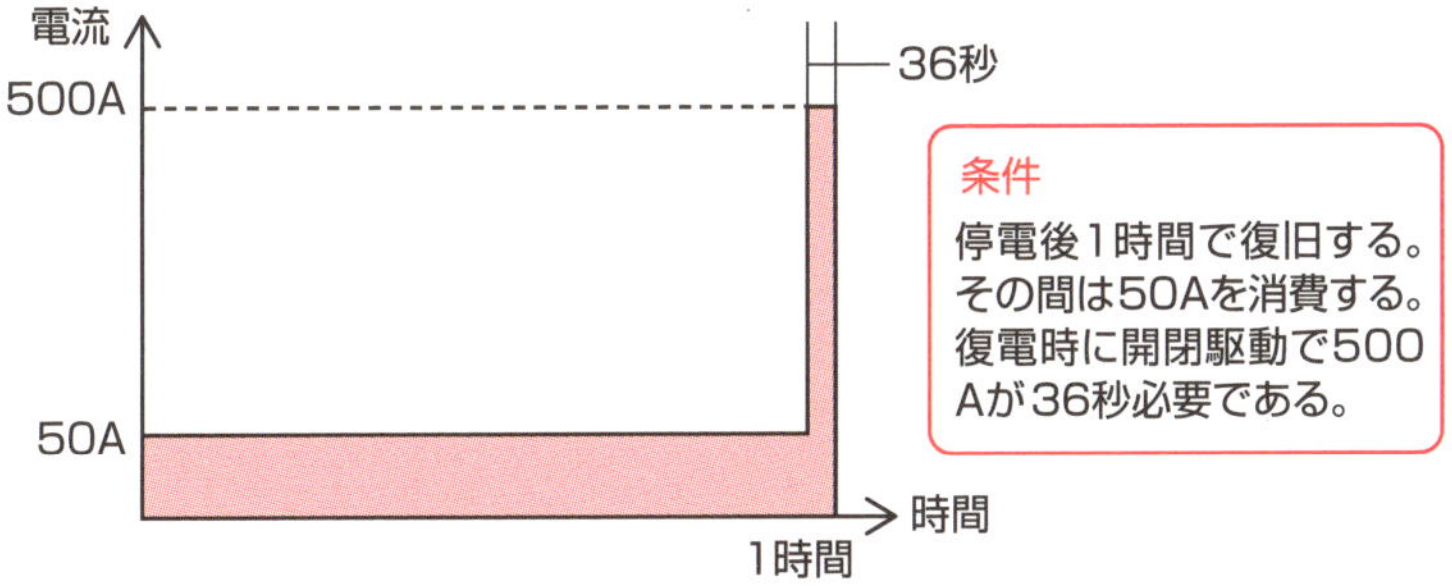

最低限必要な電流容器

$$50[A] \times 1[h] + 500[A] \times \frac{36}{60\times60}[h] = 50 + 5 = 55[Ah]$$

電気自動車充電器

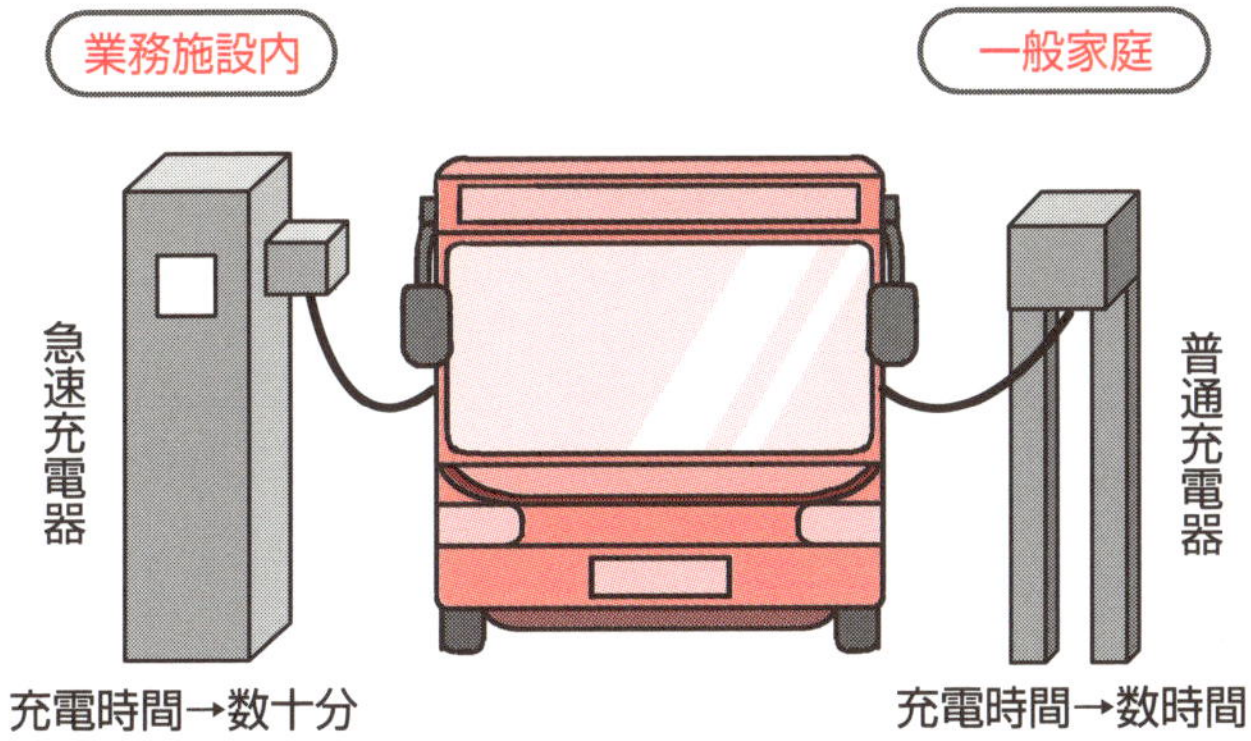

Column

負荷設備の特性を知る

　負荷設備は、その目的や機能、使い方など、すべての点で個性を持っているといえます。ですから、目的や使い方を正確に把握しないまま設計をしてしまうと、とんでもない結果を導いてしまいます。たとえば負荷に配線するとしても、それが一般の電気負荷であるのか防災用の機器であるのかで、使うケーブルも配線ルートも違ってきます。防災用機器であれば、火災時に電気を供給できなければなりませんので、使うケーブルは耐火ケーブルになります。また、通常のセンサは平常時「開」で、感知時に「閉」となるのが一般的ですが、火災報知の感知器は、通常時「閉」の接点が、火災感知時に「開」になるようにします。それは感知器の信号を検知時に閉とすると、火災時にケーブルが断線した場合には、感知器が検知（閉）した信号が火災報知の監視盤には届きません。その逆に検知信号を開にしておけば、信号線の断線自体も異常事態ですので、断線を含めて監視盤で異常と判断できます。このように、使う設備の本質を理解して設計しないと実際には機能しない設備を作り上げてしまいます。

　通常の施設において負荷設備として大きなものは、照明と空調、それに動力になります。そのうち、照明と空調は施設利用者の感性によって評価が決まる負荷になります。たとえば、年配者は若い人に比べて高い照度を必要とします。特に細かな文字を読む場合には、明るい環境でないと文字が判別できません。そのため、年配者は明るい環境を望みます。空調については、女性は男性よりも高い温度の方が適温となる場合が多いようです。最近ではクールビズの普及によって、夏場の冷房の設定温度は高めになっていますので、女性には適温に近くなっていますが、外回りの業務が多い男性営業社員にとっては、事務所に戻ってもなかなか汗が引かないという状況になっています。このように、性能や機能評価の基準が感性によるものとなる負荷については、個別空間で調整できるような仕組みにしておく方がクレームは少なくなります。

　なお、病院や研究所などでは、看者や実験動物などに電気的な影響を及ぼさないように、通常よりも低い接地抵抗値を要求する負荷もありますので、建築物建設前に施工しなければならない接地工事などは、設計当初から要求仕様を確認しておかなければなりません。

第5章

施設における神経系統を司る

42 通信設備

ビジネスに不可欠な通信回線を確保する

　現代社会では、通信設備の不具合は社会的に大きな問題となる重要事項となっています。そのため、施設においては、通信の多重化などの対策が採られるようになっています。なお、固定回線の引き込みに関しては、通信会社との協議により、引込方法や敷地のどの方向から引込むのかなどを決定します。最近では、信頼性向上のために、複数の通信会社の回線を引込む場合もあります。オフィスビルなどで地中引込を行う場合には、埋設配管の場所や予備を含めた管路数、サイズなどを綿密に計画しておく必要があります。また、主配線盤（MDF）の設置場所も決定しなければなりません。大規模なビルでは、中間配線盤（IDF）を分散配置します。構内の固定電話回線では、構内電話交換機（PBX）を用いて個別の電話機に分配します。PBX収容回線数を算定する場合には、内線の電話機数と外線回線数を把握しなければなりません。また、こういった通信機器は、停電時でも継続して使用できるように、バックアップ電源の計画も必要となります。電池などを設置する場合には、床荷重の検討が必要です。また、通信機器を設置する部屋については、悪意による操作や攻撃を防ぐためのセキュリティ対策の検討も必要です。

　最近では、企業においても携帯電話の使用が増えてきており、外出の多い社員には携帯電話を企業が社員に持たせるようになっています。そういった携帯電話を内線と同様に使えるサービスも出てきていますので、顧客の利用形態の確認も必要となります。また、専用線の利用も多くなっていますし、光ファイバの引込も行われています。光ファイバの引込線は光ケーブル接続箱（PD盤）に接続されますので、その設置位置の検討が必要となります。最近では、災害時に通信回線を確保するために、衛星通信回線の利用も増えてきています。その場合には、アンテナや通信機器を設置する場所の検討が必要となります。

要点BOX

●通信線の引込計画を行う
●光ファイバ専用線の引込や衛星通信の利用も増えている

通信設備と検討項目

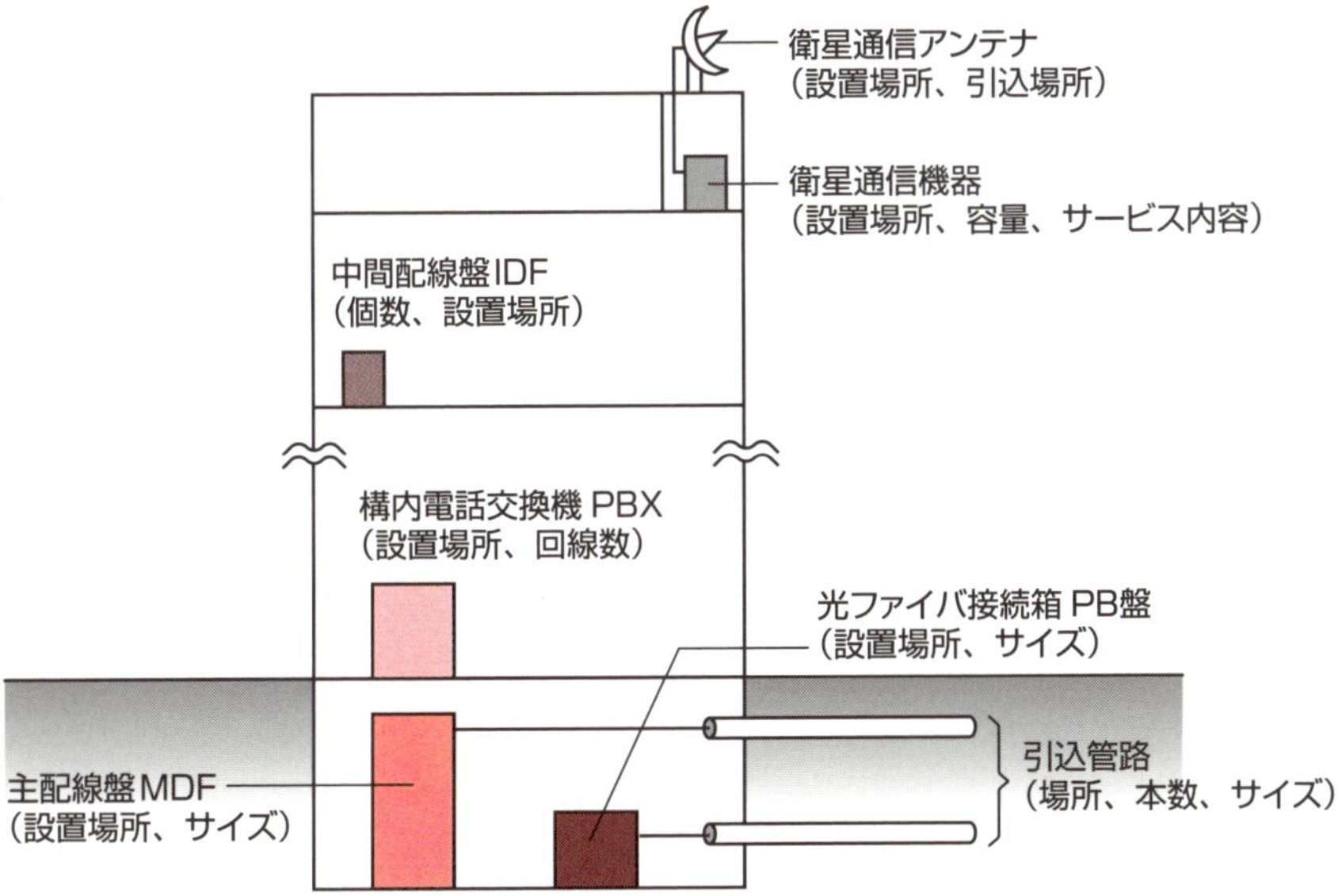

シングルモード光ファイバの構造

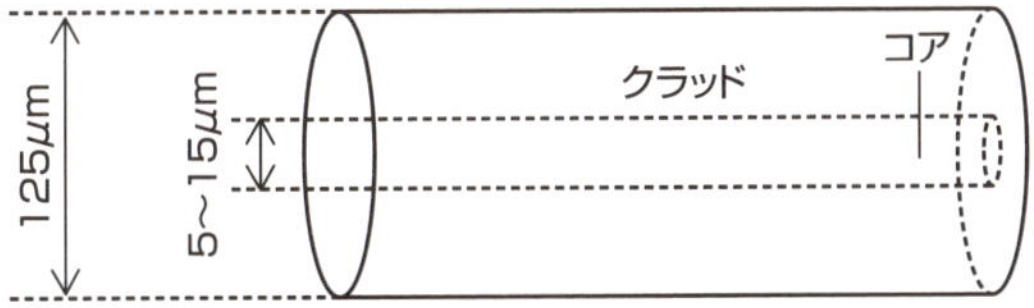

携帯電話内線化

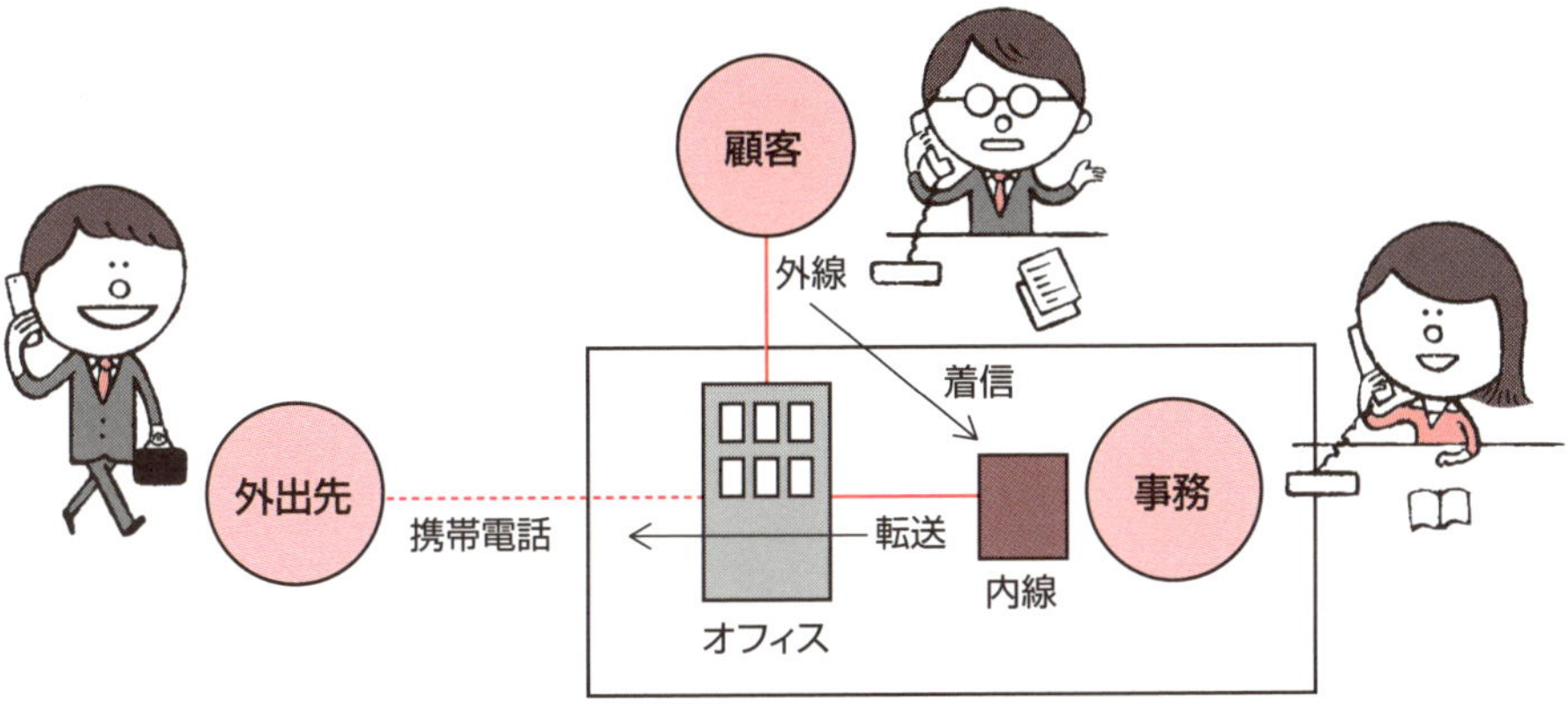

43 構内通信設備

ネットワーク活用のツール

構内通信網（LAN）は、いまや、企業にも個人にも欠かせない機能となっています。企業内においては、有線LANが普及していますが、有線LANの基本形態としては、次の三つがあります。

(1) バス形

バス形は、1本の基幹（バス）となるケーブルからT分岐する形で端末を接続します。基幹ケーブルの両端には、ターミネータと呼ばれる終端であることを知らせる装置が取り付けられます。

(2) スター形

スター形は、ハブと呼ばれる集線装置を中心にして、放射状に端末を接続する方式です。

(3) リング形

リング形は、ケーブル幹線を環状に配線し、その環状幹線から分岐する形で、端末を接続する方式です。

伝送媒体としては、主により対線が使われています。より対線は、ツイストペアケーブルとも呼ばれており、名前のとおり絶縁皮膜された2本の銅線を1組にしてより合わせたものです。4心や8心のものが良く使われています。その他に、中心の銅線を絶縁体で被覆し、その外側をシールドで被った同軸ケーブルや、光ファイバも用いられています。光ファイバは、長距離で高速・大容量の伝送の際に適していますので、幹線LANなどで用いられています。アクセス権を制御する方法としては、CSMA／CDとトークンパッシングが使われています。実際に用いられている代表的なLANには、①イーサネット、②トークンリング、③トークンバス、④FDDI、⑤ATM-LANがあります。

最近では、無線LANが普及してきており、家庭での使用も多くなっていますし、駅や飲食店などではホットスポットサービスも行われています。無線LANには大きく分けて、無線を使ったものと赤外線を使ったものがあります。無線を使うものでは、2.4GHz帯と5.2GHz帯を使ったものがあります。

要点BOX

- ●有線LANには三つの基本形態がある
- ●無線LANには無線と赤外線を使ったものがある

LANの形式

（1）バス形

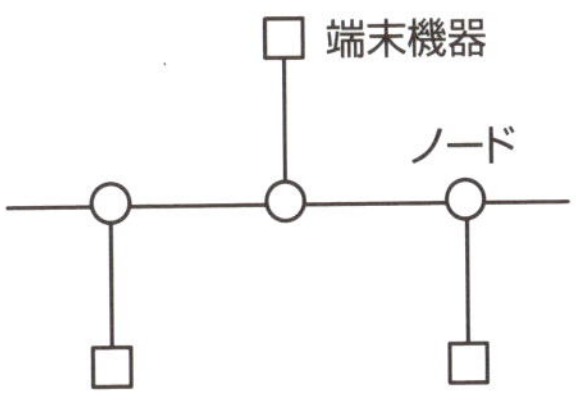

（2）スター形

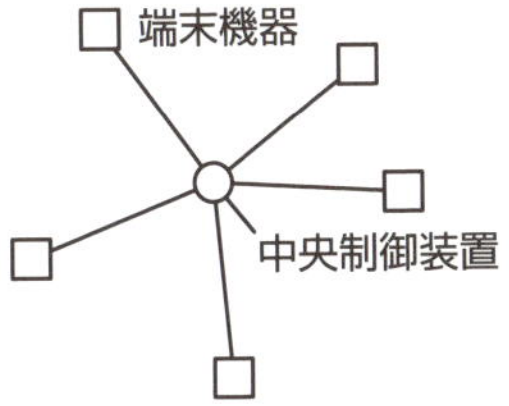

（3）リング形

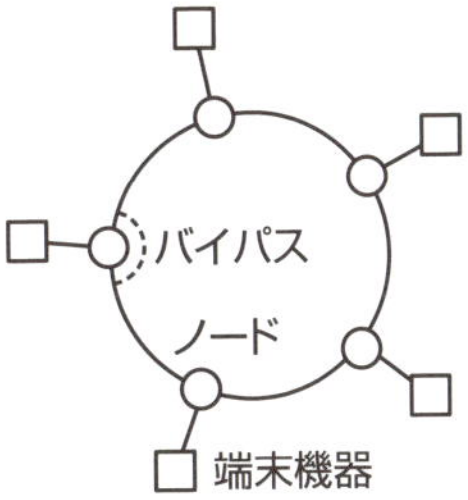

代表的なLAN

	LANの規格	伝送速度	ケーブル	アクセス制御	LANの形態
イーサネット	10BASE-5	10M	同軸	CSMA／CD	バス形
	10BASE-T	10M	より対線	CSMA／CD	スター形
	100BASE-TX	100M	より対線	CSMA／CD	スター形
	1000BASE-T	1G	より対線	CSMA／CD	スター形
	10GBASE-X	10G	光ファイバ	スイッチング	スター形
トークンリング		4M、16M	より対線	トークンパッシング	リング形
FDDI		100M	光ファイバ	トークンパッシング	リング形
ATM-LAN		25M、52M、100M、156M、622M	光ファイバ、同軸、より対線	スイッチング	スター形

構内LAN構成例

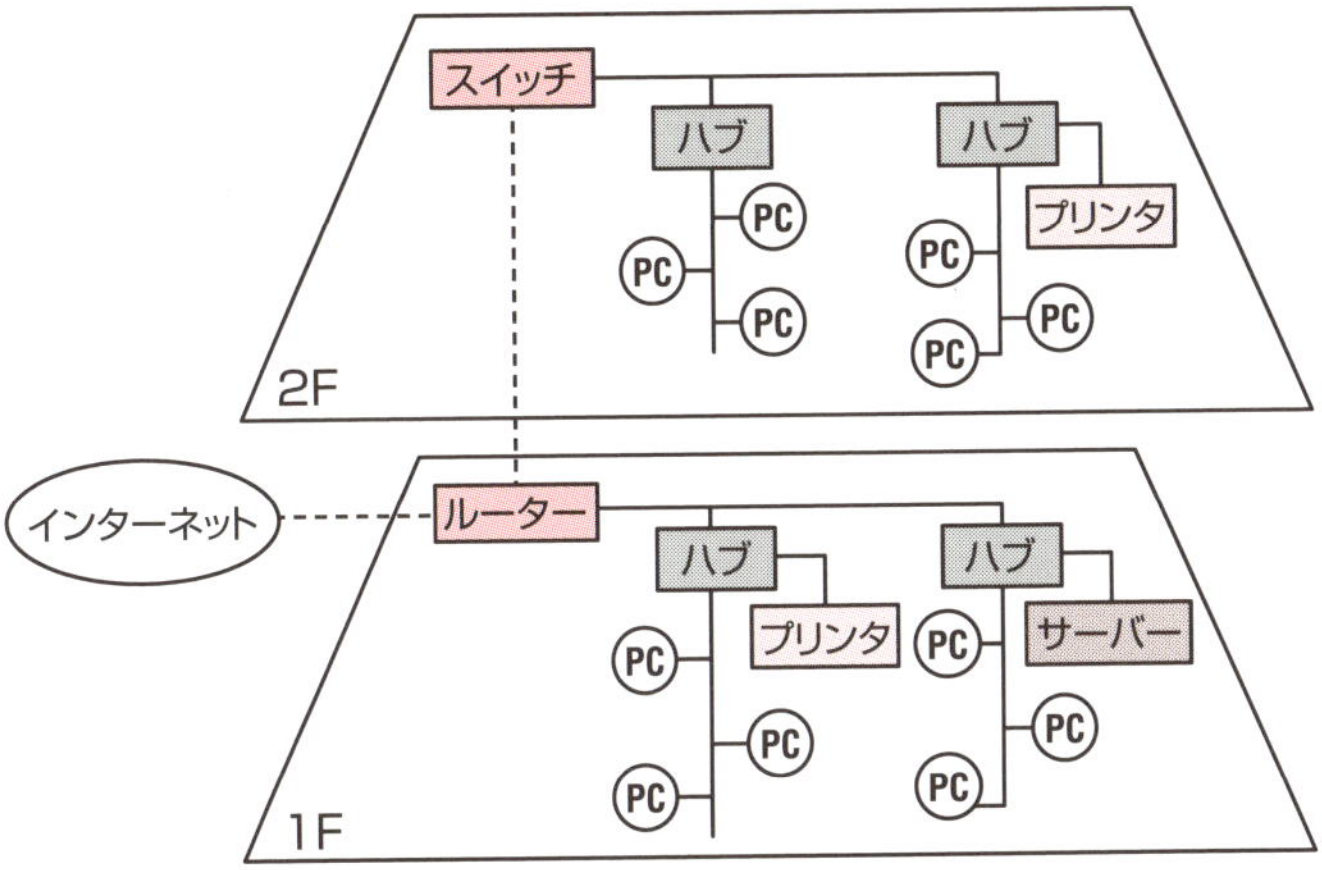

44 自動火災報知設備

火災を感知し報知する

自動火災警報設備は、施設内における火災の発生を関係者に自動的に報知するための設備で、次のような装置で構成されます。

(1) 受信機

受信機は、感知器や発信機から送られてくる火災信号を受信して、火災の発生場所を表示すると同時に、音響設備によって火災の発生を関係者に報知する装置です。その機能によって、P型受信機、R型受信機、GP型受信機、GR型受信機などがあり、施設の規模などで選定されます。

(2) 感知器

感知器は、火災によって発生する熱や煙、炎を感知して、自動的に信号を受信機に送る装置で、熱感知器、煙感知器、炎感知器があります。

熱感知器は、火災によって発生する熱を感知する装置で、一定の温度以上で作動する定温式と、温度の上昇率が規定値以上の場合に作動する差動式、両方の機能をもった複合式と補償式があります。

煙感知器は、火災によって発生する煙を感知する装置です。煙によって起こるイオン電流の変化を感知するイオン式や、煙によって変化する光束の散乱を感知する光電式があります。また、アトリウムなど大空間に用いられる光電式分離型もあります。

炎感知器は炎から発せられる光を感知して作動する感知器で、紫外線式や赤外線式、両方の変化で作動する紫外線赤外線式、および炎複合式があります。

(3) 発信機

発信機は、手押しボタンによって火災信号を受信機に送る装置で、発信と同時に通話ができるT型発信機と、同時には通話ができないP型発信機があります。

(4) 音響設備

音響設備は、火災信号を受信機が受信した後に、ベルやスピーカ等を使って火災の発生を施設内に報知する装置の総称です。

要点BOX

●受信機の種類は施設の規模などで選定される
●感知器には、熱感知器、煙感知器、炎感知器がある

自動火災報知設備の概念図

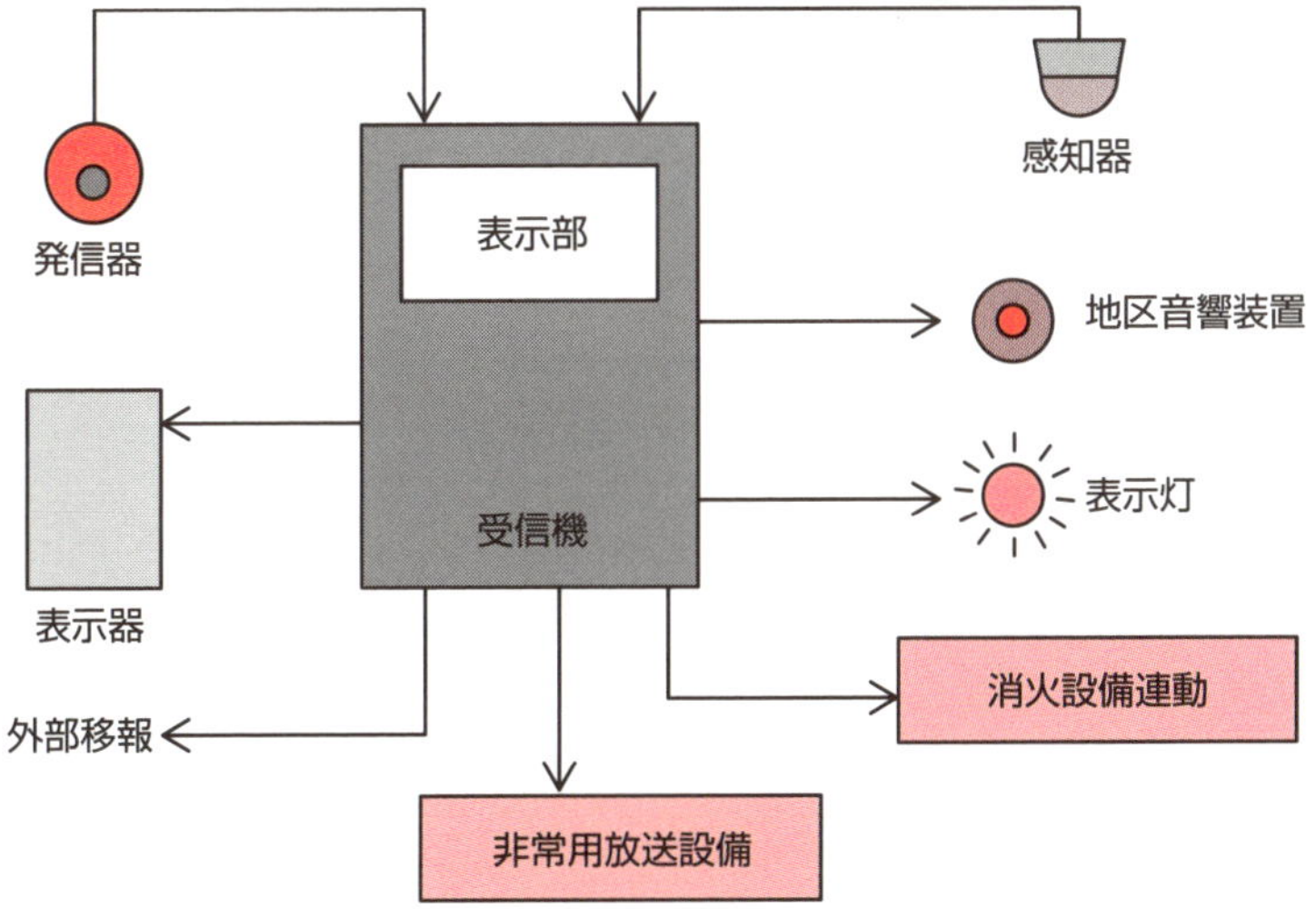

差動式スポット型熱感知器例

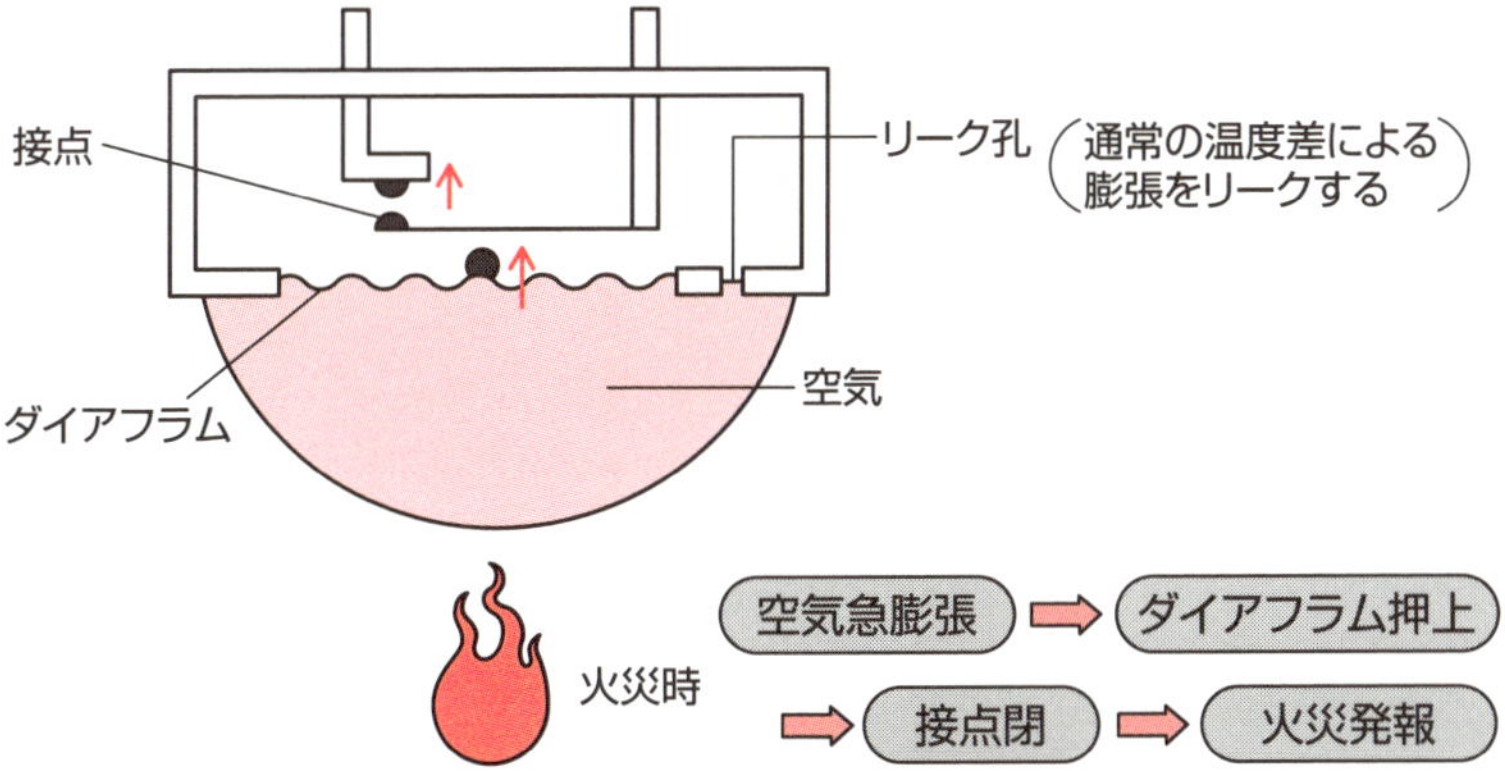

光電式分離型煙感知器例

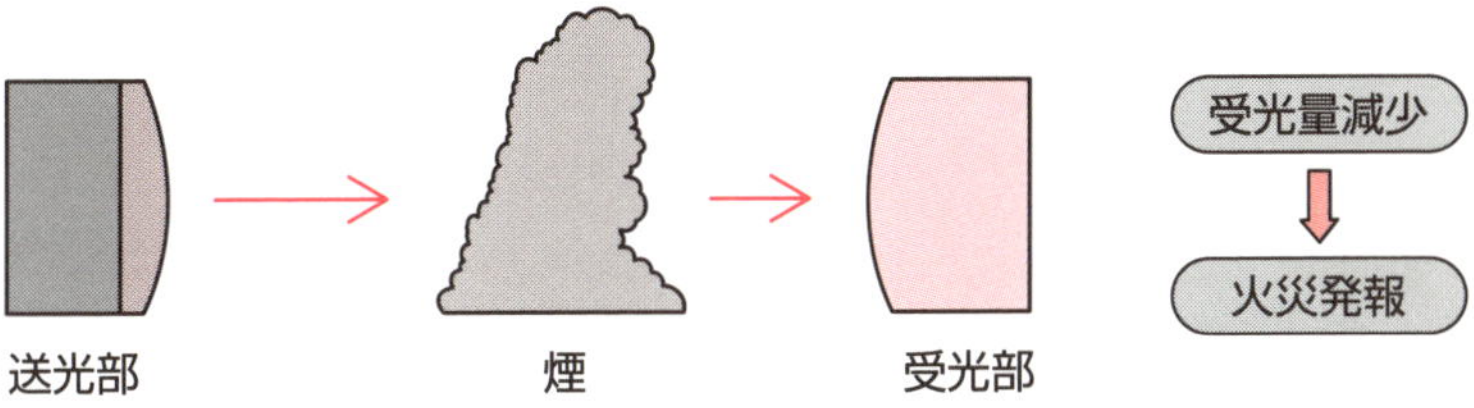

45 消防設備

火災を最小限で食い止める

消防法では、消防設備を、消火設備、警報設備、避難設備、防火水槽等、消火活動に必要な施設と規定しています。なかには、電気設備では扱わないものもありますが、自動火災報知設備と連動する設備もありますし、設備に電源を供給する必要がある設備があります。なお、対象とする施設によって、必要とされる消防設備の内容が規定されていますので、設計する対象施設に合わせた検討が必要となります。

消火設備を考える場合には、燃焼の3要素を理解しておく必要があります。燃焼の3要素は、①燃焼するもの、②発火のための熱、③燃焼に必要な酸素になります。これら三つのうち一つでも除ければ、燃焼を継続できなくなりますので、消火という結果に導けます。具体的な消化の原理は次の四つです。

(1) 除去消火

燃えているもの(油やガス)の供給を停止する方法や、延焼先の可燃物の除去などの対策があります。

(2) 冷却消火

燃焼しているものから熱を奪って、延焼する温度以下に下げる対策があります。

(3) 窒息消火

燃焼に必要な酸素の供給を遮断して消火する方法で、泡消火のように酸素との接触を断つ方法があります。

(4) 負触媒消火

ハロゲンなどで酸化作用を抑制(負触媒作用)して、燃焼の連鎖反応を弱める方法があります。

電気設備としては、以上の作用を起こすために、設備への動作指示や、動作させる電気エネルギーを継続して供給できる設備設計を行います。また、消火活動に必要な設備として、非常用コンセント設備や無線通信補助設備などの計画も必要です。なお、消防設備が働くのは火災時ですので、火災発生時にケーブルが燃焼して機能しなくなっていては意味がありませんから、ケーブルの仕様も決められています。

要点BOX

- ●燃焼には三つの要素がある
- ●消火には四つの原理がある
- ●火災時に機能するように設計する必要がある

消防用設備

大項目	中項目	設備例
消防の用に供する設備	消火設備	消火器、屋内消火栓設備、スプリンクラー設備、水噴霧消火設備、泡消火設備、不活性ガス消火設備、ハロゲン化物消火設備、粉末消火設備、屋外消火栓設備、動力消防ポンプ設備　等
	警報設備	自動火災報知設備、ガス漏れ火災警報設備、漏電火災警報器、非常警報器具（手動式サイレン等）、非常警報設備（非常ベル等）、消防機関へ通報する火災報知設備　等
	避難設備	避難器具（避難はしご等）、誘導灯、誘導標識　等
消防用水		防火水槽、貯水池、防火用水、水蓄熱槽　等
消火活動に必要な施設		光排煙設備、連結散水設備、連結送水管、非常用コンセント設備、無線通話補助設備　等

燃焼の3要素と消火の原理

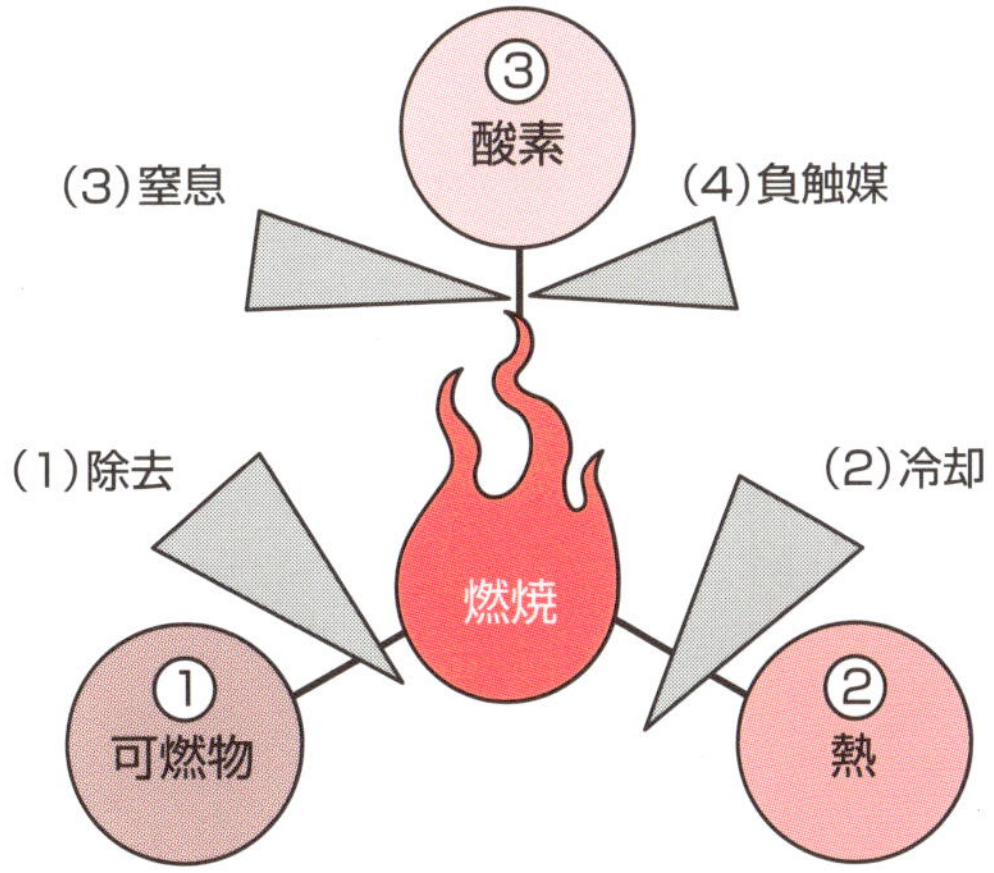

スプリンクラーポンプ配線

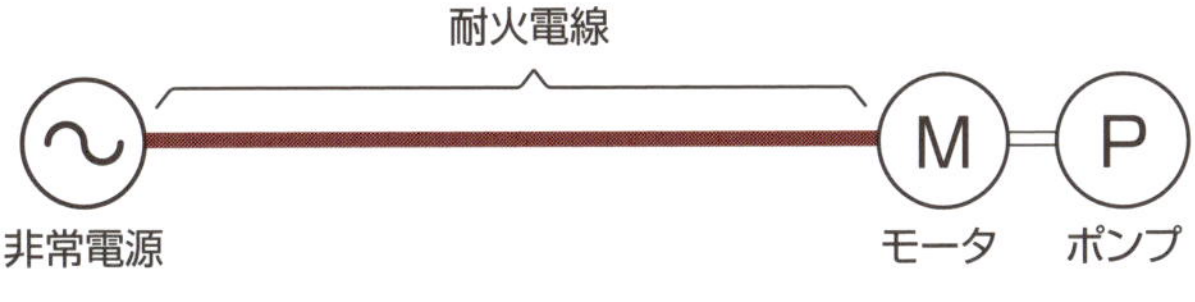

46 放送設備

同時に情報を伝える設備

放送設備は同時同報性をもつ情報伝達手段で、スピーカが設置されている空間に、瞬時に情報を伝える設備です。業務用ビルにおいては、業務用放送設備は通常はあまり使われることはありませんが、非常用放送設備と兼用になっていますので、火災時に適切に機能するよう消防法の適用を受けます。そのため、スピーカの配置にも規定があります。また、スピーカに加える電圧を変化させて音量を調整するアッテネータや、個別の音響設備が設置されている部屋に対しては、非常放送設備が優先されるように、カットリレーを設けるなどの対策も必要となります。電源については、災害発生時に停電が発生した際にも活用できるよう、非常用電源の確保が求められます。

一方、駅や空港などの交通機関の施設においては、列車や飛行機の運行状況の放送が切れ目なく流されています。その場合には、音声合成によって列車の行先案内などもできるようになっています。駅の場合には、放送する内容がホームごとに違ってきますので、それができるような計画が必要です。また、国際化の進展にともなって、複数言語による放送も行われています。そのため、最近では音声情報を蓄積するボイスファイルの充実が図られています。ショッピングセンターなどにおいては、常時音楽や案内を流す例が多くありますので、放送設備の利用時間は比較的長くなります。もちろん、店舗ごとに個別の音楽を流す場合もありますが、館内放送時には個別放送を切って、全館放送を優先させる機能が必要となります。

屋外スタジアムにおいては、スポーツイベントの内容によって使い方は変わってきますが、反響によって聞き取りにくいという現象が発生しないように、音響設計が必要となります。それは、体育館などの屋内施設においても同様となります。また、防災無線などでも、地形によっては聞き取れないという不満が多くあるため、同様の計画が求められています。

要点BOX

- ●非常用放送設備と兼用の場合が多い
- ●複数言語による放送ニーズが増えている
- ●施設の特性に合わせた音響設計が必要

放送設備概要図例

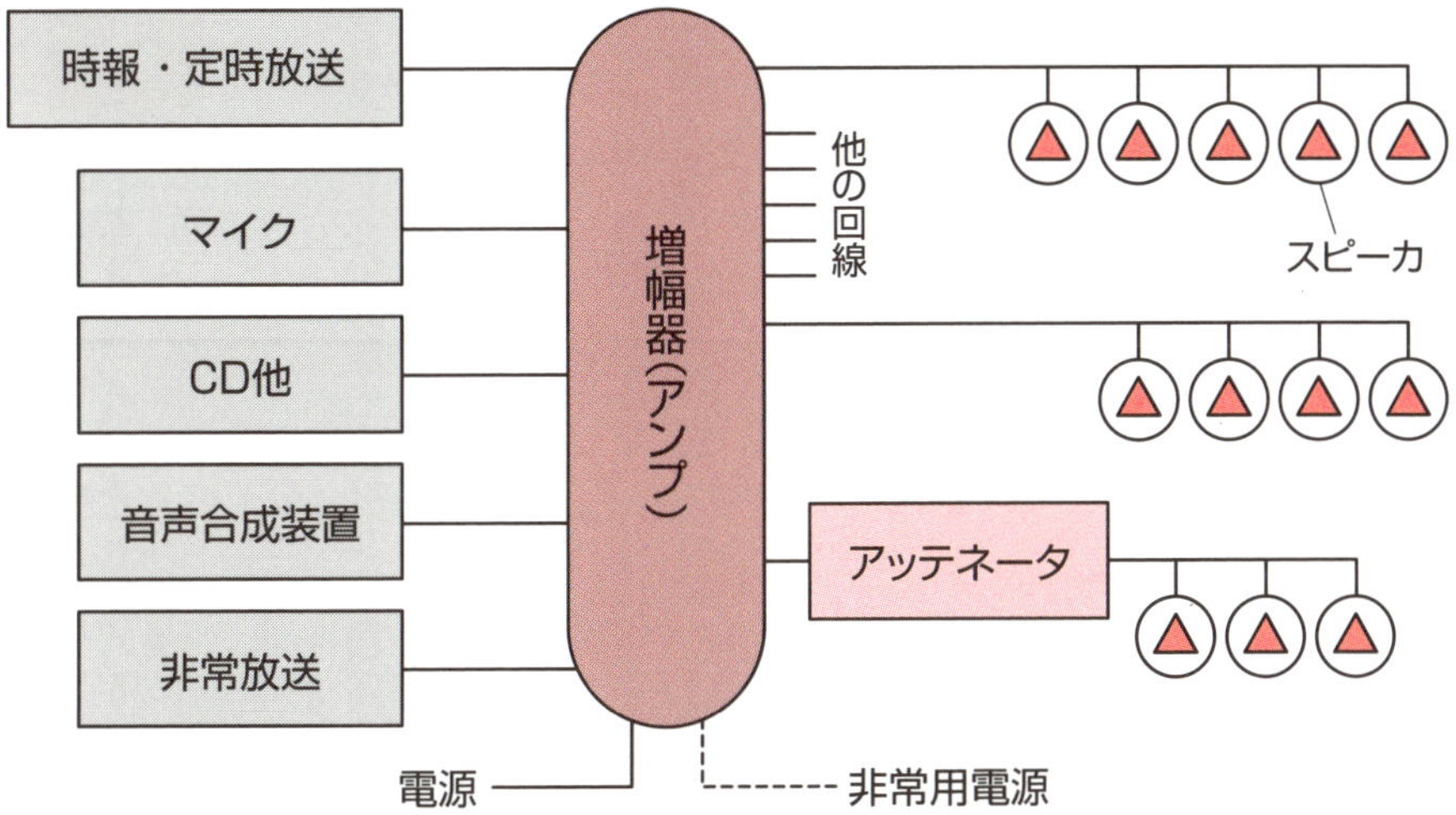

スピーカの種類

種類	音圧の大きさ	放送区域
L級	92dB以上	100m^2を超える放送区域 50m^2を超え100m^2以下の放送区域 50m^2以下の放送区域 階段又は傾斜路
M級	87dB以上92dB未満	50m^2を超え100m^2以下の放送区域 50m^2以下の放送区域
S級	84dB以上87dB未満	50m^2以下の放送区域

スピーカ設置基準

10m基準

スピーカまでの
水平距離が
10m以内である

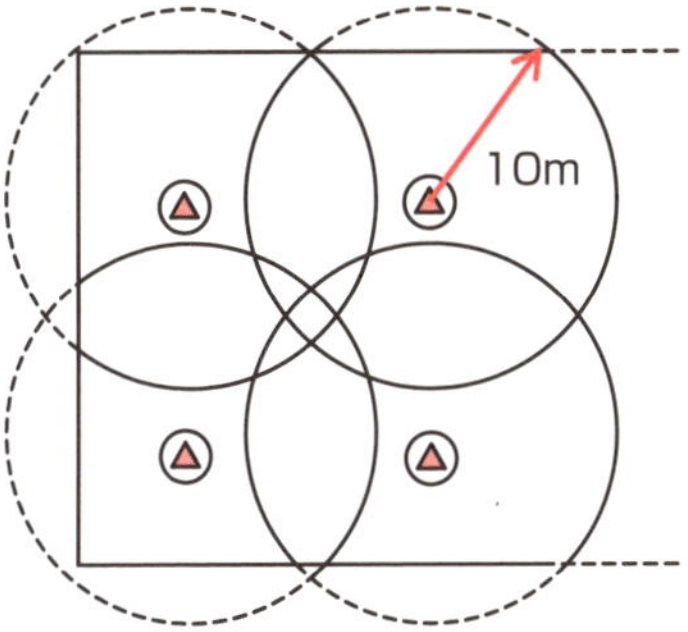

性能基準

床から1mの任意の位置で
音圧レベル(75dB 以上)と
明瞭性が確保されること

47 監視制御設備

電気設備は、一つの施設内で扱われる設備数が多いために、自動で監視制御する仕組みは欠かせません。特に、毎日起動停止が行われる空調設備は、運転前の準備起動の自動化などの方法で労力の削減を図っています。また、事務所ビルにおいては週末の運転は平日とは違ったパターンになるため、カレンダー情報をもとにしたスケジューリング制御が必要となります。多目的利用が行われる屋内施設においては、利用される内容によって、設備の運転パターンが変ってきますので、パターン別の設定値の中から選定して制御パターンを設定できるようになっています。スポーツイベント等に用いられる屋外施設においては、天候によって使い方が変わる場合がありますので、直前の判断や当日に臨機応変な対応がとれるように、柔軟な計画がなされていなければなりません。

また、これまでは設備ごとに独自の監視制御システムの仕様があり統合化できませんでしたが、最近では共通化がなされており、相互に情報交換することも容易になっています。このようなマルチベンダー化やオープン化の動きによって、電気設備の操作が総合的に管理でき、施設全体の最適化が図れるようになってきています。それと同時に、各ゾーン別に個別制御ができるようにもなっています。施設においては、窓が面している方角や、そのゾーンの利用形態や利用状況によって設備の運転が変ってきます。そういった状況に合わせて繊細な制御が実施できないと、ユーザの不満が拡大してしまいます。多くの利用者に満足してもらうためには、個人の要求をインターネット等で吸い上げて、個別ゾーンの制御に反映するような仕組みや、人感センサを使ったゾーンの個別制御なども広く活用されるようになってきています。

今後は、さらにセンサネットワーク化も進み、制御の高度化や個別分散化が進んでいき、快適性の向上に貢献すると考えます。

要点BOX

- ●監視制御による設備の自動化が進められてきた
- ●監視制御のオープン化が進んできている

オープンシステムの概念図

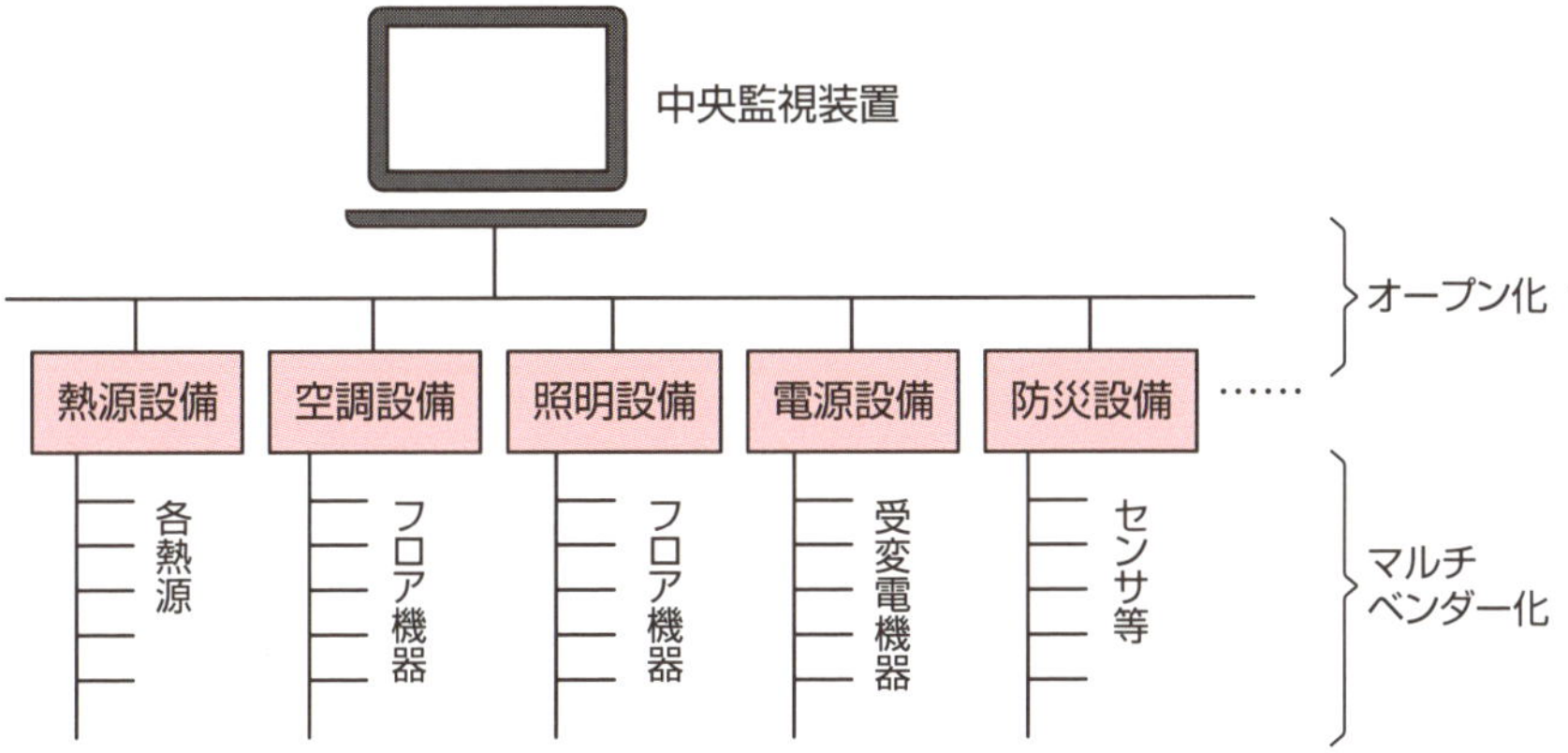

監視対象設備

管理項目	監視対象設備
エネルギー関連	受変電設備、自家用発電設備、蓄電池設備、 動力設備、ボイラ設備、ガス設備、蓄熱槽設備　等
環境管理	空調設備、照明設備、給排水設備　等
物流管理	エレベータ設備、エスカレータ設備、自動倉庫設備、 駐車場設備　等
防災・防犯管理	防災設備、防犯設備　等
その他	通信設備、放送設備、労務管理設備　等

監視制御の機能

機能					
監視表示	計測	制御	操作	記録	管理
状態 運転 異常	状態値 限界値 累積値	スケジュール 最適 一定	停止 作動	運転 操作 異常	日報 月報

48 エネルギー管理設備

エネルギーを積極的に管理する

　最近では、地球温暖化対策の一環として、省エネルギー法も改正されて、特定事業者や特定連鎖化事業者の範囲が拡大されました。また、エネルギー指定管理工場も大幅に多くなりましたので、エネルギー使用量の定期報告書の提出や長期的な使用量削減計画が必要となってきています。また、原子力発電所の稼働停止に伴い、電気料金が上がってきているため、施設のエネルギーとして電気を中心にしている施設においては、省エネルギー対策を講じる必要性が高まっています。そのため、エネルギー管理システムの活用が進められています。

　エネルギー管理システム(EMS)は、さまざまな施設向けに作られるようになってきています。具体的には、事務所向けのBEMS、工場向けのFEMS、家庭向けのHEMSなどの仕組みの導入が進められています。エネルギー管理システムとは、エネルギー使用量の可視化、節電のための機器制御、再生可能エネルギーや蓄電池の制御等を行うシステムをいいます。特にBEMSにおいては、デマンドピークを抑制・管理する機能の充実が求められています。デマンド値を抑えることは、電気の基本料金を低減するという直接的な目的もありますが、昼間のピーク値を施設が下げた結果、電力会社が用意しなければならない発電予備力の削減が図れるからでもあります。そのため、BEMSの導入に際しては、助成金の制度を設けるなどの対策もとられています。

　そういった手法を一つの施設で実施するには限界があるため、EMSではさらに広い地域を対象としてエネルギー管理をするという考え方も進められています。具体的には、コミュニティ単位のCEMSがその例になります。CEMSとは、コミュニティ内にはさまざまなエネルギー使用形態の施設があるので、それらの負荷特性を使ってコミュニティ全体の電力需要を平準化していく、という考え方になります。

要点BOX

- ●省エネルギー法の管理強化がなされた
- ●エネルギー管理システムに補助金制度が導入されている

ビルエネルギー管理システム（BEMS）の概念図

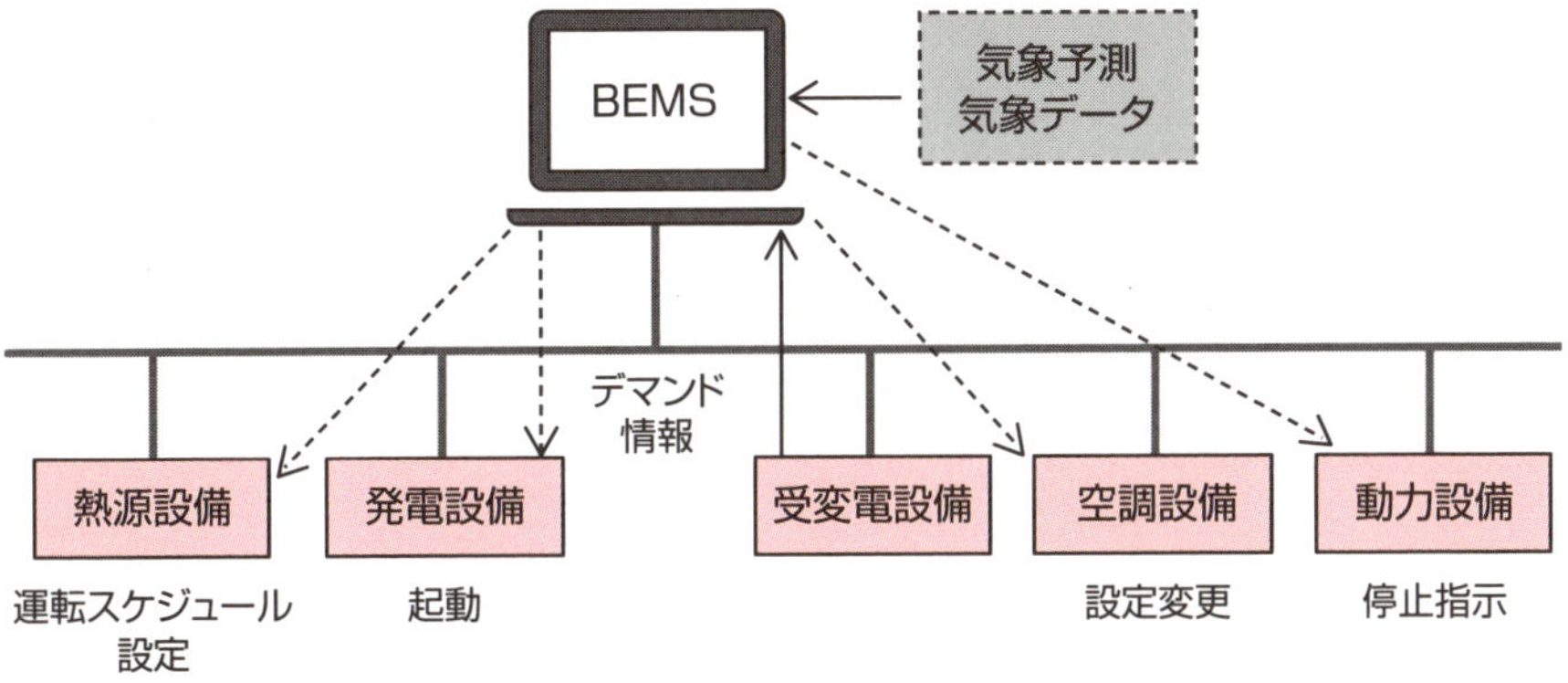

ホームエネルギー管理システム（HEMS）の概念図

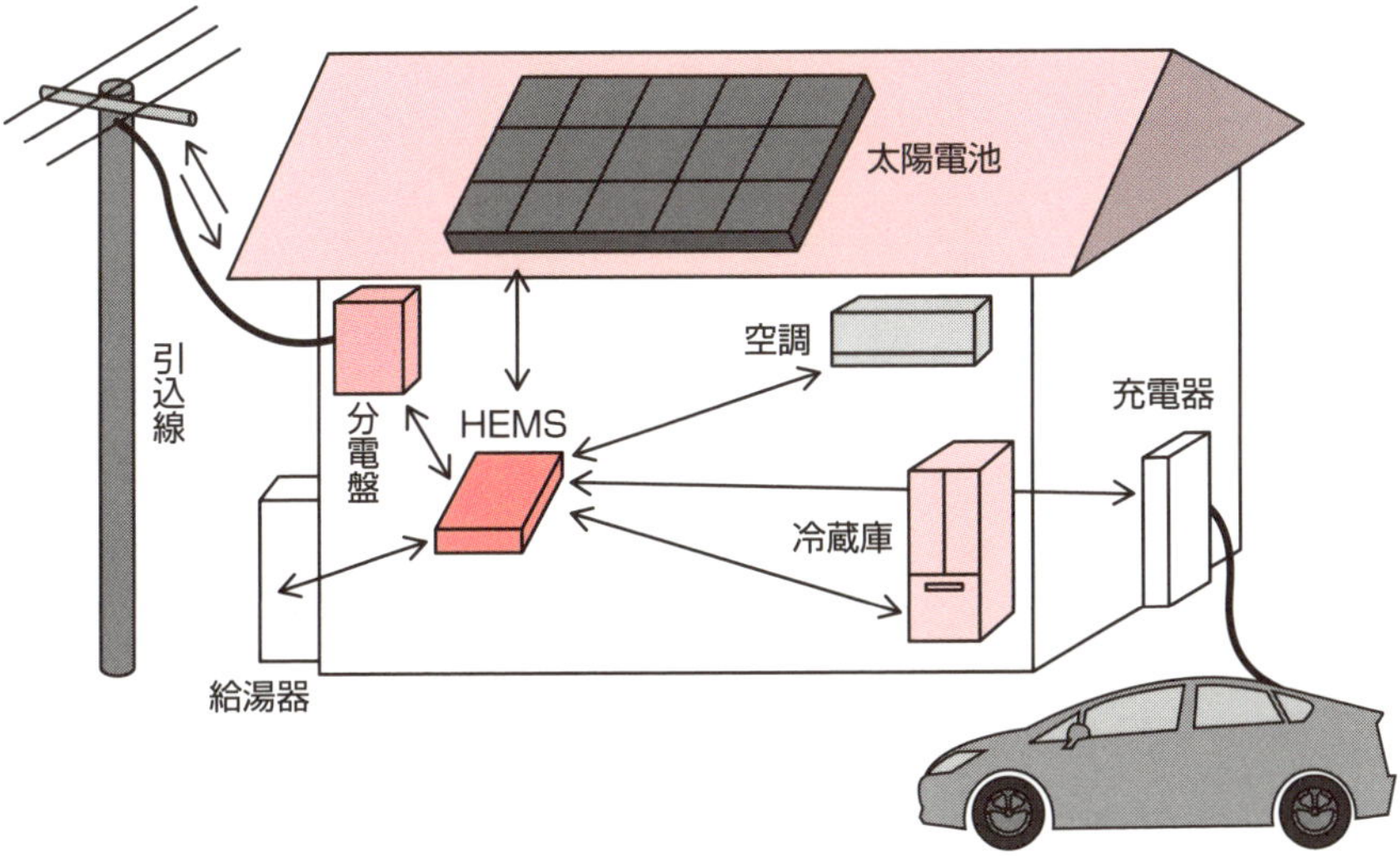

49 防犯設備

人と財産の安全性を高める

最近では、企業情報の漏えいなどの問題も多く発生していますし、情報セキュリティの面でも入退出管理が重要となってきています。地域においても、犯罪の防止や犯人検挙の手段として監視カメラの利用が増えてきています。防犯設備については、対象とする施設において特有の使われ方をする部分もありますが、共通して使われる基本的な設備機器には次のようなものがあります。

(1)電気錠およびセキュリティゲート

これらは、入退出の許可を受けた人だけが既存のドアやセキュリティゲートを通過できるようにした装置です。許可者か否かの判断を行う場合には、通常はICカードを用いますが、指紋や掌形、網膜などの生体認証を用いる場合もあります。

(2)人感センサ

夜間などで人がいなくなった空間を監視するために、人感センサが最近では多く用いられるようになっています。また、人の出入りが少ない空間への立ち入り監視にも赤外線などのセンサを用い、感知した場合には監視カメラとの連動で警備を行うなどの措置を講じる方法もあります。

(3)監視カメラ

監視カメラは、犯罪が発生した際に犯人逮捕で大きな功績を上げているニュースが報道されているとおり、広く用いられています。監視カメラの場合には、常時警備室等で監視をする場合と、通常は長時間の録画をしておき、犯罪等の問題が発生した際にその録画像を調べて、発生時の状況を確認する方法があります。もちろん、カメラ自体の存在が犯罪の抑止効果を持っている点も重要です。

(4)威嚇装置

犯罪は未然に防止することも重要です。そのため、センサ類で感知した情報をもとに、ベルやサイレンなどで威嚇して、犯罪を抑止する方法も用いられます。

要点BOX

- ●人の入退出を機械的に制約する
- ●監視カメラが広く利用されている
- ●犯罪は未然に防止することも重要である

入退出管理システム

電気錠システム

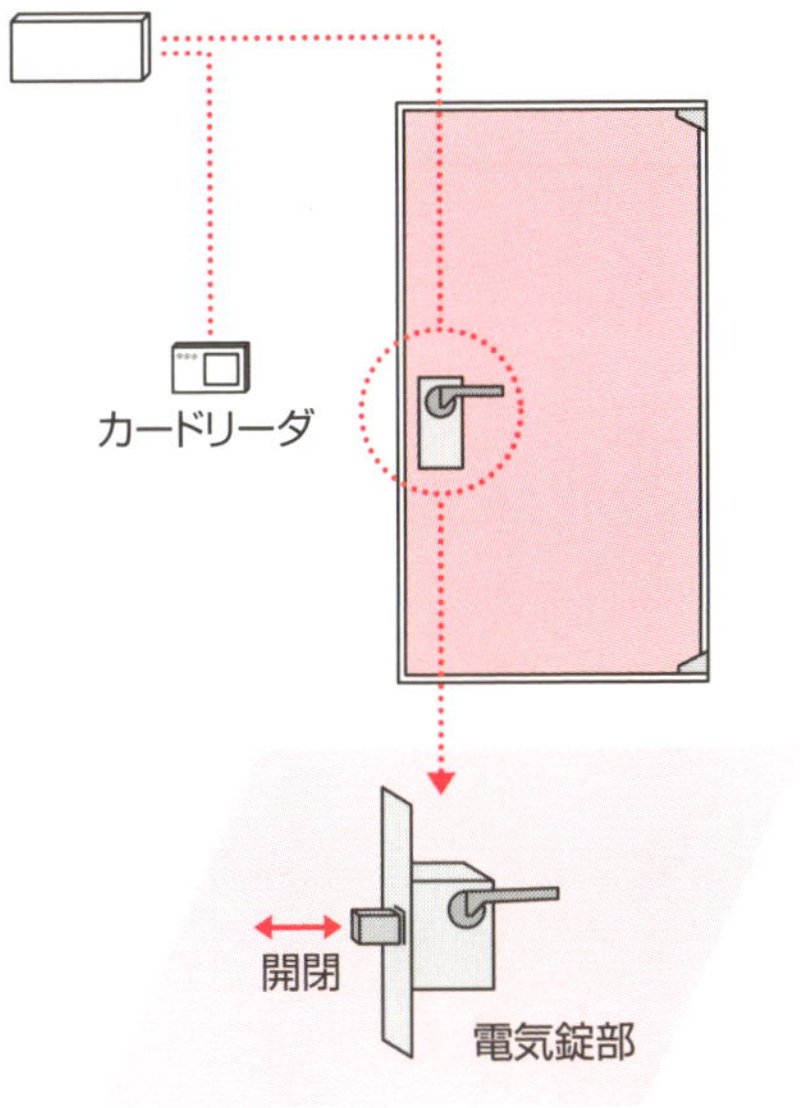

セキュリティーゲート

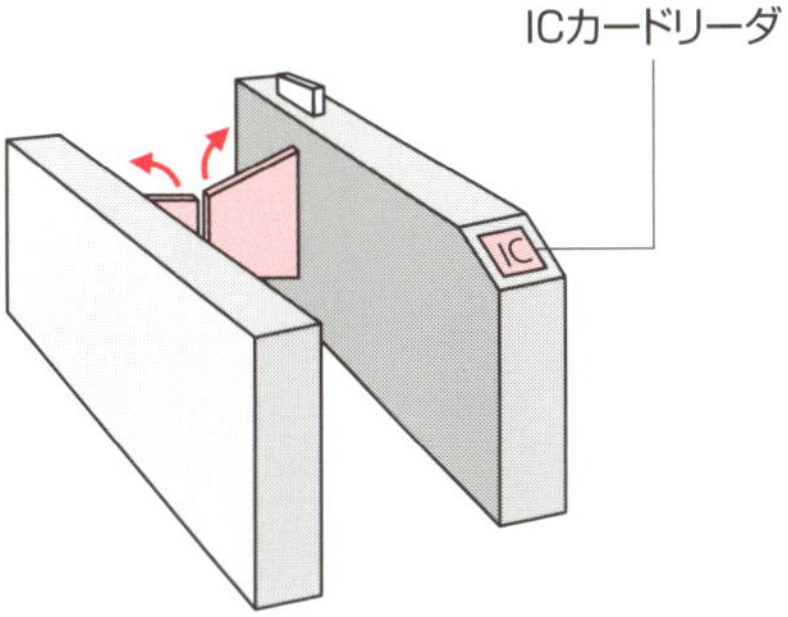

ビルセキュリティ例

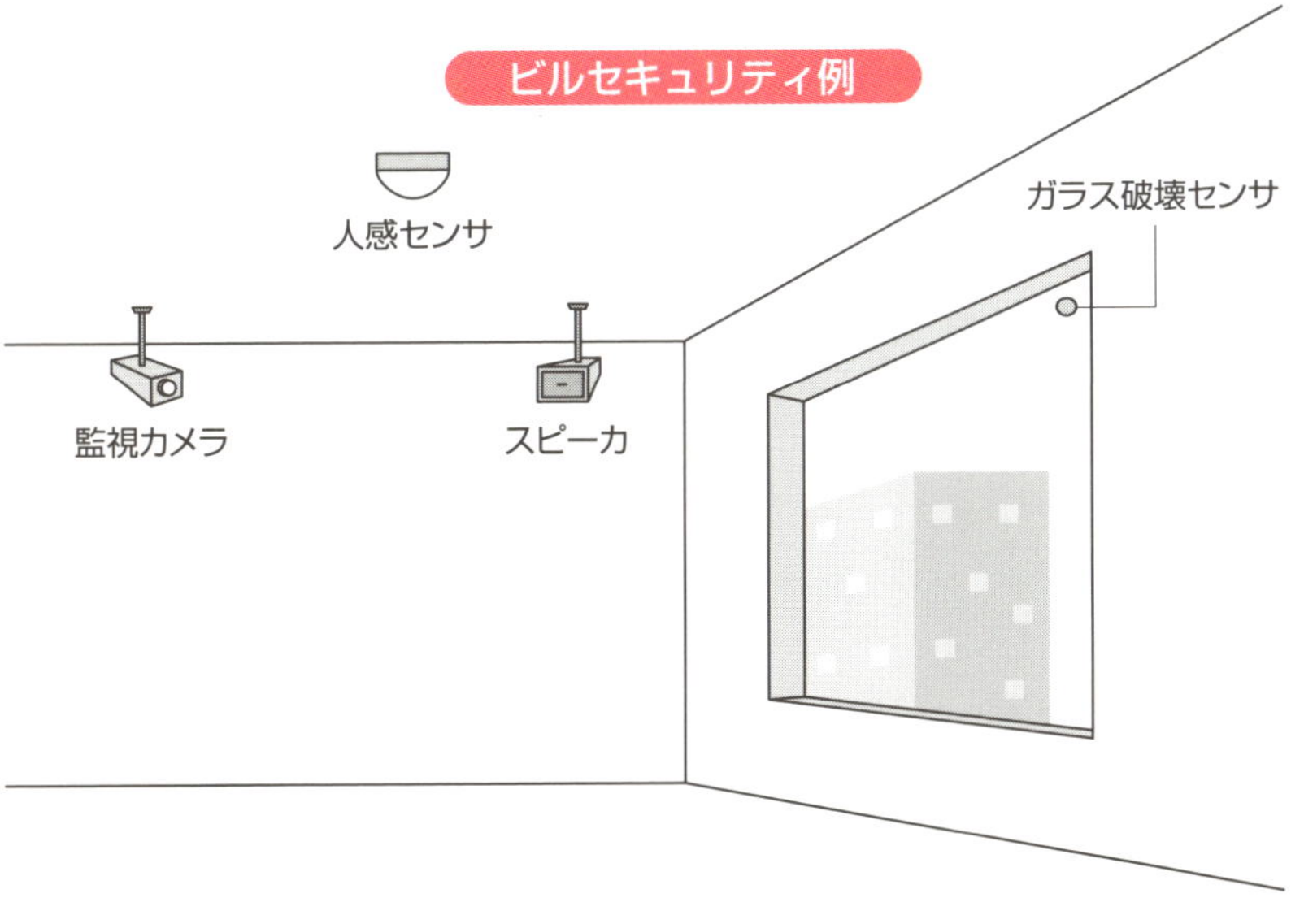

50 駐車場管制設備

駐車料金徴収システム

駐車場管制設備は、施設に来場した車の入出場を制御すると同時に、空き駐車枠がある場所へ車を誘導するための装置です。有料駐車場においては、駐車時間に応じて駐車料金を計算し課金しますので、精算機能を持っています。ショッピングセンターなどでは、買い物した料金によって駐車場料金を割り引く仕組みを採用しているところも多くあります。

(1) ゲート

ゲートは、来場または出場する車両の通行を制御するための関門で、駐車場出入口に設けられます。

(2) 発券機

発券機は、駐車場の入場ゲートで入場を許可した車両に駐車券を発行する装置です。

(3) 満空案内看板

満空案内看板は、駐車場入口や立体駐車場の入口、立体駐車場の各フロアなどに設置され、場内や対象エリアの満空状況を知らせる看板です。

(4) 割引機

割引機は、買物金額などに応じて規定の料金を割り引くための装置で、駐車券を挿入して磁気書込みをする仕組みになっています。

(5) 料金精算機

料金精算機は出口に設けられ、挿入された駐車券の情報に基づき駐車料金を計算し、料金を徴収する装置です。最近では、乗車前に建物内で精算ができるように事前精算機を設ける例も多くなっています。その場合には、精算済み駐車券を出口の精算機に挿入するだけで出場できるので、出場時間が短縮されます。

(6) 車番認識装置

車番認識装置は、駐車場の入口で車のナンバー（車番）部をカメラで撮像し、車両を特定する装置になります。出口では、カメラで車番を撮像し、事前精算機で精算した車と認識すると即座にゲートを開けるので、出場時間を大幅に短縮できます。

要点BOX

- 満空案内を使って駐車可能場所を案内する
- 事前精算機や車番認識装置で出場時間を短縮する

ゲート式 駐車場入口

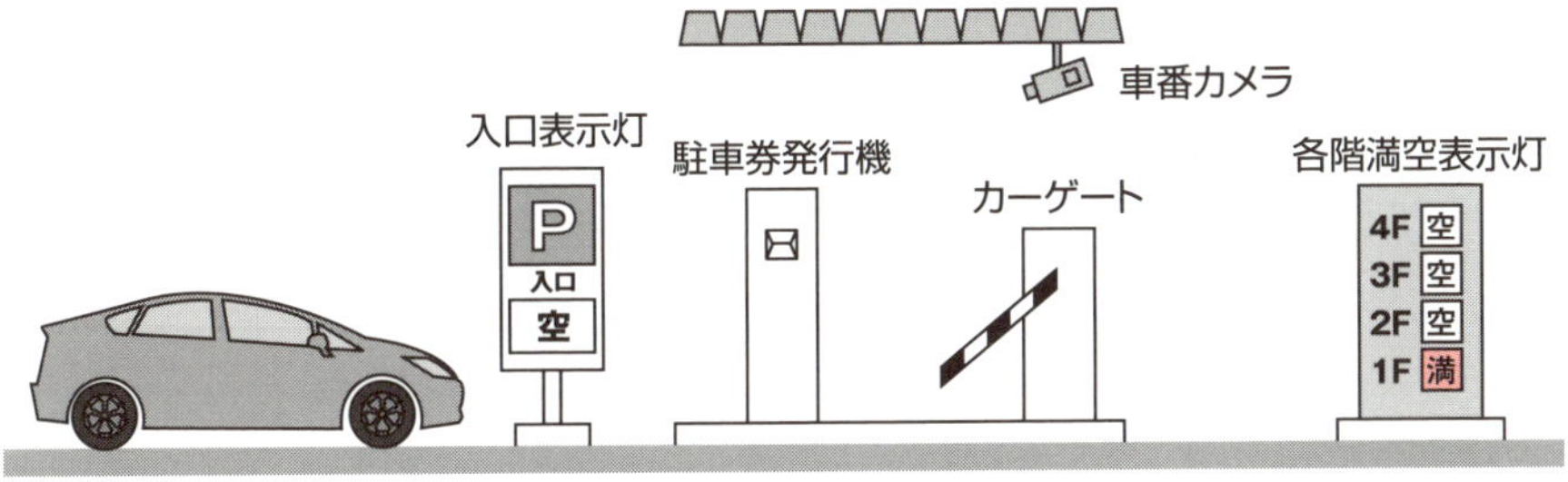

ゲート式 駐車場出口

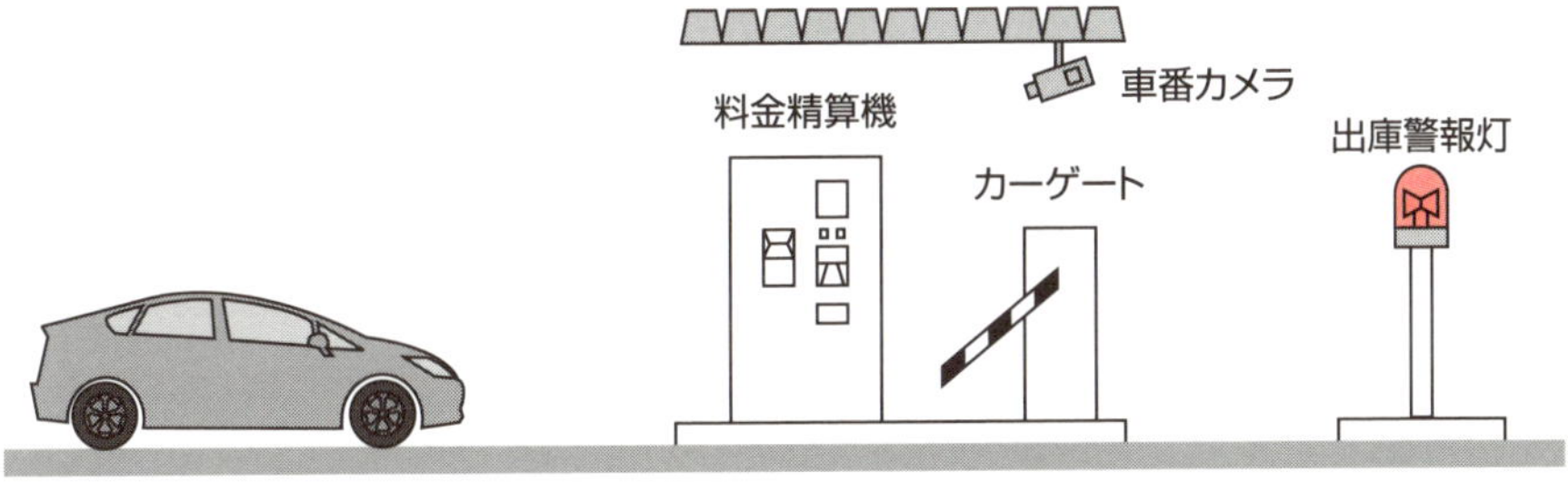

フラップ式 駐車場

51 テレビ共聴設備

施設内にテレビ放送を届ける

施設ではテレビの共同受信が行われており、アンテナ等で受信した放送電波を施設内に配信しています。その設備に用いられる機器として以下のようなものがあります。

(1) アンテナ

アンテナには、デジタル放送を受信するＵＨＦアンテナと、衛星放送を受信するパラボラアンテナがあります。アンテナは屋上等の高所に設けられます。

(2) 混合器

混合器は、二つ以上のアンテナで受信した電波を、電波の干渉なしに1本の出力端子にまとめる機器です。通常はアンテナの近傍に設置されます。

(3) 増幅器

増幅器は、受信点の電界強度が低い場合に設置する機器で、アンテナ受信部や伝送路の損失が大きい場合に設置します。ブースターとも呼びます。

(4) 分配器

分配器は、入力した全伝送信号を等分に分けて配信する機器で、インピーダンス整合も行います。2分配器、4分配器、6分配器、8分配器があります。

(5) 分岐器

分岐器は、信号レベルの低い伝送幹線から信号を分岐させるときに用いられる機器です。

(6) 分波器

分波器は、一つの伝送路から入った信号を、特定周波数成分に分けて、複数の出力端子に出力する機器です。

(7) 整合器

整合器は、分岐、分配、整合をまとめた機器で、直列ユニットとも呼びます。

(8) 同軸ケーブル

テレビ信号を伝搬させるために用いるケーブルとしては同軸ケーブルが用いられます。同軸ケーブルは、高周波信号の多重伝送に適しています。

要点BOX

- ●混合器は複数の電波を1本にまとめる機器である
- ●放送信号は同軸ケーブルで配信する

テレビ共聴設備の構成例

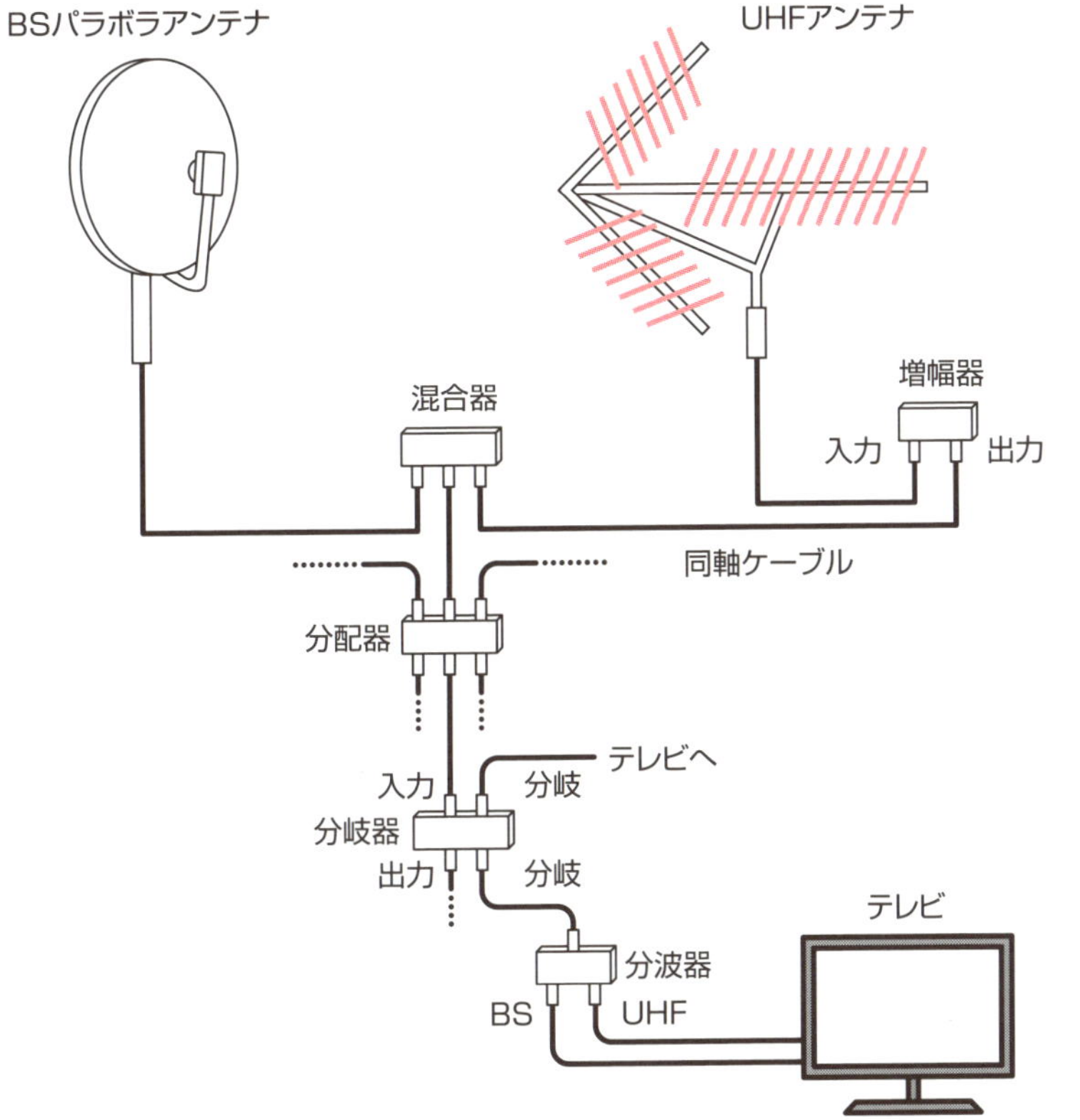

同軸ケーブルの構造

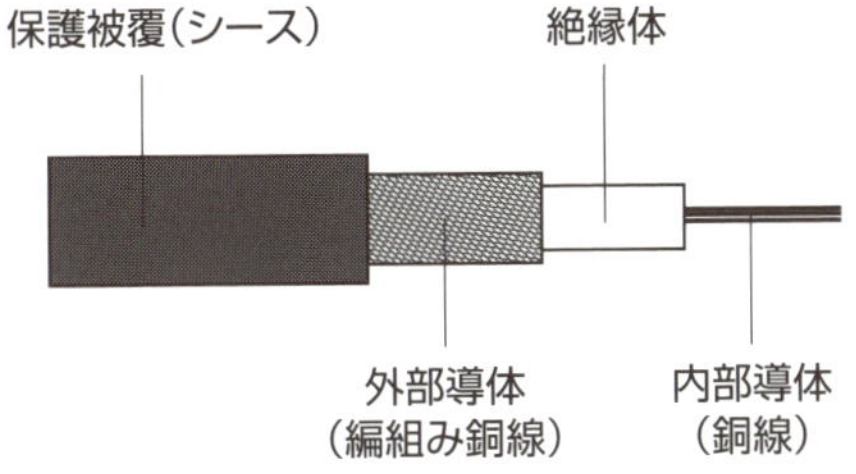

同軸ケーブルの略号

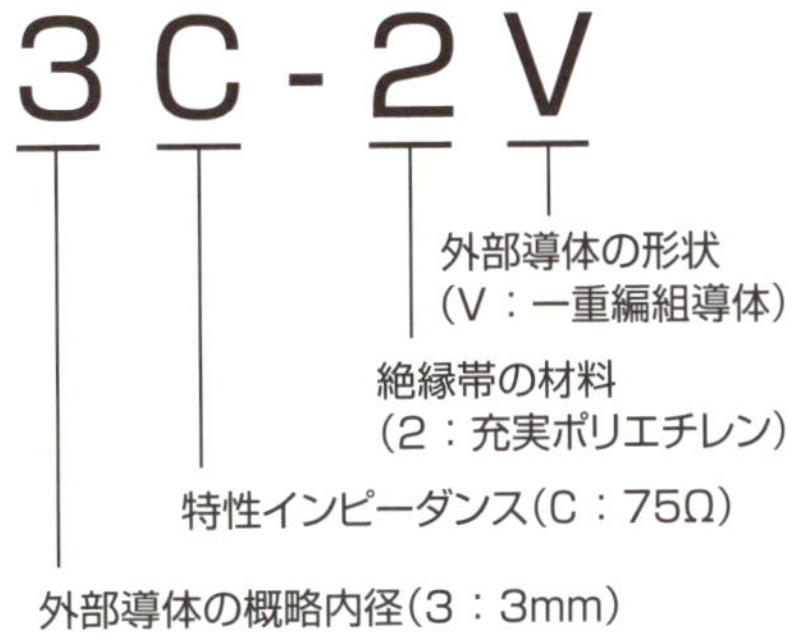

52 映像音響設備

利便性と感動を高める装置

施設おいては、情報伝達および空間演出などのために、映像音響装置を設ける場合が多くあります。

(1) スタジアム・屋内競技施設

スタジアムや屋内競技施設においては、大型の画面で映像を表示するスクリーンが用いられています。最近では、3原色のLED素子を使って色彩を表現するディスプレイなどが用いられています。施設の形状によっては音響が聞こえ難くなるため、音響設計も重要となります。スコアボードには、省エネルギーとなる磁気反転式の表示装置も用いられています。

(2) 空港等

空港では、出発機のサテライト番号や出発時間、到着機の到着状況などの表示に表示システムが用いられています。最近では、液晶画面による表示が主流となってきています。

(3) 商業施設

商業施設においては、屋内や屋外に大型スクリーンを設ける例が増えています。最近では、複数の液晶画面を組み合わせて大画面を構成するシステムの利用も増えてきており、より鮮明な画像が楽しめるようになってきています。さらに、場内の柱などに電子看板を設けて、その日に開催されている催事を知らせるなどの手段として活用されるようになっています。

(5) 事務所ビル

事務所ビルにおいては、会議室等において実施されるプレゼンテーションを想定した映像装置が多く計画されています。プロジェクターを用いる場合だけではなく、大型液晶画面を壁に設置するなどの方法も実施されています。また、最近ではテレビ会議システムを導入する会社も多くなっています。

(6) 病院等

病院では、外来患者の待ち時間表示や、会計処理の状況、投薬状況の表示などに表示装置が活用されるようになってきています。

要点BOX

- ●映像音響設備は多くの施設で利用されている
- ●液晶大画面の活用により鮮明な画像が表示できるようになった

競技場大型映像表示装置

液晶マルチスクリーン

電子看板システム

Column

安全と快適の追求方法

都市に設けられる施設は、巨大化、高層化する傾向にあります。また、価値観が違う不特定多数の人たちが集まる空間も増えてきています。その中で利便性を高めると同時に、安全で安心な環境を作り上げるために、通信設備や監視設備は欠かせないものとなっています。こういった設備の中には、計画において消防法などの法的な規制がかかる設備もありますし、情報化社会の進展とともに新たに備えなければならなくなった設備もあります。そういった設備は、単独に動作すればよいというものだけではなく、監視によって得られた結果を、施設内に滞在している人たちに正確に伝える手段なども事前に計画されていなければなりません。それを実現するためには、設備同士が密接に連携して動作するよう計画する必要があります。そのためには、施設内にいる人たちの行動様式を想定して、個々の人が情報を得てからどう行動するかまでを想定して、設備を計画しなければなりません。その中には、場内に設置する案内表示や注意表示などのサイン計画も含めなければなりません。

たとえば災害時に、避難誘導をする放送をしたとしても、サインがわかり難かったり、危険性の高い場所に誘導したりしてしまっては、目的が果たせません。そういった理由から、単に単独の設備を設計するだけにとどまらず、建築物の構造から空間配置の計画までを理解して計画しなければ、設計のやり直しとなります。

また、通信設備のように外部から引込を行う必要がある設備については、将来の通信量を考慮するとともに、増設や更新の計画も含めて検討を行っておかなければ、機能的に施設の陳腐化が早まる危険性もあります。それは、施設オーナーにとって施設価値の下落となりますので、経済的な面でも損失を生じさせてしまいます。

また、善意の人々だけを想定するのではなく、悪意を持った行為を行う人の行動パターンを想定したセキュリティ計画も最近では重要となってきています。そのために用いられる機器や設備が新たに開発されていますので、最新機器を活用する必要があります。

しかし、人が作ったものだけでは悪意を持った人に対しては限界がありますので、最終的には人が介在して、設備の限界を補う必要があります。そういった点で、マンマシンインターフェイスの検討も不可欠となります。

第6章

危険や障害を回避する対策

53 地震対策

日本は、海洋プレートと陸側プレートの境界部に位置しており、太平洋プレートが千島海溝、日本海溝、伊豆・小笠原海溝付近で陸側プレートとフィリピン海プレートの下に沈み込んでいるのに加え、フィリピン海プレートが南西諸島海溝、南海トラフ、駿河トラフ、相模トラフで陸側のプレートに沈み込んでいます。そのような複雑な地形上に位置しているため、日本は世界的に見て極端に地震が多くなっています。2003年から2012年までに世界で発生したマグニチュード6・0以上の地震は1668回ですが、そのうちの306回（約18・4％）が日本で起きています。そのため、電気設備においても地震対策は欠かせません。

電気設備おける最初の地震対策は、電気設備には重量が重く、重心が高いものが多くあるため、設備が転倒しないように計画することです。また、天井部から吊り下げているものも多く存在しますので、落下しないようにする対策も重要となります。このように、電気設備が人身に影響を与えないように対策しなければなりません。

次に、地震発生時に設備を安全に停止するというのもポイントです。エレベータのような機器では不意に停止してしまうと、中に人が閉じ込められる事態になり、利用者に精神的な不安を与えてしまいます。最近では、地震によるP波を感知して、近くの階に自動停止させる装置などが普及しています。最終的には、地震の後にできるだけ迅速に電気設備を復旧させるという計画が求められます。地震によって電気設備の不具合が生じると、漏電による感電や安全運転が確保できず、二次災害を引き起こす可能性があります。そういった点も考慮した設計が必要となります。

なお、最近では建築構造として免震工法が用いられるケースも増えています。免震の場合には、配管引込部等に、地盤変位への対策が求められますので、伸縮管などを使用することになります。

要点BOX

●地震による設備の転倒・落下を防止する
●免震構造建物には地盤変位への対策が必要

地震対策例

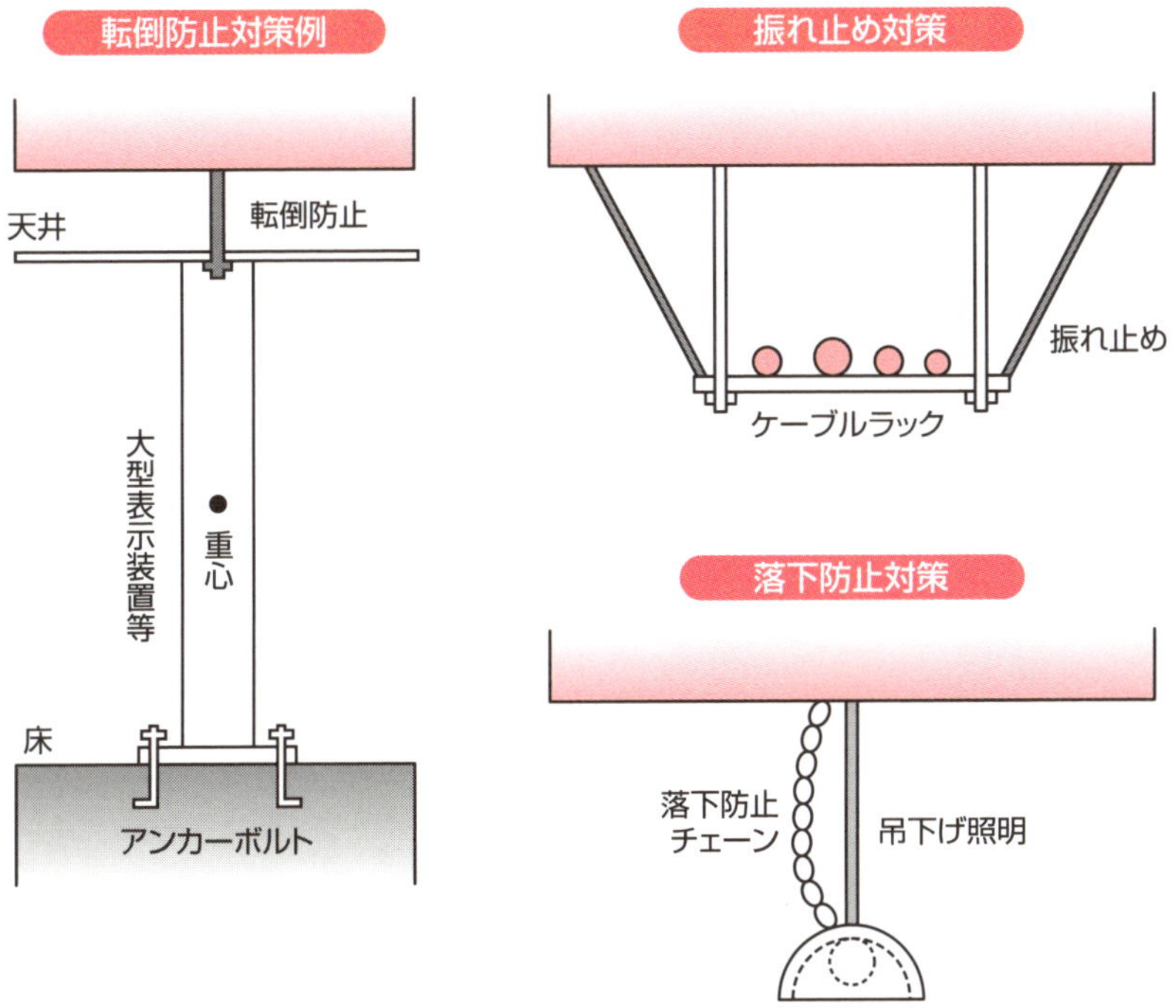

免振建築物への対策例

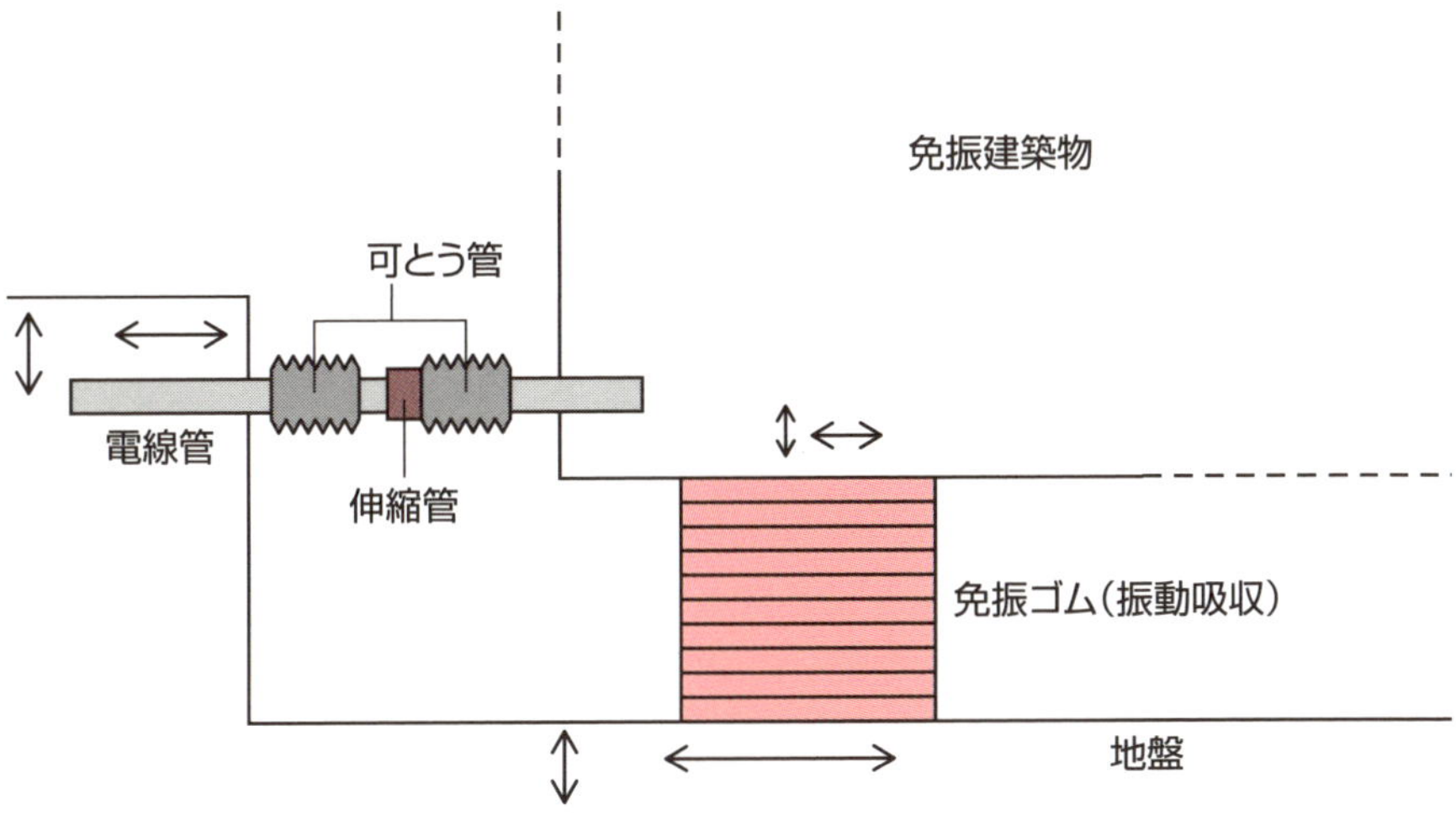

54

塩害対策・防食技術

金属部の腐食を防ぐ対策

電気設備の中には、屋外に設置されるものが非常に多いので、そういった設備を長く正常に使用するためには、防食対策が不可欠となります。通常の防食対策としては、塗料などによる被覆を機器に施し、腐食から防御する方法が用いられています。しかし、海に近い地域では、風に乗って運ばれる塩分によって塩害が発生します。海岸から数百メートルや数キロメートル程度の地域でも、条件によっては、塩分を含んだ海水が風に乗って運ばれてきて機器に付着します。その塩分は機器の外側だけではなく内側にも入り込みます。そうなると、機器筐体の鉄部や電線を接続する端子部のねじなどが腐食されてしまいます。このような場所では、溶融亜鉛メッキを鋼材に施す例が多くありますし、ステンレスなどの耐食性の高い鋼材を使う方法も採られます。

また、金属の配管を地中に埋設したり、地上にパイプラインとして設置したりする場合には、金属部が腐食される危険性があります。そういったときには、必要な金属を腐食させないような防食対策が取られます。防食対策には大まかに二つの方法があります。一つはイオン化傾向で低電位の金属を犠牲陽極（流電陽極）として埋めて、保護する機器や設備の金属の代わりに腐食させる流電陽極法です。流電陽極法では、犠牲陽極に亜鉛やアルミニウム、マグネシウムを用います。埋める金属量は、保護すべき機器や金属材料の量や電位差によって違いますので、保護する対象物を特定して、事前に計算しなければなりません。

もう一つは、外部電源を接続して直流の電流を流し、設備や機器を保護する外部電源法になります。

どちらの場合にも、土中の水分の量によって電気容量や腐食させる金属の埋設量が変わってきます。なお、土中の水分量が少ないほうが腐食は少なくなります。こういった電気防食設備の設置も電気設備を担当する電設技術者の仕事になります。

要点BOX

- ●海岸部では塩害が発生する
- ●防食対策には流電陽極法と外部電源法がある

潮風が当たらない場所の塩害地区区分

	300m	500m	1km		
内海に面する地域			一般地区		東京湾など
外海に面する地域			塩害地区		
離島		重塩害地区			沖縄など

防食方法

手段	方法
表面を被覆する	塗装を施す 金属被覆を施す（メッキ、溶射、クラッドなど） ライニングを施す（ゴム、樹脂、モルタルなど） 防食テープを巻く 防錆油を塗る 化成処理を施す
電気的に防食する	電気防食をする（流電陽極法、外部電源法）
耐食性の高い鋼材を使用する	耐候性鋼、ステンレス鋼
環境処理をする	腐食抑制剤、腐食因子除去

電気防食法

流電陽極法

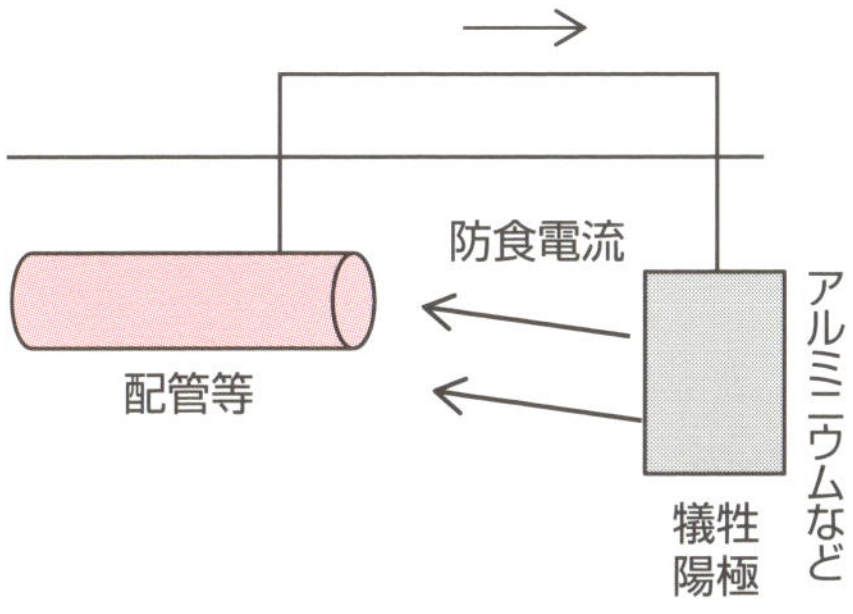

外部電源法

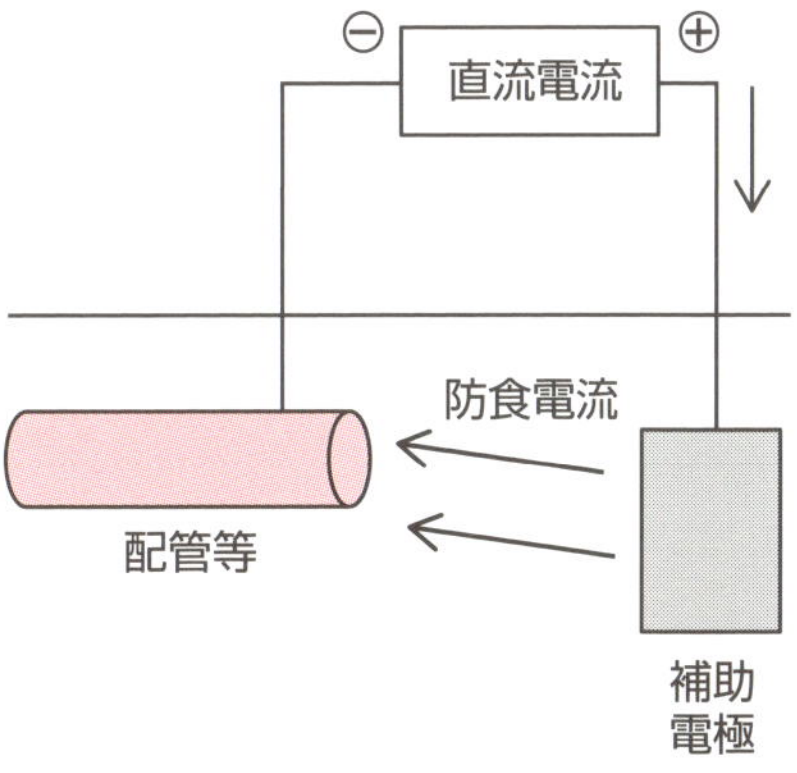

55 雷害対策

雷を導いて被害を防止する

社会の中で電子機器が多用されるようになってからは、雷害による被害は大きくなる傾向にあります。雷電流は、雷雲に負電荷が貯まり大地に雷撃する場合が多いために、負極性の雷が夏場では90％と主流になりますが、正極性の雷撃もあります。冬季には気温が低いために、雷雲は地表近くに発生しますので、被害が大きくなります。建築物への雷保護については、高所に避雷針を設ける方法が取られています。その規定については、JIS A 4201に定められています。雷の遮へい方法としては、回転球体法を主体として、保護角法やメッシュ法を保護レベルに合わせて用います。

(1) 回転球体法

回転球体法は、左頁の図に示すとおり、二つ以上の受雷部や大地と同時に接するように、雷撃距離Rを半径とした球体面を保護範囲とする方法です。

(2) 保護角法

保護角法は、これまでの避雷針の計画で一般的に用いられていた方法で、避雷針の鉛直方向からの角度で保護角が決められていました。これまでは、一般建築物で60度、危険物用途の建築物で45度が適用されてきましたが、それが改定されて、保護レベルによって、左頁の2番目の表に示すとおり、それぞれ角度が決められました。

(3) メッシュ法

メッシュ法は、メッシュ導体で覆われた内部を保護範囲とする方法で、メッシュ幅はそれぞれの保護レベルで、左頁の下の表のように定められています。

最終的に、雷のエネルギーは大地に逃がします。雷撃点から大地に雷撃電流を流すのが引下げ導体ですが、構造物が金属や鉄筋である場合には必要はありません。水平投影面積が25㎡以下の建築物においては、引下げ導体は1本でよいとされていますが、それ以上の建築物では、複数の引下げ導体が必要となり、引下げ導体の平均間隔も定められています。

要点BOX

●雷保護にはいくつかの方法がある
●危険物用途の建築物にはより厳しい条件が定められている

保護レベルに応じた最小雷撃電流と雷撃距離

保護レベル	保護効率	最小雷撃電流	雷撃距離R	最低基準
Ⅰ	0.98	2.9 kA	20m	
Ⅱ	0.95	5.4 kA	30m	危険物貯蔵所
Ⅲ	0.90	10.1 kA	45m	
Ⅳ	0.80	15.7 kA	60m	一般建築物

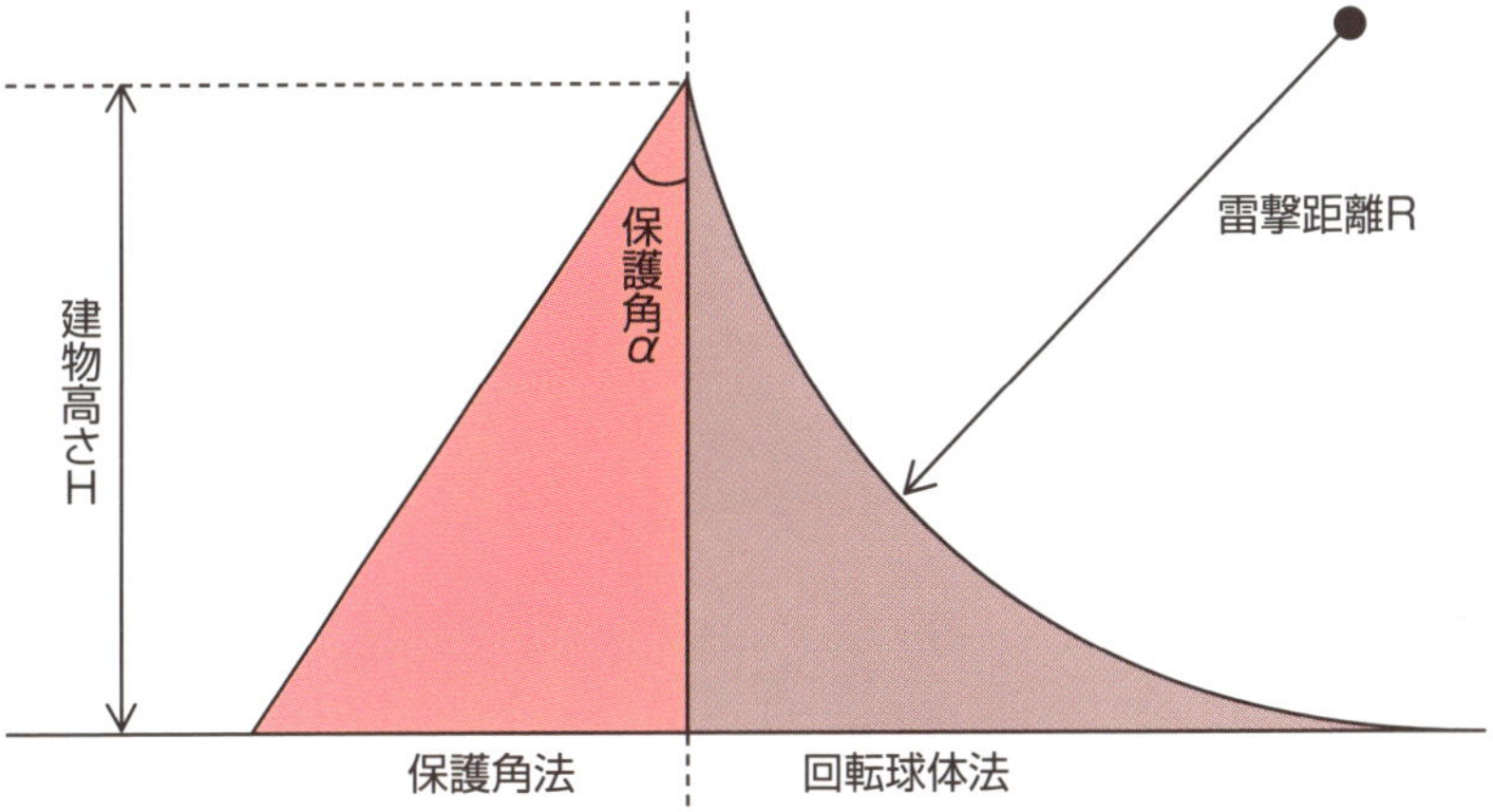

建物の高さ(H)別保護角(α)

保護レベル＼高さH	20m	30m	45m	60m	60m超
Ⅰ	25°	*	*	*	*
Ⅱ	35°	25°	*	*	*
Ⅲ	45°	35°	25°	*	*
Ⅳ	55°	45°	35°	25°	*

*：不適用(回転球体法やメッシュ法を適用させる)

保護レベルとメッシュ幅

保護レベル	メッシュ幅
Ⅰ	5 m
Ⅱ	10 m
Ⅲ	15 m
Ⅳ	20 m

56 電磁誘導障害

電気電子機器には電磁両立性が必要

電磁波は、多くの電気機器から副次的に発生しているだけではなく、電磁波自体を機能として使っている機器も多く存在します。ですから、電気電子機器には電磁環境両立性が求められています。

(1) 電磁両立性(EMC)

電磁両立性は、装置またはシステムの存在する環境において、許容できないような電磁妨害をいかなるものにも与えず、かつ、その電磁環境において満足に機能するための装置またはシステムの能力と定義されています。

(2) 電磁妨害(EMI)

電磁妨害は、機器、装置、システムの性能を低下させる可能性があり、生物か無生物にかかわらず、すべてのものに悪影響を及ぼす可能性がある電磁現象をいいます。

(3) 電磁感受性(EMS)

電磁感受性は、電磁妨害による機器、装置、システムの性能低下の発生のしやすさです。

(4) イミュニティ

イミュニティは、電磁妨害が存在する環境で、機器、装置、システムが性能低下せずに動作することができる能力で、電磁耐性ともいわれます。

(5) 電磁障害

電磁障害は、電磁妨害によって引き起こされる装置、伝送チャンネルまたはシステムの性能劣化です。

(6) エミッション

エミッションは、ある発生源から電磁エネルギーが放出される現象です。

(7) 放射妨害

放射妨害は、電磁波としてエネルギーが空間伝播をして発生する電磁妨害です。

(8) 伝導妨害

伝導妨害は、電源系や信号系の導線を伝わって伝達される電磁妨害です。

要点BOX

- ●電磁波は社会に常時存在している
- ●電気電子機器には機能低下をもたらさないような耐性が必要

電磁誘導障害

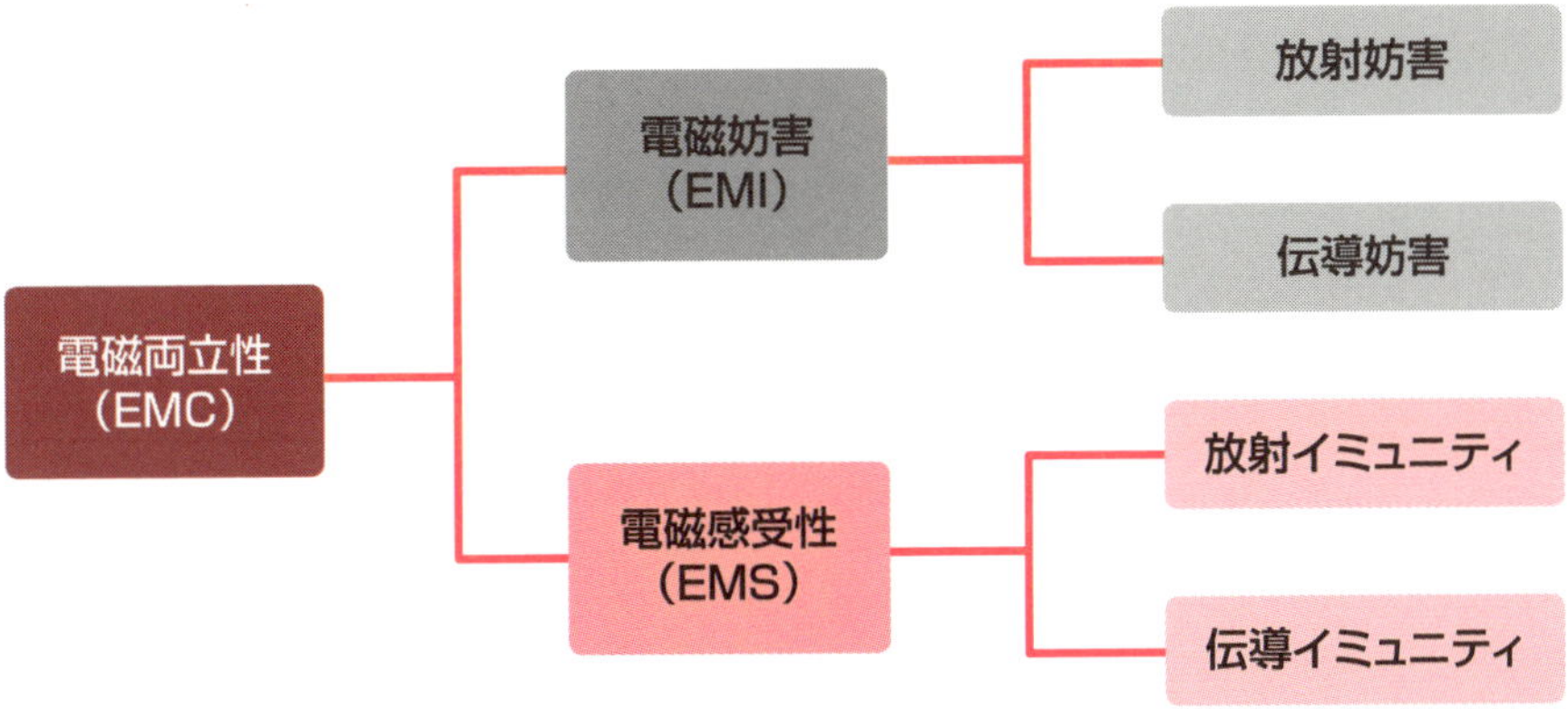

エミッションと電磁障害

エミッションの発生源	電磁障害例
放電灯、放電加工機、整流子電動機、接点の開閉、高圧線の放電現象、無線通信機器、レーダー装置、電子レンジ、高周波加熱器、情報機器、スイッチング機器、変圧器、送電線、整流回路、インバータ機器など	コンピュータ誤動作、医療機器誤動作、テレビ雑音、無線通信障害、有線通信雑音、電子機器誤動作、表示機器画面障害など

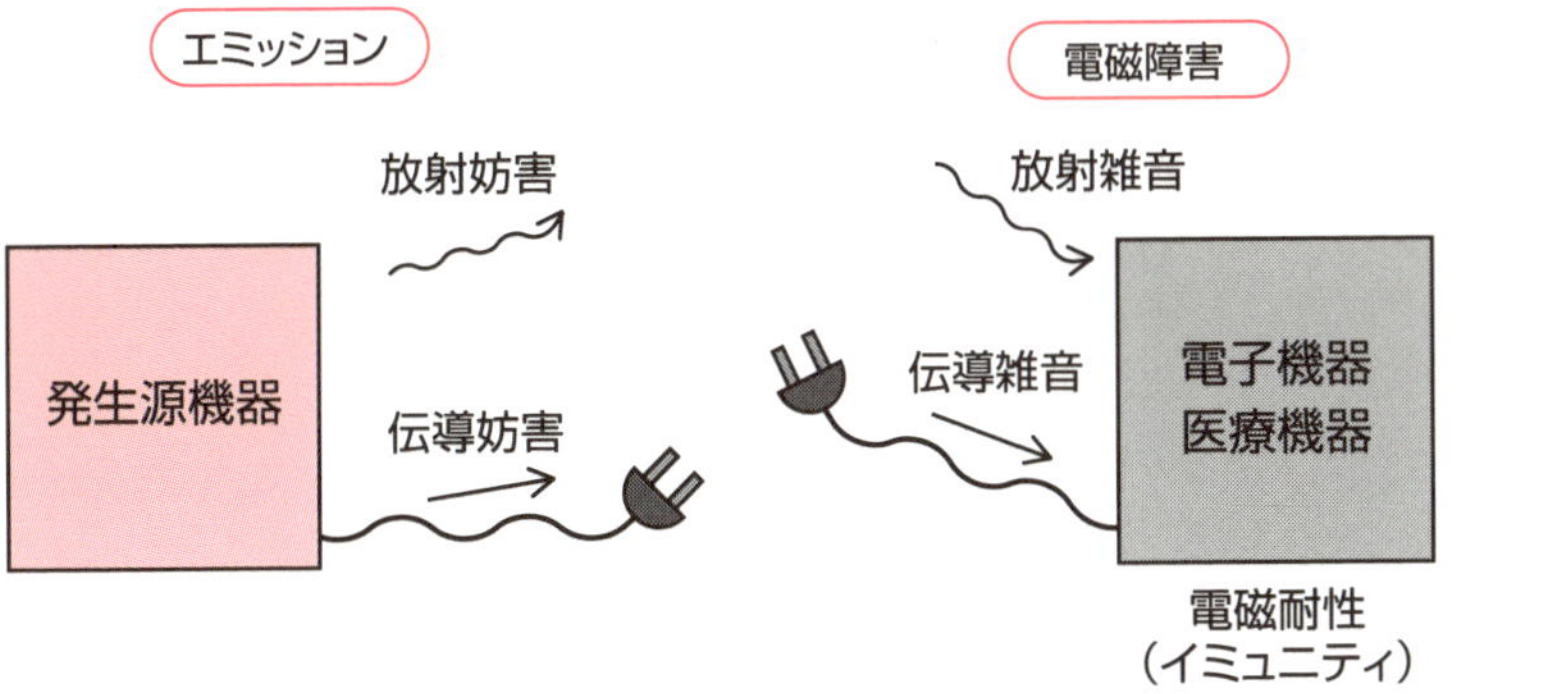

57 高調波問題

インバータ回路等に起因する障害

高調波とは、基本周波数の整数倍の周波数の波のことですが、実際に問題となるのは、第3次高調波や第5次高調波です。東日本の場合には、電源周波数が50Hzですので、第3次高調波は150Hz、第5次高調波は250Hzとなります。高調波の発生源となるのは、インバータ回路にあるコンバータや工場で使われるアーク炉などです。最近では、産業用だけでなく家庭用機器にもインバータ回路が多用されていますので、高調波の発生源は非常に多くなっています。その結果、電力系統における高調波含有率が増加しています。高調波含有率をひずみ率と呼び、基本波成分実効値に対する高調波成分実効値の比で表します。

最近では、高調波を発生させる原因となる機器は、社会に多く存在していますので、高調波問題の発生はめずらしくありません。なお、高調波によって発生する障害例としては、次のようなものがあります。

①通信への誘導障害
②コンデンサやリアクトルへの振動、過熱、焼損
③回転機からの異音発生
④ラジオなどへの雑音
⑤電子機器の誤動作
⑥変圧器などの鉄損の増加
⑦電力量計などの電流コイルの焼損
⑧継電器の誤動作

以上の内容は、電気機器の多くに発生する可能性のある障害です。しかも、障害が発生すると、その影響が深刻になるケースが多い内容ですので、対策が必要となります。実際に高調波への対策として、次のような方法がありますので、費用対効果を考慮して適切な対応が計画されなければなりません。

Ⓐ整流器の整流相数の増加
Ⓑアクティブフィルタの設置
Ⓒパッシブフィルタの設置
Ⓓ力率改善コンデンサの低圧側設置

要点BOX

●高調波は基本周波数の整数倍の波
●高調波問題の発生はめずらしくない
●費用対効果を考慮した高調波障害対策が必要

施設における高調波発生源例

設備項目	機器名	施設種類
情報機器	パソコン、プリンタ、コピー機、無停電電源装置	事務所、工場、商業施設
空調機器	インバータ空調機、換気装置、ファン	事務所、工場、商業施設
照明機器	インバータ式蛍光灯、水銀灯、ナトリウム灯	事務所、工場、商業施設、競技施設
搬送設備	エレベータ、クレーン、リフト、ポンプ類	事務所、商業施設、工場、水道施設
家電機器	テレビ、空調機	家庭
電気加熱	アーク炉、高周波誘導炉、溶接機	工場
情報通信	放送設備、通信設備	放送局、通信関連施設

$$\text{高調波含有率（ひずみ率）} = \frac{\text{高調波成分実効値}}{\text{基本波成分実効値}}$$

高調波障害例

機器	障害の現象	障害の影響
変圧器、コンデンサ、リアクトル	過負荷、過熱、異常音発生	絶縁劣化、寿命短縮
電力量計	測定誤差	電流コイル焼損
過電流継電器	設定レベル誤差、不動作	電流コイル焼損
電力ヒューズ	過熱	溶断
電子応用機器	特定部品の過熱、誤動作	寿命低下
蛍光灯	コンデンサ、チョークの過熱	焼損
誘導電動機	二次側過熱、異常音発生、振動発生、効率低下	回転数の変動、鉄損・銅損の増大、寿命低下
同期機	振動発生、制動巻線加熱、効率低下	鉄損・銅損の増大、寿命低下
無線受信機	特定部品の過熱、雑音発生	寿命低下

58 人や機器に対する保護

安全・安心のための規格と指針

電気設備には多くの電気機器が使われていますが、施設を快適かつ効果的に運用するためには、それに適する機器を選定して用いなければなりません。電気設備を利用する施設は、事務所ビルのような屋内施設を中心としたものだけではなく、屋外競技場や道路などの屋外施設も少なくありません。もちろん、事務所ビルやホテルにおいても、周辺の屋外に設置される機器がありますので、そういった場所に設置するには、防水対策などが必要となります。電気設備は人の触れる場所に設置されるものも少なくありませんので、人体に対する接触への保護もなされていなければなりません。

さらには、化学プラントなどのように、爆発の危険性をもった空間に電気設備を設ける場合もあります。そういった際には、電気機器がアークを発生させる危険性を持っていますので、着火源とならないような対策が必要となります。

こういった対策の指針として、ＪＩＳでは、「電気機械器具の外郭による保護等級」を定めています。そこでは電気機器の筐体の保護等級としてＩＰコードが示されています。ＩＰに続く最初の数字（第一特性数字）は、０～６までとなっており、危険個所への接近及び外来固形物に対する保護等級となっています。また、２番目の数字（第二特性数字）は０～８までとなっており、水の侵入に対する保護等級となっています。それらの詳細については、左頁の表にまとめましたので、参照してください。

なお、爆発雰囲気のある地域に設置する機器に関しては、「工場電気設備防爆指針」が労働安全衛生総合研究所から出されています。その指針は、国際規格に整合したものとなっており、ⓐ耐圧防爆構造、ⓑ内圧防爆構造、ⓒ安全増防爆構造、ⓓ油入防爆構造、ⓔ本質安全防爆構造、ⓕ樹脂充てん防爆構造、ⓖ非点火防爆構造が定められています。

要点BOX

- ●人や水に対する電気機械器具の外郭による保護等級
- ●爆発雰囲気に対する工場電気設備防爆指針

IP表記(JIS C0920)

IP□□
表1
表2

第一特性数字

数字	外来固形物に対する保護	危険な箇所への接近に対する保護
0	無保護	無保護
1	直径50mm以上の大きさの外来固形物に対して保護する	こぶしが危険な箇所へ接近しないように保護する
2	直径12.5mm以上の大きさの外来固形物に対して保護する	指での危険な箇所への接近に対して保護する
3	直径2.5mm以上の大きさの外来固形物に対して保護する	工具での危険な箇所への接近に対して保護する
4	直径1.0mm以上の大きさの外来固形物に対して保護する	針金での危険な箇所への接近に対して保護する
5	防じん形	針金での危険な箇所への接近に対して保護する
6	耐じん形	針金での危険な箇所への接近に対して保護する

第二特性数字

数字	保護内容	意味
0	無保護	
1	鉛直に落下する水滴に対して保護する	水滴に対する保護
2	15度以内で傾斜しても鉛直に落下する水滴に対して保護する	外郭が鉛直に対して両側に15度以内で傾斜したときの水滴に対する保護
3	散水に対して保護する	鉛直から両側に60度までの角度で噴霧した水への保護
4	水の飛まつに対して保護する	あらゆる方向からの水の飛まつへの保護
5	噴流に対して保護する	あらゆる方向からのノズルによる噴流水への保護
6	暴噴流に対して保護する	あらゆる方向からのノズルによる強力なジェット噴流水への保護
7	水に浸しても影響がないように保護する	一時的に水中へ沈めたときの保護
8	潜水状態での使用に対して保護する	継続的に水中に沈めたときの保護

Column

天災・人災に対応する

電気設備は常に自然の脅威にさらされている設備です。広範囲に影響する脅威の一つに地震があります。地震発生時には設備機器の倒壊という脅威や、駆動中の機器によって人命または財産への被害が発生する可能性があります。地震に付随して起きる脅威としては、海岸部では津波や液状化、山岳部では土砂崩れなどがあります。

また、最近では大雨などの発生回数が増える傾向にあります。導電体である水は基本的に電気設備には脅威となります。これまでは、ビルの電気室はビジネスとしての利用価値が低い地下部分に設けられていました。しかし、洪水や高潮などの被害が多い地域では、高い場所に変電所を設ける方が望ましいといえます。

なお、雨天・荒天時に発生する災害としては雷があります。通常のビルや工場などでは避雷針が設けられていますので、被害は抑えられますが、港湾施設や広大な公園地域においては、落雷によって被害を受ける場合が少なくありません。

同様に天候にかかわる障害として、大風による脅威があります。最近は、低気圧接近時における風速が強まる傾向にありますので、電気設備を保護する屋根や囲いに損傷が生じた結果、事故を誘発したという報告が多くなっています。また、道路照明などが、風圧や風によって飛ばされてきた飛来物によって損傷を受けるケースも多く報告されています。なお、雪の多い地域においては、通常の設備設置方法ではなく、積雪時を考慮した設置方法を検討する必要があります。具体的には、基礎をかさ上げするなどの方策が採られます。

以上のような自然の脅威に対する対策も重要ですが、最近では、悪意を持った人による攻撃も多くなってきています。また、悪意はなくとも、人の過失による電気設備の損傷も多く報告されています。受電設備や電源設備などが損傷を受けると、その復旧には長い時間がかかります。

最近では、電気設備を総合的に管理するために監視制御システムが情報化・高度化してきています。それらのシステムは、コンピュータで管理されているため、システムがサイバー攻撃を受ける可能性が高まっています。そのため、サイバー攻撃を継続的に監視する手法と、発生した場合の対応策を事前に検討しておく必要があります。

第7章

長期に安全と快適を維持する考え方

59 省エネルギー対策

施設全体での省エネルギー計画

エネルギー消費の割合は、施設の種類や目的によって違ってきます。施設の省エネルギーを考える場合、電気設備はさまざまな機器の集合体ですので、単純に一つの対策が講じられれば十分というものではなく、総合的な効果を大きくするための方策は何かという考え方で進めていく必要があります。

(1) 照明

照明は光源によってエネルギー効率が違いますので、エネルギー効率の高い光源を採用していく必要があります。また、究極の方策は照明を点けないことですので、消灯や減灯をする技術を活用することは有効です。そういった理由から、センサを使って人がいない場所の消灯をするという方法が取られています。また、窓から入る明かりを有効に活用するという方法で、窓際の照明器具の照度を調整して消費電力を抑える手法や、光を導波管で誘導して必要な場所で活用する方法なども使われています。

(2) 熱源

電気のジュール熱で発熱させていたのでは、エネルギーを大量に消費します。最近では、熱をくみ上げるヒートポンプの技術が発達してきましたので、活用が広がっています。また、電力の平準化と電気料金の節減のために、廉価な夜間電力を使って発生させた熱を蓄熱して昼間に活用する仕組みも採用されています。

(3) 動力

動力設備では、省エネルギー効果が高いインバータ式のモータ駆動や、装置全体の運転制御システムによる省エネルギー化が進められています。

(4) 建築・構造での対策

建築的には、外気を断熱材や屋上緑化などの方法で遮断したり、その逆に集熱装置を使って太陽熱を集めて蓄熱し、熱需要のピーク時に活用したりする方策などがあります。そのためには、建築・構造上での省エネルギー設計が必要となります。

要点BOX

- ●照明減灯による省エネルギー化
- ●ヒートポンプを活用した熱の発生
- ●インバータ活用による効率化

昼光利用による照明の省エネルギー化

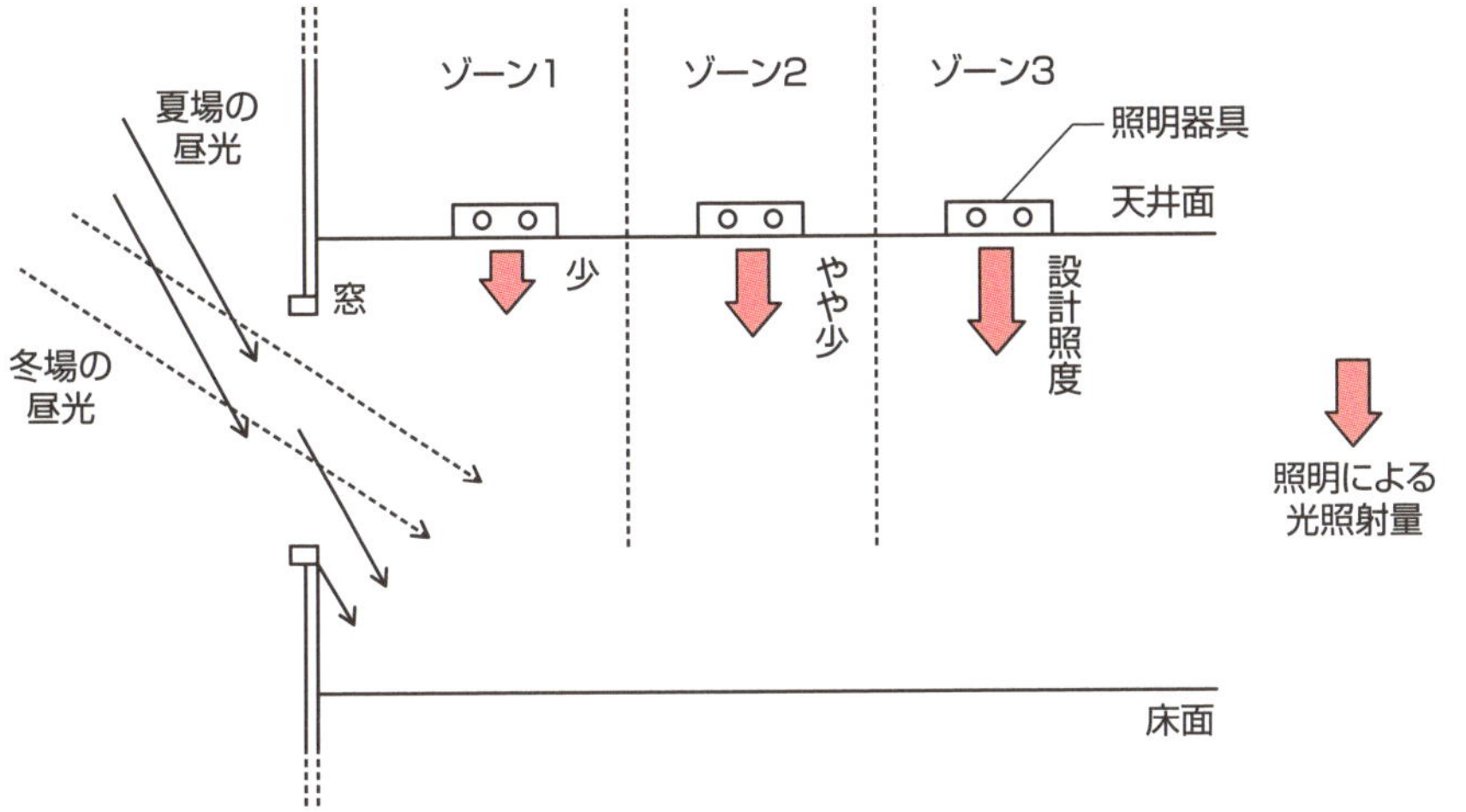

施設・電気設備の省エネルギー項目

分野	項目	適用技術
熱源系	ボイラ、冷凍機、冷温水器、冷却塔、給湯設備	省エネ制御、ヒートポンプ、蓄熱槽、台数制御、深夜電力
熱搬送系	空調機、ファンコイルユニット、換気ファン、給排水ポンプ	インバータ、断熱材、ゾーン管理、全熱交換、VAV制御、中水利用、雨水利用
照明系	全般照明、局部照明、ディスプレイ照明、サイン照明	インバータ安定器、LED、Hf照明、照明制御、昼光活用、照度制御、照明回路再構成、人感センサ
コンセント系	パソコン、サーバー、コピー機、FAX、冷凍ショーケース、自動販売機	待機電力制御、省エネ運転、インバータ、時間制御
動力系	ポンプ、ファン、エレベータ、エスカレータ	インバータ、回生ブレーキ、台数制御、自動水栓、トイレ擬音装置
発変電系	変圧器、コジェネレーション	バンク構成、高効率変圧器、力率調整、夜間電力、デマンド管理、原動機、燃料電池、マイクロガスタービン
建築系	壁、窓	屋上緑化、壁面緑化、複層ガラス、熱反射ガラス、断熱材、ブラインド、エアーフロー窓
監視系	受変電監視、火災報知設備、空調監視制御、動力監視制御	BEMS、スケジュール管理

60 信頼性技術

利便性を損なわない手法

電気設備の中には、それが故障するとその施設で活動する人の命に関わるものや、業務データも含めて、施設内の資産の滅失が生じるものがあります。そのため、信頼性を高める手法は重要です。この考え方は、電気設備に用いられる部品レベルでも実施されていますが、トータルシステムの面でも進められています。トータルシステムの信頼性を高める目的で広く用いられているのが冗長化です。冗長化とは、装置の二重化対策などを行って、システム全体の信頼性を高める手法です。その際には、左頁のような信頼性計算を行いますが、信頼性計算では、信頼性(e)と故障率(f)を用います。両者の関係は信頼性(e)+故障率(f)=1となります。具体的に、左頁に示した要素の直列接続と並列接続で信頼性がどのように変化するかを見てください。

このように、二重化や三重化を行う方法によって信頼性は高くなりますが、その分コストは上がりますので、経済性計算も合わせて行う必要があります。なお、冗長性を持たせるべきところとして、電源部、通信部、処理する情報処理部などが考えられますので、各部でどのような冗長性を持たせるのかを、十分に検討しなければなりません。

電気設備の故障率は、その設備やシステムを使用した時間によっても変化していきます。一般的に、機器やシステムは導入初期に高い故障率を示しますので、その期間を「初期故障期」と呼んでいます。その期間を過ぎると、故障率は一定値以下に収まりますので、その期間を「偶発故障期」と呼んでいます。

さらに、機器やシステムが長く使われた後には、装置や部品の劣化によって再び故障率が増加していきます。その期間を「摩耗故障期」と呼んでいます。その経年変化現象を図で表すと、左右が持ち上がった形状になりますので、この現象をバスタブ曲線と呼んでいます。

要点BOX

- ●多重化対策で信頼性は上がる
- ●故障率は使用時間によって変わってくる

設備・機器の信頼性と故障率

信頼性と故障率の関係

信頼性(e) + 故障率(f) = 1

要素の直列接続の際の信頼性

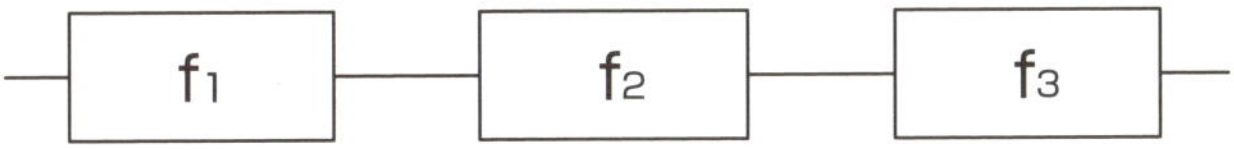

システム故障率(f_n) = $1-(1-f_1)\times(1-f_2)\times(1-f_3)$

計算例;

$f_1 = f_2 = f_3 = 0.1$のとき

システム故障率(f_n) = $1-0.9^3 = 0.271$

システム信頼性(e_n) = $1-0.271 = 0.729$

要素の並列接続の際の信頼性

システム故障率(f_n) = $f_1 \times f_2 \times f_3$

計算例;

$f_1 = f_2 = f_3 = 0.1$のとき

システム故障率(f_n) = $0.1^3 = 0.001$

システム信頼性(e_n) = $1-0.001 = 0.999$

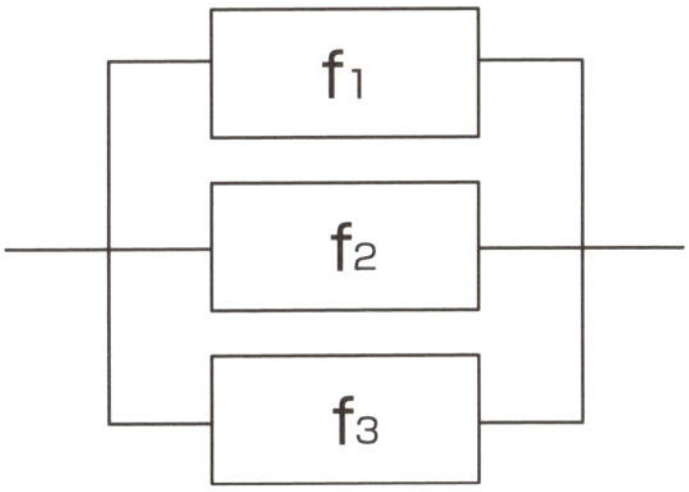

バスタブ曲線

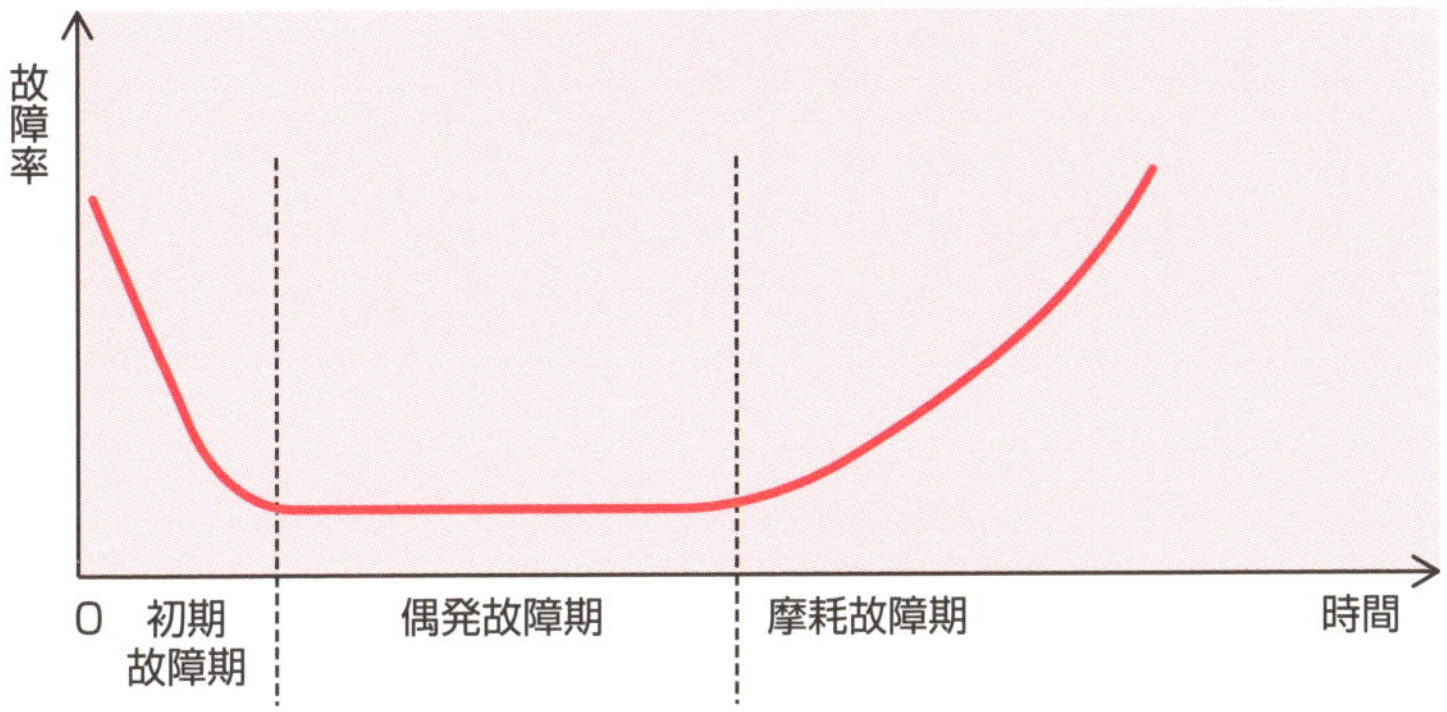

61 安全性

危険の回避を図る手法

安全性は、多くの人が事業や生活を行う空間に設置される電気設備にとって非常に重要な要素となります。人命に関わるような障害が危惧される場合には、優先して設備の計画や設計に変更を加えなければなりません。しかしながら、安全を損なう要素には非常に多くのものがありますので、それらを抽出する作業は容易ではありません。その要素を抽出する際に広く用いられるものとして、チェックリストがあります。また、化学プラントなどの大型装置における安全性を確認する手法としてＨＡＺＯＰという手法がありますし、フォルトツリー解析やイベントツリー解析、ＦＭＥＡなどの手法もあります。電気設備の計画時に安全性が十分に考慮されていなければ、公衆や社会に大きな損害を与えるばかりでなく、問題が生じた場合には、リコールなどの対策を講じなければならなくなり、企業としても大きな痛手やブランドイメージの崩壊をもたらす危険性を持っています。

最近では、電気設備が設置される施設のなかには、システムが複雑になっているものがあり、安全性の解析が非常に難しくなっています。そのような複雑系の解析については、コンピュータによるシミュレーションなどの方式も利用されています。複雑なシステムの場合には、二重三重の安全装置をつける例が多くなっています。工場で使われる設備などでは、メカニカルなインターロックやシステム的なインターロックを設ける方法で防御をしている例が多くあります。また、駅や公会堂などの不特定多数の公衆が集まる施設においては、初めて訪れた人がとっさに適切な判断ができるピクトグラムなどの表示も検討されなければなりません。ただし、設計では安全性を考慮していても、最終的にはシステムと人間との共同判断が行われなければなりません。また、人間の行動においては間違いを完全に除去できませんので、フェール・セーフやフール・プルーフという考え方も必要です。

要点BOX

- ●リスク特定手法を使った検討
- ●システム安全技術の適用検討

リスク特定技法

管理技法	内容
チェックリスト	過去の経験から業務のポイントを整理したリストを使ってチェックを行い、リスクを早期に発見する方法である。未経験分野においては精度が低いために、効果を十分に発揮できないので注意する必要がある。
FMEA (FailureMode and Effects Analysis)	FMEAは故障モード影響解析と訳され、設計上で不完全な点や製品の潜在的な欠陥を見つける手法である。この手法は、部品などの要素に着目して、それぞれの部品がその上位の部品やユニットにどのような影響を与えるかを評価するので、基本的にボトムアップ的で地道な解析手法とされている。
FTA (Fault Tree Analysis)	FTAは故障の木解析と訳され、信頼性や安全性の面から好ましくない事象を取り上げて、その事象から原因となる事象とその発生原因、さらには発生確率を解析する技法である。FMEAとは違いトップダウン的な手法である。
ETA (Event Tree Analysis)	ETAは、災害などの引き金になるような重大な事象を設定して、その結果から生じる可能性がある事象をシーケンスで表して、発生する災害とその発生確率を評価する手法である。
HAZOP (Hazard and Operability Study)	HAZOPは、主に化学プラントの設計や運転においてどんな危険性があるかを解明する手法であり、エンジニアリング会社などで用いられている。それぞれのプロセスパラメータのずれが発生した場合の危険事象を解析して、改善策や対策を計画する。

システム安全技術

手法	内容
フール・プルーフ	人間が誤って不適切な操作を行っても危険を生じない、あるいは正常な動作を妨害されないための手法
フェール・セーフ	装置が故障しても、その故障が事故の原因になったり、新たな故障の引き金になったりしないように、安全な方向に制御する手法
ダメージ・トレランス	飛行機などにおいて、少しぐらいダメージを受けてもそれを許容して飛ぶことができるようにする設計手法
フォールト・トレラント	故障や誤動作が発生しても機能が正しく維持される手法
フェール・ソフト	故障が発生した際に、機能を完全に喪失するのではなく、可能な範囲で機能が維持されるようにする手法
フォールト・アボイダンス	故障の可能性が充分に低くなるように計画し、高い信頼性を維持させる手法

62 耐用年数

適切な更新を計画するための目安

人工物にはそれぞれに特有の耐用年数がありますので、建築物や電気設備の計画や設計をする場合には、対象物の耐用年数を知っていなければなりません。耐用年数については、次のような考え方があります。

(1) 法的耐用年数

法的耐用年数とは、固定資産の減価償却費算出のために定められた法的耐用年数です。法的な耐用年数の例として建築物と什器・備品について示したのが左頁の2番目の表になります。

(2) 物理的耐用年数

物理的耐用年数は、物理的な劣化の面から決められる耐用年数です。物理的耐用年数は、その設備の使用頻度や保守の度合いで違ってきます。しかし、先達の経験から目安としての推奨更新年数がありますので、その例を左頁の下の表に示します。実際にはこれよりも長い期間使われているものもありますが、故障や事故によって施設が運用できない状態とならないためには、この更新年数を目安にして顧客に適確なアドバイスができるようになる必要があります。

(3) 経済的耐用年数

経済的耐用年数は、継続して使用するために必要な修繕費や改修費が更新費用を上回る年数です。家電製品に関しては、部品がなくて修理ができなくならないように、経済産業省の通達で、「補修用性能部品の最低保有期間」が示されています。なお、保有期間は製品の製造を打ち切ったときからカウントされますので、製品製造中止以後の期間となります。

(4) 機能的耐用年数

機能的耐用年数とは、使用目的や社会的ニーズに対応できなくなり、機能的に陳腐化する年数です。IT機器の場合にはこの期間が非常に短くなっています。

このように、耐用年数の考え方にはいろいろな視点がありますが、電気設備の種類によって優先される判断基準が変わってきます。

要点BOX

- ●耐用年数にはいつくかの考え方がある
- ●電気設備の種類によって優先される判断基準が変わる

耐用年数の考え方

種類	内容
法的耐用年数	固定資産の減価償却費算出のために定められた法的耐用年数
物理的耐用年数	構造や設備の物理的な劣化の面から決められる耐用年数
経済的耐用年数	継続して使用するために必要な修繕費や改修費が更新費用を上回る年数
機能的耐用年数	使用目的や社会的なニーズに対応できなくなり、機能的に陳腐化する年数

建築物と什器・備品の法的耐用年数

種類		耐用年数
建物	鉄骨鉄筋コンクリート造または鉄筋コンクリート造の事務所	65年
	木造事務所	26年
什器・備品	什器（机、椅子等）	15年
	複写機等	5年

電気設備の推奨更新年数

設備名	推奨更新年数	設備名	推奨更新年数
高圧受電設備	20年	変成器	15年
遮断器・漏電遮断器	15年	高圧電動機	20年
気中開閉器	15年	低圧電動機	15年
高圧ヒューズ	10年	空調設備	15年
進相コンデンサ	15年	給排水設備	15年
電磁接触器	15年	エレベータ	17年
避雷器	15年	エスカレータ	15年
真空遮断器	20年	中央監視制御装置	10年
直列リアクトル	15年	事務所照明器具	10年
変圧器	20年	自動ドア	12年
保護継電器	15年	火災報知受信機	20年
低圧配電盤	20年	インバータ	10年
電線	20年	バッテリー	5年

63 保全対策

電気設備を適正な状態に保つ

施設や電気設備を常に適正な状態に保っていくためには、保全活動を継続して実施する必要があります。保全の役割には基本的に次の二つがあります。

(1) 設備やシステムの機能を適切に維持する役割

設備やシステムが故障してしまうと、正常に戻るまでの間、その設備やシステムで生み出される予定の利益を失う結果になります。そうならないために、故障などに発展する兆候を見出して事前に対策を行う予防保全が実施されます。予防保全には、使用した経過時間を定めて行う時間計画保全と、設備やシステムの状態を常時モニターして、事前に定められた基準に基づいて実施する状態監視保全があります。さらに、時間計画保全には、時間的に一定の周期を定めて行う定期保全と、規定された累積動作時間に達した場合に行う経時保全があります。

(2) システムに発生した故障や欠陥を修復する役割

人間が作り出した機器やシステムは、いくら予防保全の対策をしていたとしても、不意の故障や事故によって、機能が停止してしまうのは避けられません。そういった場合に実施されるのが事後保全です。事後保全には、突発的に故障した際に直ちに行う緊急保全と、代替機などが用意されている場合に、とりあえず代替設備やシステムで運用を行い、通常の保全作業の中で実施する通常事後保全があります。

保全の内容や実施する頻度は、その設備やシステムの重要度や代替機の有無などによって変わってきます。ただし、運転データや予防保全作業で得られたデータを有効に活用していかなければ、事後保全の作業が増えてしまいます。また、老朽化の度合いによって保全の頻度が上がりますが、施設全体の保全計画の中で、突出して回数が上がってしまうと、全体的な保全コストに影響を及ぼします。それを避けるには、適切な更新計画を作るための資料として、これらのデータを活用する必要があります。

要点BOX

●予防保全は故障の兆候を見出して実施する保全
●事後保全は機能停止後に実施する保全

保全の目的による分類

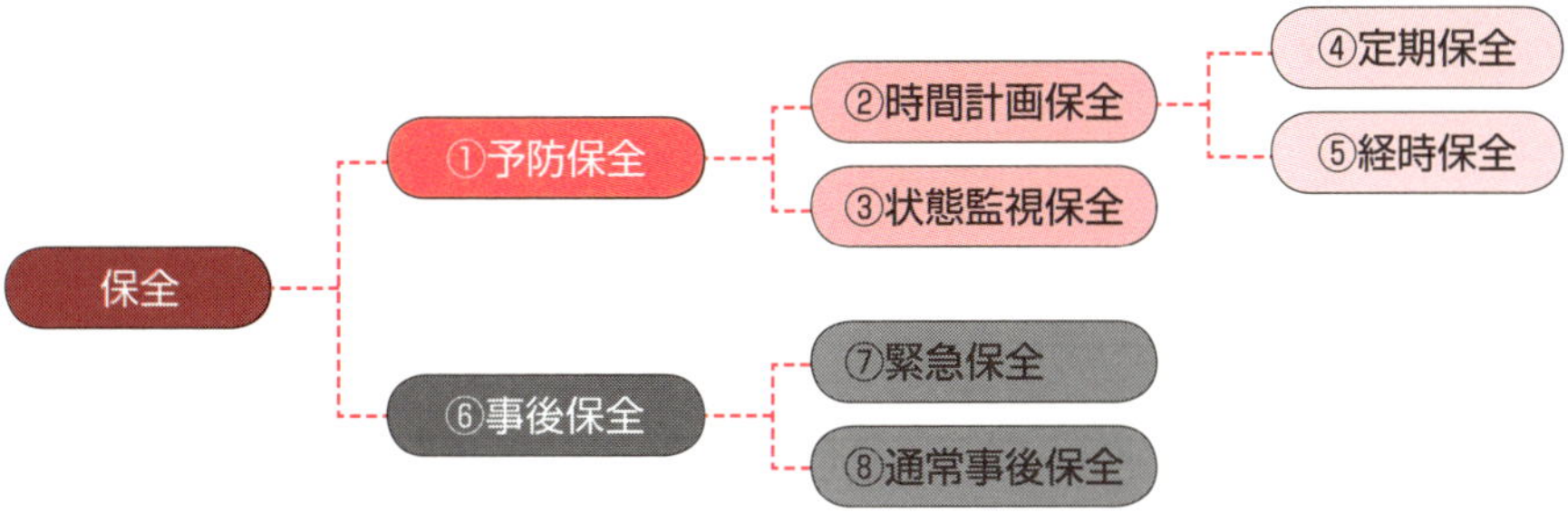

保全の種類と内容

	保全の種類	内容
①予防保全	②時間計画保全	時間計画保全は、一定の期間や使用した経過時間を定めて行う保全で、定期保全と経時保全がある。
	③状態監視保全	状態監視保全は、設備やシステムの状態を常時モニターして、事前に定められた基準に基づいて措置を講じる保全の方法。
	④定期保全	定期保全は、これまでの経験から時間的に一定の周期を定めて行う保全。
	⑤経時保全	経時保全は、設備やシステムに対して規定された累積動作時間に達した場合に行う保全。
⑥事後保全	⑦緊急保全	重要な設備やシステムでは、通常は予防保全などの対策によって故障が発生しないように配慮しているものに対して、突発的に発生した故障の際に直ちに行う保全。
	⑧通常事後保全	仮に故障しても代替機などが用意されている場合には、故障の際に代替できる設備やシステムの運用を行い、故障した設備やシステムに対しては、故障後に保全を行う方法。

64 試験計器

現在の状態を見える化する

電気設備は目に見えない電気で駆動する設備です。ですから、通常の状態は電流計や電圧計などの計器で測定した値で変化を察知します。異常が発生した場合には、継電器などの動作によって危険性を最小限の範囲に限定するよう動作を行います。しかし、電気設備のすべてに計測器が設けられており、常時監視できているわけではありません。また、電気設備の中にはモータやエスカレータなどのように、機械的な部分が多く含まれているものが多くありますが、そういった機械設備においては、摩耗などの経年的な変化がもたらす障害があります。そういった障害が発生しないように保全対策が行われますが、単に目視検査だけでは見つからない不具合の前兆が多くあります。そういった場合に用いられるのが試験計器になります。

試験計器の中には、高圧の導電部に直接当てなければならない計器もありますので、計器の取り扱いを誤ると大きな事故の要因にもなりかねません。また、測定の際の条件なども定められていますので、計測の方法を間違うと、誤った計測結果を得てしまい、劣化を見落としてしまう危険性もあります。また、そういった計測作業のなかには、設備を停止しなければならないものもありますので、計画的な停電の時期を逸すると、長期間検査ができなという問題を生じさせてしまいます。このため、現場の試験は、電気設備への基礎的な知識に加えて、経験を求められる作業となります。

さらに、事故発生時にこういった試験計器を使って状態を判断したり、事故を修復した後に完了の確認をしたりするために計測を行う場合も多いため、いつでも使用できるように計器類は適切に管理されていなければなりません。また、当然のことながら、正確な値を得るためには、計器の校正も適切に行われなければなりません。

要点BOX

- ●試験計器は経年変化を見えるようにする
- ●定期的な停電時にしかできない検査がある

試験計器と用途

計器	用途
絶縁抵抗計	感電事故や停電事故を防止するために、ケーブルや機器の絶縁抵抗値を測定する。良否判定基準は、内線規程1345-2「低圧電路の絶縁性能」で規定されている。
高電圧絶縁抵抗計	高圧電路の絶縁抵抗を測定するために使用する計器で、ケーブルの水トリー劣化診断に有効である。
活線絶縁抵抗計	電気設備の保守を行う場合に、停電できない施設が増えてきているため、無停電で絶縁抵抗が計りたい場所で有効な計器である。
接地抵抗計	接地が適切に機能するためには、接地抵抗値が規定値以内でなければならない。接地工事の種類と接地抵抗値については、電気設備技術基準第17条に定められている。
耐電圧試験器	電気設備が稼動中に絶縁破壊を起こさないように、絶縁耐力を試験するために用いられる。試験方法は、電気設備の技術基準の解釈に定められている。
絶縁油試験装置	絶縁油の性能試験のために、$\tan\delta$と静電容量を測定する際に使用する。
相チェック	三相電路を受電した場合に、相順を確認するために用いる。
コンテスタ	100Vコンセントの極性や接地の有無を確認するために用いる。
検電器	電気設備を点検する際などに、電線や機器の活線状態を確認するために用いる。
高調波モニタ	高調波による障害が増えてきているが、高調波の発生時間や潮流方向を測定する際に用いる。
パワーハイテスタ	省エネルギー対策としてデマンド管理を行いたい場合に、デマンド値を測定するために用いる。

65 更新・増設計画

更新・増設への事前準備

電気設備の劣化による機能停止は、安全や快適な環境の喪失につながるため、機能停止に至る前の対策が必要となります。電気設備には、大きく分けて屋外型と屋内型があります。屋外型は電気設備単独での更新計画が作れますが、屋内型では更新計画を策定するために、いろいろな調査や検討が必要となります。建築物の寿命は50年以上で、最近では百年住宅というキャッチフレーズも聞かれるようになりました。一方、電気設備の場合には、建築物の寿命と比べると大幅に短く、具体的には、数年から10数年程度になります。そのため、建築物を建て直すまでに、電気設備は数回更新しなければならない計算になりますので、最初の計画段階から、更新を容易にするための検討が行われていなければなりません。また、電気設備は社会的なニーズが変わると、それに合わせて更新や増設が行われるものです。そういった特性からも、事前に準備をしておく必要があります。

(1) 予備計画

電気設備は時代のニーズと設備技術の向上に伴って、頻繁に増設や変更が生じます。しかし、将来の予備を考慮していないと、その計画が実施できない場合もあります。たとえば、ケーブルを増設したい場合に、ケーブル管路やラックに予備がないと、追加のケーブルは布設できません。また、追加の機器も設置場所がなければ、導入ができなくなります。

(2) 搬入計画

発電機や受電設備などの大きな設備については、それを使う位置まで搬入するルートの幅が十分でないと、機器を入れ替えることはできません。もちろん、搬入口が計画されていないと、施設内に持ち込むことすらできません。また、搬入路内の一部の床荷重が、機器の重量を支えられるだけの強度がなければ、搬入はできません。こういった事項は最初の設計段階から検討されていなければなりません。

要点BOX

- ●増設するためには予備スペースが必要
- ●更新のための搬入路が当初から計画されている必要がある

配電盤増設の考え方

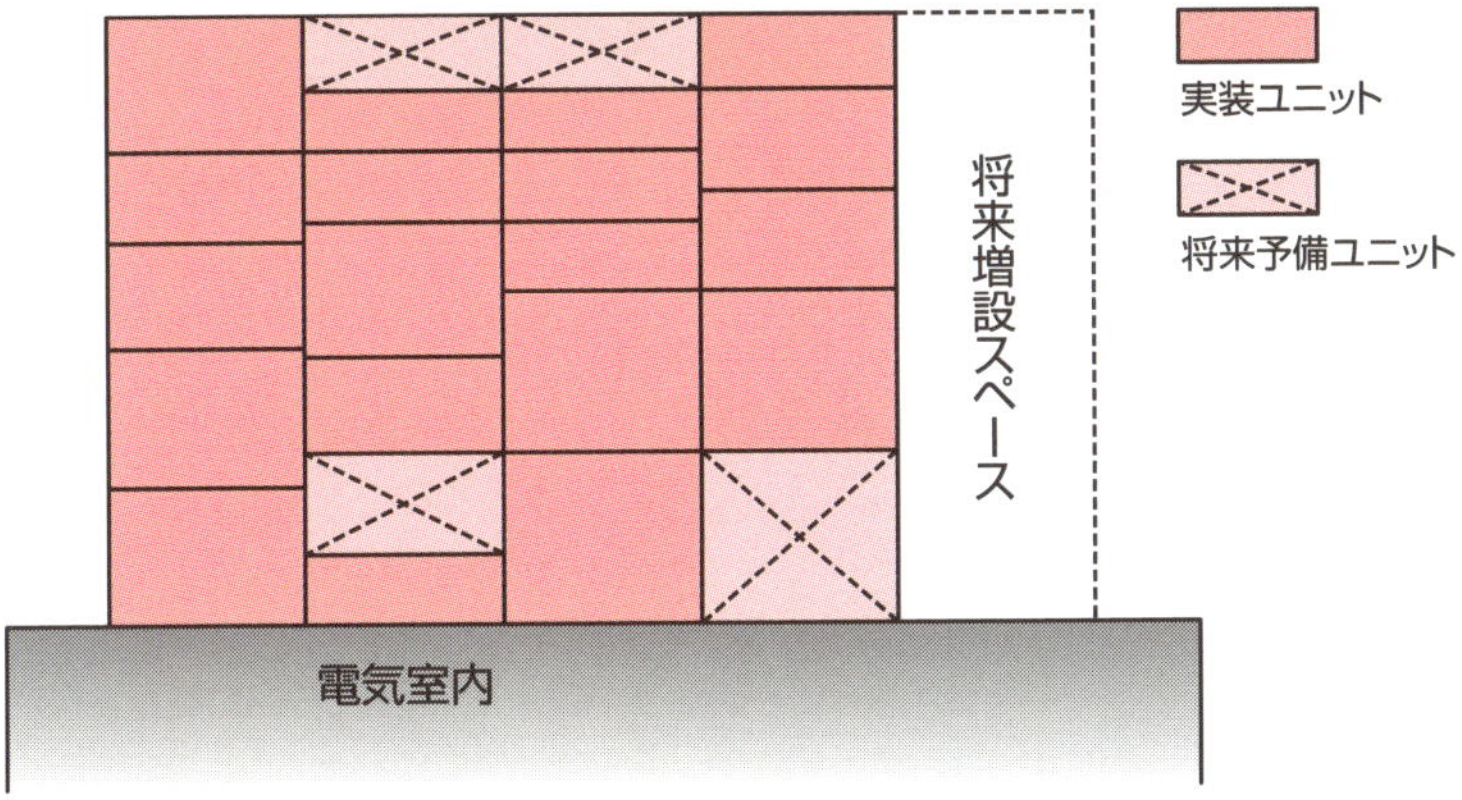

ケーブル管路の考え方

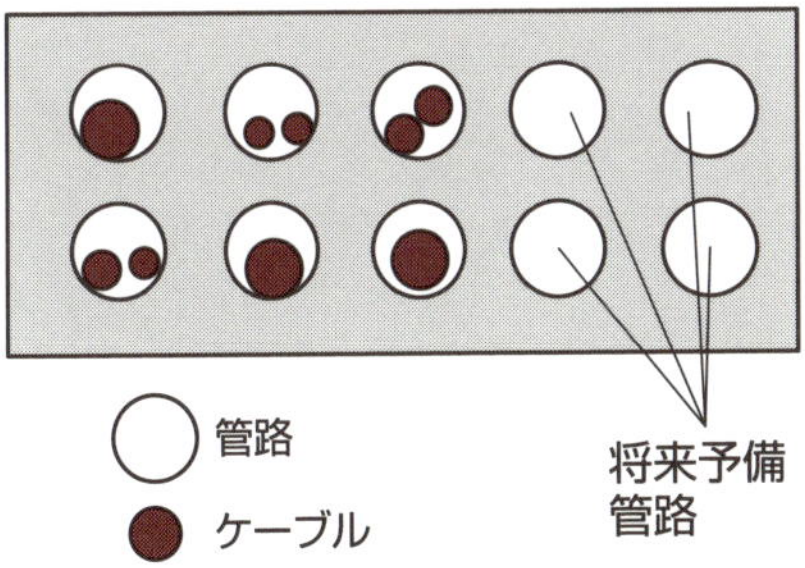

変圧器容量の考え方

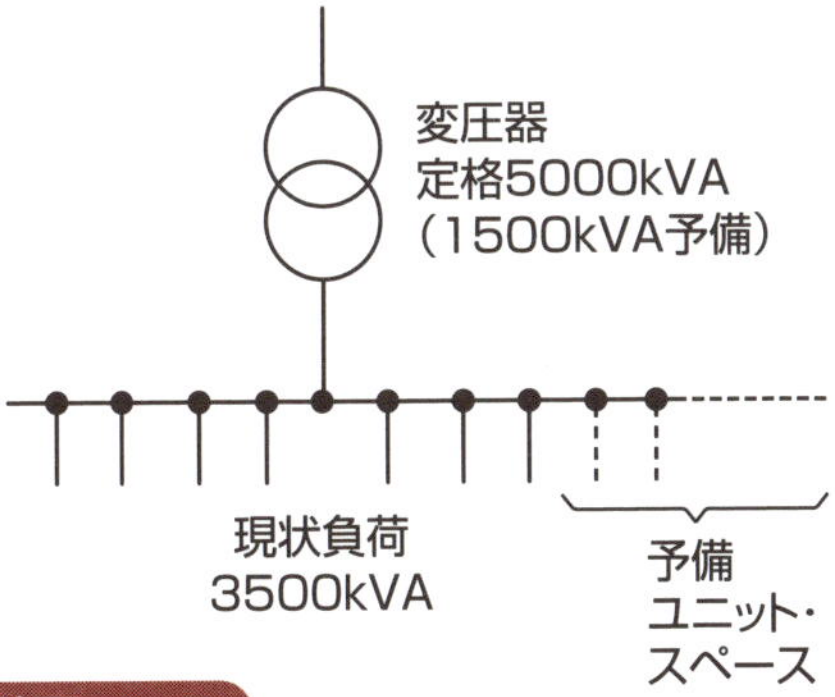

搬入路計画

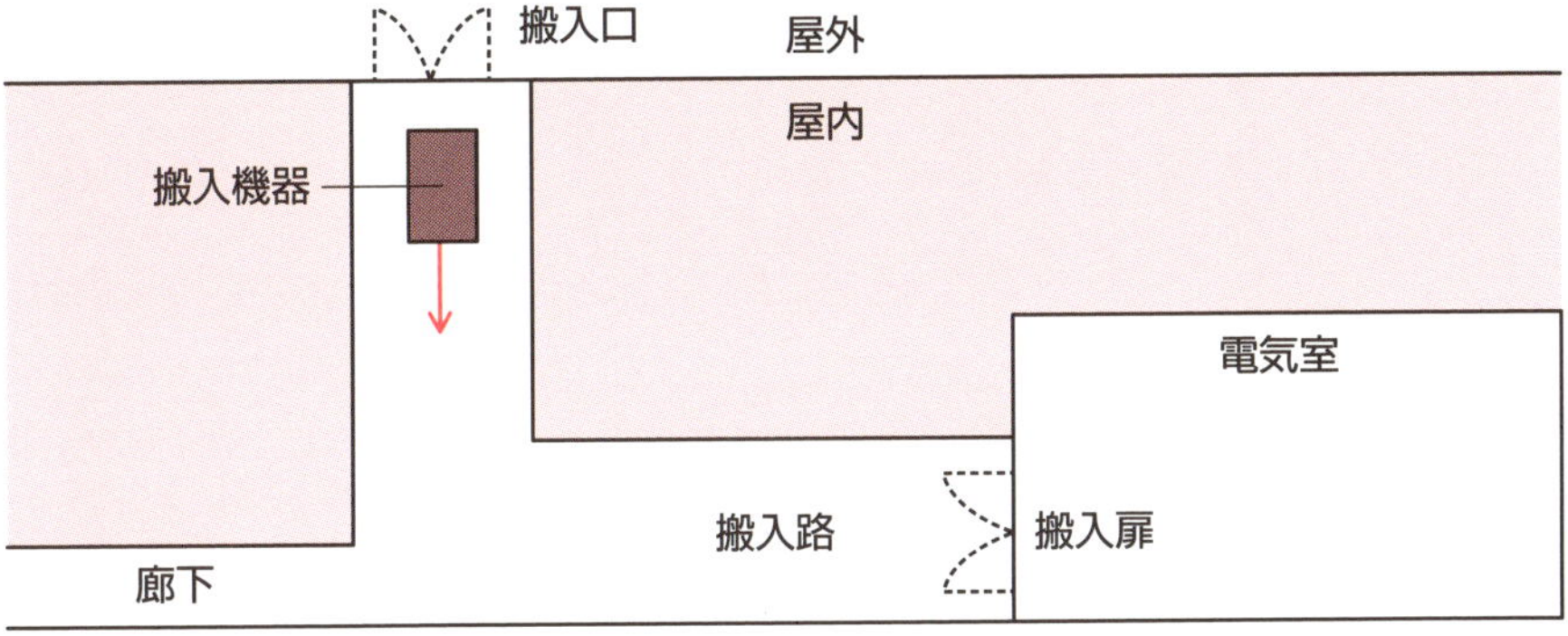

66 ライフサイクルコスト

設備の経済性評価の新基準

　電気設備は、配電設備の一部を除いては、基本的にエネルギーを消費して、必要な機能を発揮する設備です。経済的には、設備を新設するための初期投資費用と設備を稼動させるためのエネルギー費用を比べると、はるかにエネルギー費用が大きくなります。それだけではなく、設備を運転するための管理要員費や、保守要員費、定期的に交換しなければならない部品費なども含めたランニングコストの面で見ると、さらに差が広がっていきます。最近では、設備を更新する際にも、これまでのように単に廃棄するというわけにはいかなくなっています。部材によってはリサイクルしなければならないものもありますし、製品や部品をリユースすることも求められます。さらには、廃棄物を減量するリデュースも含めて、いわゆる3Rが求められます。そういった費用も利用者の負担として考慮しなければならなくなっています。そのため、それらを含めたライフサイクルコストの視点が求められます。

　特に、電気設備の場合には、省エネルギー法によるトップランナー基準の適用によって、省エネルギー化が急速に進んでいますので、ランニングコストの削減幅が大きくなっています。また、電気機器の場合には、材料にレアメタルを含めた有用な材料が多く含まれているため、リサイクルのしやすさを考慮した設計が最近では進んでいます。それによって、廃棄時の費用の低減も大きくなってきています。

　以上の状況から、施設を設計する際に採用する電気設備の評価基準が、イニシャルコストだけの経済性検討だけではなく、ライフサイクルコストとしての経済性検討がなされるようになってきています。導入時には、設備の機能別の優劣を評価する技術評価表を作成しますが、それに加えて、ライフサイクルコストでの経済性評価表が作成されるようになってきており、単にイニシャルコストだけの優位性では、最終選考に残ることができなくなってきています。

要点BOX

- ●電気設備のランニングコスト≫イニシャルコスト
- ●電気設備はリサイクルできる材料を多く含んでいる

電気設備のライフサイクル費用内訳

項目	内容
新設・更新費	本体機器費、付属部材費、設計費、施工費等
管理費	管理要員費、警備要員費、清掃員費、消耗品費等
租税費	固定資産税等
光熱費	電気料金、水道料金、燃料費等
保守点検費	保守要員費用、メーカーによる定期点検・保守費用等
修繕費	部品費、修繕人件費、保険費用等
廃棄費	解体工事費、廃棄費等

ライフサイクルコストの概念図

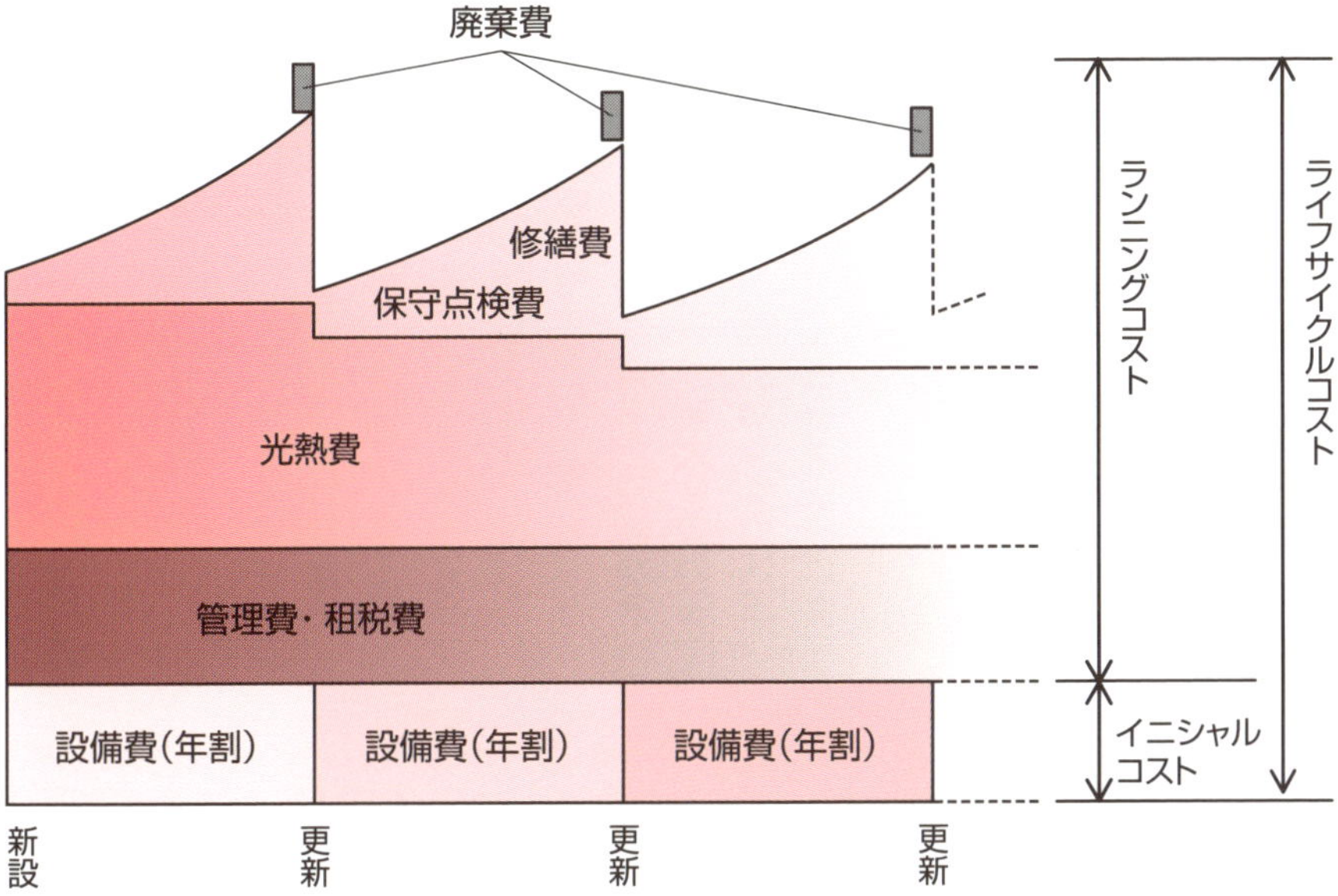

67 ユニバーサルデザイン

現代社会に欠かせない考え方

かつてはバリアフリーという言葉が広く使われ、ハンディキャップを持つ人たちの障壁を解消するための設計や計画が建築物などで積極的に実施されてきました。しかし、超高齢社会の到来で、一部の身体機能が低下した人たちも含めて、何らかの問題を抱えている人たちも、健常者と同じように利用できる設計をしていくという考えが生まれました。これがユニバーサルデザインです。ユニバーサルデザインの概念は、米国ノースカロライナ州立大学のロナルド・メイズ氏が1990年に提唱したもので、七つの原則があります。なお、最近ではユニバーサルデザインの一種として、高齢者や幼児などの機能的に何らかの制限がある人に焦点を合わせ、設計をそれらの人々のニーズに合わせ拡張することによって、製品や建物、サービスをそのまま利用できる潜在顧客数を最大限に増やそうという考え方もあります。この設計を、アクセシブルデザインと呼ぶようになっています。

こういった社会的なニーズに対しては、電気設備が貢献できる部分が多くなっています。最近の駅舎では、エレベータやエスカレータが多く設置されるようになってきていますし、コンセントやスイッチの位置や形状も多彩になってきています。照明や空調においても、センサを使った自動化やより細かな制御を行う仕組みが追加されています。そういった点で、最大多数の人を対象とした設計から、すべての個別対象者の快適性を考えた設計が電気設備には求められるようになってきています。

それだけではなく、誰もが容易に使い方を理解し、間違えて危険な事態を発生させることがないようにする設計が求められています。その中には、海外からの訪問者を含めて、誰でもが直感的にかつ正確に認識でき、災害時の安全性も考慮したピクトグラムを設けるなどの対策もユニバーサルデザインの一部と考えられるようになってきています。

要点BOX

- ●誰でもが住みやすい社会をつくる
- ●とっさの行動でも間違えない表示を検討する

ユニバーサルデザインの七つの原則

1. 誰でも公平に使用できる。
2. 使う上で自由度が高い。
3. 簡単で直感的に使用方法がわかる。
4. 必要な情報がすぐに理解できる。
5. うっかりエラーや危険につながらない。
6. 無理な姿勢をしたり強い力を必要としないで使用できる。
7. 接近して使えるような寸法や空間にする。

電気設備のユニバーサルデザイン対応（例）

見てわかりやすい

・画面表示
・ボタン表示・配置
・光で知らせる
・カラーユニバーサルデザイン

聞いてわかりやすい

・音声案内
・危険報知
・音量調節機能
・多国言語対応

電気設備

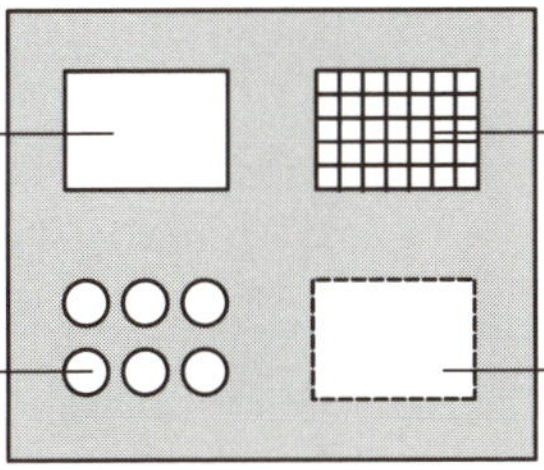

体に負担をかけない

・無理な体勢にならない
・子供でも使いやすい
・車椅子でも対応可
・高さが調整できる
・操作しやすい（押しやすい）

危険回避

・危険箇所の隠ぺい
・安全対策
・使用環境への配慮
・高所作業の回避

68 ゼロエネルギービル

エネルギー的に自活するビル・地域

最近では、業務用のビルに対する省エネルギー化の究極の形として、ゼロエネルギービルという考え方が広まってきています。ゼロエネルギービルの定義としては、「建築物における一次エネルギー消費量を、建築物・設備の省エネ性能の向上、エネルギーの面的利用、オンサイトでの再生可能エネルギーの活用等により削減し、年間の一次エネルギー消費量が正味（ネット）でゼロ又は概ねゼロとなる建築物」としています（資源エネルギー庁ホームページ）。

具体的には、建築物の省エネルギー性能を向上させるとともに、電気設備の省エネルギー化も進めて、建築物で必要となるエネルギー量を削減させます。それと同時に、自然エネルギーや未利用エネルギーを活用して一次エネルギーの代替とし、外部から導入するエネルギーを削減していきます。場合によっては、近隣の施設とのエネルギーの融通を行う方法など、面的な利用を促進する方法も含めて検討する必要があります。そのために、次の五つの手法を実施します。

①建築物の省エネルギー設計
②電気設備の省エネルギー化の推進
③省エネルギーとなる業務スタイルの推進
④自然／未利用エネルギーの活用
⑤エネルギーマネジメントシステムの活用

これらを総合的に計画し、化石エネルギーに頼らない施設計画から運営を実現することが可能となります。もちろん、ゼロエネルギービルの実現には、そこで生活する人々の省エネルギー感度も重要な要素になります。なお、時間的には一時的に外部からエネルギーを導入する場面が生じるかも知れませんが、逆に施設のエネルギー消費量が少ない時間帯には、外部にエネルギーを供給することで、収支をゼロにする方法もゼロエネルギービルの概念には含まれます。そういった点では、スマートグリッドの考え方にも通じるものといえます。

要点BOX

- ●省エネルギー化と未利用エネルギー活用が両輪となる
- ●地域的なエネルギー融通手法も必要

ゼロエネルギービルの定義

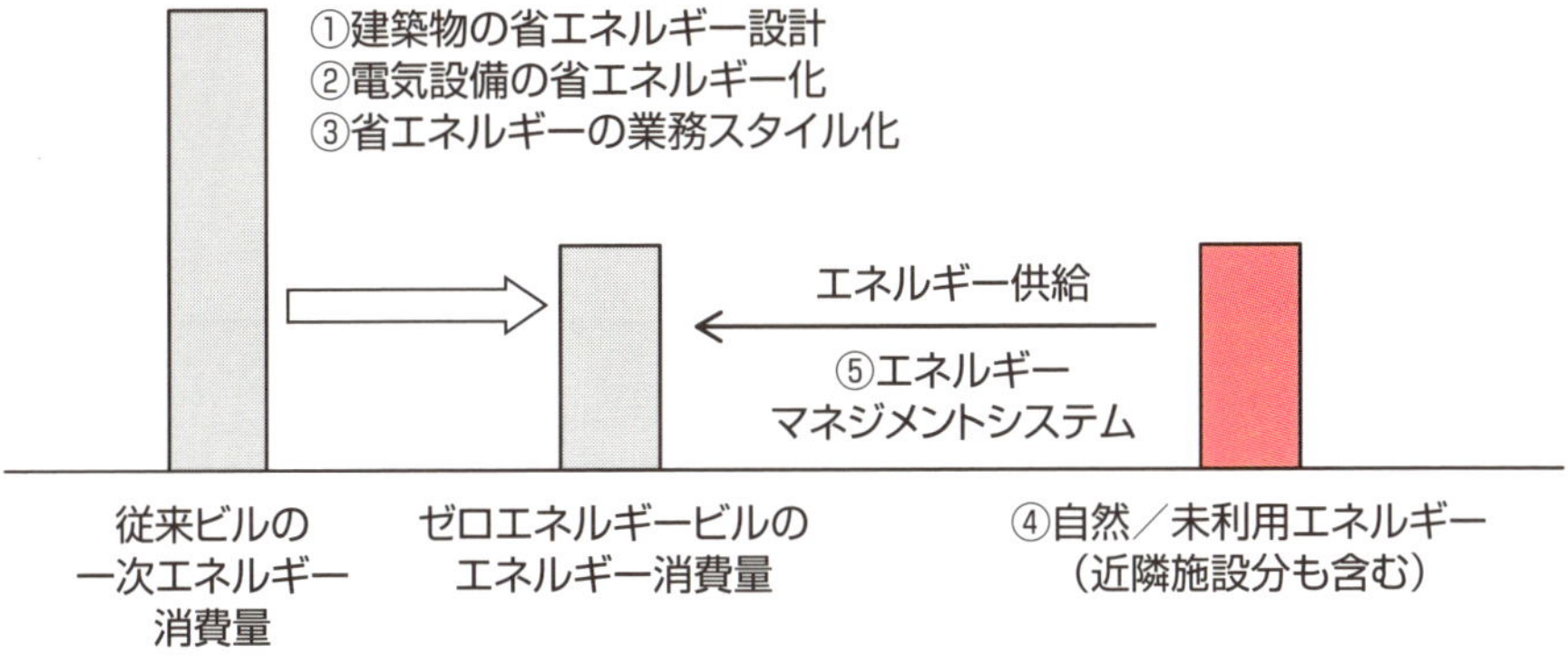
①建築物の省エネルギー設計
②電気設備の省エネルギー化
③省エネルギーの業務スタイル化
エネルギー供給
⑤エネルギー
マネジメントシステム
従来ビルの
一次エネルギー
消費量
ゼロエネルギービルの
エネルギー消費量
④自然／未利用エネルギー
（近隣施設分も含む）

ゼロエネルギービルの概念図

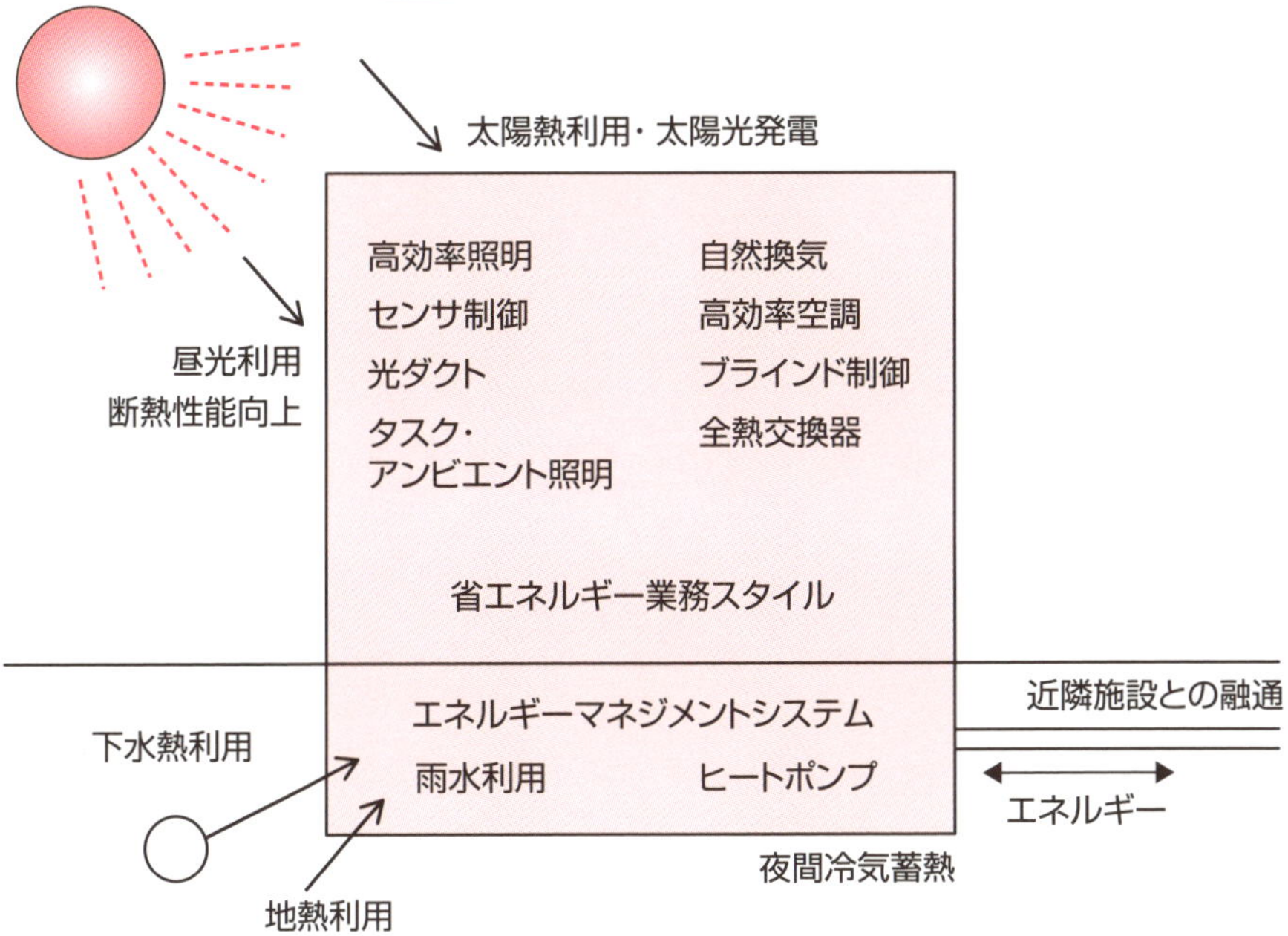
太陽熱利用・太陽光発電
高効率照明
センサ制御
光ダクト
タスク・
アンビエント照明
自然換気
高効率空調
ブラインド制御
全熱交換器
省エネルギー業務スタイル
昼光利用
断熱性能向上
エネルギーマネジメントシステム
雨水利用
ヒートポンプ
近隣施設との融通
エネルギー
下水熱利用
地熱利用
夜間冷気蓄熱

Column

経済性判断ができる技術者

　電気設備は、小型軽量化、高機能化、省エネルギー化などの面でこれまで高度化してきました。また、人の欲求は尽きることなく、社会の変化や環境の変化に伴って、新たな機能や製品を求めます。もちろん、人工物には本質的な寿命がありますが、時代の変化とともに変わっていく人や社会の要求に応えられなければ機能的に寿命が尽きてしまい、新しいものに交換するという判断がなされます。そういった理由から、電気設備は更新が頻繁に計画されるものといえます。

　なお、電気設備の一部は一般の人の目に付く場所にありますが、本体や中核部分は、どちらかというと建築部の躯体内や一般の人から見えない箇所に設置されて働いています。そのため、部品交換や更新作業の際には、建築躯体にからむ工事が発生する可能性があります。より細かな制御を求められる設備であれば、それを実現するために用いられるセンサ類も施設内に多く設置されていますので、それらを適切な場所に分散配置するための工事も含めると、工事区域を区画して大規模な工事をする必要が発生する場合もあります。施設の利用者の利便性を考えると、そういった可能性を低くするような設計ができているかどうかが電設技術者の評価の一つとなります。

　電気設備を最適な状態で使い続けていくための維持管理費用は決して少なくはありません。施設において電気設備がもたらす効果や価値は決して小さくはありませんが、電気設備の管理費用は施設におけるコストとなりますので、設計から維持管理に係わるすべての技術者は、それらの費用を低減しながら施設が高い価値を生み出すよう常に工夫する必要があります。

　そういった点で、電気設備の計画をする技術者だけでなく、維持管理をする技術者も含めて、経済性の判断ができる知識や経験は欠かせません。それだけではなく、新しい技術や知識を使って計画した結果を、施設のオーナーである顧客に説明して納得してもらえるプレゼンテーション能力も求められるようになってきています。プレゼンテーションする内容が顧客から評価されるためには、電設技術者自体も施設オーナーと同様に、経営的な視点を持っていなければなりません。ですから、投資判断を行う際に用いる費用対効果分析の手法も知っている必要があります。

【参考文献】

電気工学ハンドブック第7版　電気学会　オーム社

絵とき電気設備技術基準・解釈早わかり　電気設備技術基準研究会編　オーム社

電気設備工学ハンドブック　電気設備学会編　オーム社

電気設備用語辞典第2版　電気設備学会編　オーム社

新訂エネルギー管理技術電気管理編　省エネルギーセンター編　省エネルギーセンター

図解接地システム入門　高橋建彦　オーム社

電設技術者になろう！　福田 遵　日刊工業新聞社

「技術士（第一次・第二次）試験」「電気電子部門」受験必修テキスト第2版　福田 遵　日刊工業新聞社

トコトンやさしい発電・送電の本　福田 遵　日刊工業新聞社

トコトンやさしい実用技術を支える法則の本　福田 遵　日刊工業新聞社

今日からモノ知りシリーズ
トコトンやさしい
電気設備の本

NDC 544

2014年10月10日　初版1刷発行
2024年 9月30日　初版3刷発行

©著者　福田　遵
発行者　井水 治博
発行所　日刊工業新聞社
東京都中央区日本橋小網町14-1
(郵便番号103-8548)
電話　書籍編集部　03(5644)7490
販売・管理部　03(5644)7403
FAX　03(5644)7400
振替口座　00190-2-186076
URL　https://pub.nikkan.co.jp/
e-mail　info_shuppan@nikkan.tech
印刷・製本　新日本印刷(株)

●DESIGN STAFF
AD――――志岐滋行
表紙イラスト――――黒崎　玄
本文イラスト――――カワチ・レン
ブック・デザイン――――奥田陽子
(志岐デザイン事務所)

●
落丁・乱丁本はお取り替えいたします。
2014 Printed in Japan
ISBN　978-4-526-07312-0 C3034

●定価はカバーに表示してあります

●著者略歴

福田　遵（ふくだ　じゅん）

技術士（総合技術監理部門、電気電子部門）
1979年3月東京工業大学工学部電気・電子工学科卒業
同年4月千代田化工建設㈱入社
2002年10月アマノ㈱入社
2013年4月アマノメンテナンスエンジニアリング㈱副社長
（社）日本技術士会青年技術士懇談会代表幹事、企業内技術士委員会委員などを歴任
日本技術士会、電気学会、電気設備学会会員
資格：技術士（総合技術監理部門、電気電子部門）、エネルギー管理士、監理技術者（電気、電気通信）、宅地建物取引主任者、ファシリティマネジャーなど

著書：『トコトンやさしい発電・送電の本』、『トコトンやさしい実用技術を支える法則の本』、『技術士第一次試験「基礎科目」標準テキスト第2版』、『例題練習で身につく技術士第二次試験論文の書き方第3版』、『技術士第二次試験「電気電子部門」対策と問題予想第3版』、『技術士第二次試験「建設部門」対策と問題予想第3版』、『技術士第二次試験「機械部門」対策と問題予想第3版』、『技術士第二次試験「電気電子部門」択一式問題150選第2版』、『技術士第二次試験「建設部門」択一式問題150選第2版』、『技術士第二次試験「機械部門」択一式問題150選第2版』、『電設技術者になろう!』、『改正省エネルギー法とその対応策』、『アリサのグリーン市民への旅』（日刊工業新聞社）等